DAOZUO FANGSHI DE KUOSAN JI
YINGXIANG YINSU YANJIU
——YI JIANGSU SHENG WEILI

稻作方式的扩散及影响因素研究

——以江苏省为例

陈 品 著

中国农业出版社
北 京

图书在版编目（CIP）数据

稻作方式的扩散及影响因素研究：以江苏省为例 / 陈品著. -- 北京：中国农业出版社，2025. 1.
ISBN 978-7-109-32884-6

Ⅰ. S511

中国国家版本馆 CIP 数据核字第 20242A992K 号

中国农业出版社出版

地址：北京市朝阳区麦子店街 18 号楼

邮编：100125

责任编辑：李澳婷　郭晨茜

版式设计：王　晨　　责任校对：吴丽婷

印刷：北京印刷集团有限责任公司

版次：2025 年 1 月第 1 版

印次：2025 年 1 月北京第 1 次印刷

发行：新华书店北京发行所

开本：700mm×1000mm　1/16

印张：12.75

字数：246 千字

定价：78.00 元

本专著得到

国家自然科学基金青年项目（72203026）、中国工程院院地合作项目（JS2024XZ05）、江苏省“青蓝工程”项目的资助

FOREWORD

序 言

我国稻作方式经历了多次变革后，依据是否有育秧移栽环节分为移栽和直播两大类，移栽稻又分为手栽稻、机插稻、抛秧稻等，直播稻又分为人工直播、机械直播等。不同稻作方式的产量存在较大的差异，波动可达10%～24%。水稻是我国最主要的口粮作物，在国内水稻生产的波动性和国际粮食市场不稳定性双重危机下，高产、稳产稻作方式对水稻生产发展及粮食安全显得尤为重要。

随着农村劳动力的不断转移，精耕细作农业背景下发展起来的劳动密集型高产稻作方式——手栽稻，逐步退出主体稻作方式地位，而省工但产量潜力低的直播稻“不推自广”，成为影响水稻生产持续发展的重大技术问题。作为全国水稻优势产区，江苏省直播稻面积的扩大给水稻生产的稳定发展带来了隐患。2008 年江苏省直播稻播种面积达 65 万 hm^2，占江苏省水稻播种面积的 32%，2009 年、2010 年江苏省农林厅连续两年印发《直播稻生产技术指导意见》和《关于进一步加强直播稻压减工作的通知》，要求切实控制直播稻盲目发展，积极引导农民选择机插稻、抛秧稻等高产稳产稻作方式。相对于直播稻的“不推自广”，政府部门着力推广的具有省工、高产特性的机插稻在某些地区却存在着一定程度的“推而不广”的问题，成为江苏水稻生产发展的一大困扰。

在政府相关部门的调控下，2013 年直播稻播种面积占比降至 12%，机插稻播种面积增至 55%，虽然江苏省稻作方式结构得到一定程度的优化，但直播稻的问题一直没有得到彻底解决。2020 年直播稻种植面积高达 57.7 万 hm^2，2022 年增长至 60 万 hm^2，占江苏省水稻种植面积的 27%。2023 年 4 月，基于直播稻的发展态势，江苏省农业农村厅印发《关于加强直播稻控减发展机插稻社会化服务 全力提升稻作现代化水平的通知》，盐城、淮安、扬州、常州等各地方政府主管部门纷纷采取措施严控直播稻的发展。那么，究竟是什么原因使得直播稻在管控下还能够得以快速发展，机插稻的推广又面临着什么样的问题?

本书以江苏省为例，选择手栽、直播、抛秧、机插等4种主要的稻作方式为研究对象，基于多学科综合分析的视角，对不同稻作方式的扩散及影响因素进行了研究，以揭示稻作方式扩散的机制，以期为政府科学推广稻作方式、促进水稻生产的可持续发展提供决策支持。全书共分为8章，在第1章的研究背景及研究思路、第2章的文献综述及相关理论阐述的基础上，第3章首先对稻作方式的历史演变进行了梳理，并对不同稻作方式宏观、中观及微观层面的发生机制和扩散机制进行了分析。第4章首先运用技术扩散的S形曲线理论对江苏省不同稻作方式的时间维扩散特征和规律进行了研究；其次利用空间自相关理论对江苏省全局以及市域不同稻作方式的空间维扩散特征进行了研究。第5章以江苏省常熟市尚湖镇稻作方式的扩散为案例，在对其水稻生产概况和稻作方式的发展情况进行梳理分析的基础上，剖析了尚湖镇稻作方式的扩散系统与扩散模式、机插稻的扩散机制及阻力因素。第6章主要基于专家学者、政府部门、基层农技推广人员以及农户在内的相关利益群体视角，研究了相关利益群体对不同稻作方式的生产特征、发展方向及影响因素的认知差异。第7章基于对江苏省苏南、苏中及苏北地区的农户调查，从农户自身特征、外部环境特征以及技术自身特征三方面，对农户采用不同类型稻作方式的影响因素进行了研究。第8章根据前文的相关分析提出了江苏省不同地区稻作方式发展的政策重点以及不同类型稻作方式发展的政策建议，从促进稻作方式科学发展的角度提出了弥合相关利益方认知差异、促进利益协调一致的对策，并结合尚湖镇稻作方式的发展提出了促进机插稻扩散的政策启示。

本书的完稿得益于多位学界前辈的指点和同门的帮助，在此感谢导师陆建飞教授的悉心指导，研究从选题到构思无不凝聚着导师的智慧和汗水，当然研究的具体工作由本人完成，文中所有的不足乃至错误由本人负责。感谢张洪程院士对研究选题的肯定和给予的鼓励，感谢蒋乃华教授、徐金海教授和沈新平副教授等在论文写作和实地调查中给予的指导；感谢协助我调查的袁媛、滕延福、王楼楼、王鹏、张淼、许斯珩、戴亚军和丁雅等同学。

此外，随着土地规模化经营的推进、社会化服务的发展以及新型经营主体的进入，稻农面临的外部环境发生了改变，其稻作方式选择行为会有什么样的不同？稻作方式未来究竟该如何发展？如何对稻作方式发展进行有效调控？这些都有待进一步研究和探讨。受笔者水平和能力限制，书中不足之处在所难免，诚请读者批评指正，特驰惠意。

陈　品

2023 年 8 月 31 日于常州

CONTENTS
目 录

第 1 章

导　论

1.1　问题的提出与研究意义

1.1.1　水稻生产的发展与稻作方式的发展密切相关

水稻是我国最重要的粮食作物之一，我国有 8 亿以上的人口以水稻为主粮，全国各地区（除青海外）都有水稻种植，种植农户超过 1 亿户。由此可见，水稻生产不仅是我国农业生产之根基，农民收入之基础，还是国家粮食安全的重中之重（杨万江等，2011）。水稻的丰歉与稻作方式的变化息息相关，不同稻作方式的产量存在较大的差异，低产稻作方式可较高产稻作方式减产 9.8%～23.9%（张洪程等，2009；张晓丽等，2023），而在国内水稻生产的波动性和国际粮食市场不稳定性的双重危机下，高产稳产稻作方式对于水稻生产发展和粮食安全显得尤为重要。

1.1.2　稻作方式生产格局的改变给水稻安全、稳定生产带来了隐患

伴随水稻生产的发展和农村劳动力结构的转变，我国稻作方式经历了多次变革，形成了以直播和移栽为主要类别划分依据的多样化水稻种植方式（陈健，2003；曾雄生，2005）。不同的稻作方式具有不同的生产特性，水稻移栽以其轻草害、高复种、缓解茬口矛盾的优点和高产、稳产的优势，长时间居于传统和主流稻作方式地位，是政府部门和科研机构所倡导的水稻种植方式。但近年来，移栽稻费工费时的特点使得农民逐渐放弃了对其的采用（徐迪新等，2006；陈健，2003）。水稻直播受气候条件影响较大，存在产量潜力小、生产风险大以及生态不友好等缺点，大面积生产会给水稻的安全生产带来隐患（张洪程等，2009；卢百关等，2009；张晓丽等，2023）。然而，近年来，水稻直播却在省工、节本、增效的优势下在部分水稻主产区不推自广。据不完全统计，2017 年，我国直播稻种植面积达到 400 万 hm^2 左右，

相比2008年扩大了100万hm^2，其中安徽、江西、湖南、湖北等地的直播稻面积相比2008年分别扩大了约53万hm^2、30万hm^2、13万hm^2和7万$hm^2$①。作为水稻主产区的长江中下游地区，2021年，上海市水稻机械直播面积5.3万hm^2，约占当年水稻种植面积的60%②。作为水稻生产大省，2022年，江苏省水稻直播面积60万hm^2，占比接近27%。浙江省水稻直播面积常年维持在40%左右的水平。直播稻的发展已经成为我国水稻生产及粮食安全的重大隐患。

1.1.3 江苏省稻作方式生产格局的改变引起政府部门的高度重视

江苏省是水稻种植大省，水稻生产发展水平位居全国前列，2021年江苏省水稻种植面积221.92万hm^2，平均亩③产596.2kg，总产1 984.6万t，单产、总产和种植面积位居全国前列。20世纪80年代以前，移栽稻是江苏省主要的稻作方式，随着经济的发展，农村劳动力大量转移，精耕细作农业背景下发展起来的高产、高劳动投入的移栽稻特别是手栽稻逐步退出其在稻作方式中的主体地位，直播、机插、抛秧等多种轻型稻作栽培技术迅速发展起来，形成了多种稻作方式并存的格局。

据有关统计④，2000年江苏省手栽稻面积为170.20万hm^2，占水稻种植面积的近4/5，2003年面积下降至143.47万hm^2，此后手栽稻面积总体上呈现逐年下降的趋势，截止到2022年，手栽稻的面积已下降至27.5万hm^2。1998年江苏省直播稻面积仅为1.98万hm^2，2002年突破8.93万hm^2后，以年均39.26%的速度递增，2008年直播稻面积达到64.96万hm^2，近占江苏省水稻种植面积的1/3。此后在政府部门的努力控制下，2011年直播稻的面积下降至32.72万hm^2，但2022年则再次上涨至60万hm^2。2000年江苏省机插稻仅有0.33万hm^2，此后呈逐年上升的趋势，在江苏省的大力推广下，2022年增长至123万hm^2。1999年江苏省抛秧稻种植面积创历史最高纪录，达51.2万hm^2，此后随水稻面积调减而相应萎缩，2004年后抛秧稻面积一度稳定在20万hm^2左右。但近年来抛秧稻的播种面积持续减少，2022年已下降至2.5万hm^2。

为控制直播稻的发展，2009年3月江苏省农林厅印发关于《直播稻生产技术指导意见》的通知，指出"要切实控制直播稻盲目发展，积极引导农民选择机插稻、旱育稀植、抛秧稻等高产、稳产稻作方式"。2010年1月江苏省农

---

① http://finance.china.com.cn/roll/20170925/4403103.shtml

② https://nyncw.sh.gov.cn/nyjs/20220616/d56b4cfd13744946a884fddc3c0d2071.html

③ 1亩≈667m^2，下同。

④ 数据来源于江苏省作物栽培技术指导站的统计资料。

林厅再次印发《关于进一步加强直播稻压减工作的通知》，指出“要把直播稻压减作为稳定发展粮食生产的重要工作来抓，要求完善机插秧高产配套技术，因地制宜推广抛秧等稻作方式”，并且对各地区直播稻面积压减实行了量化指标。针对近期直播稻面积的增长，2023年4月，江苏省农业农村厅印发《关于加强直播稻控减 发展机插稻社会化服务 全力提升稻作现代化水平的通知》，对直播稻控减工作作出全面部署，苏南①、苏中②③、苏北④⑤⑥各地也纷纷发布做好直播稻压减工作的通知。

虽然在政府部门的努力控制下，江苏省直播稻的面积一度出现下降趋势，但近年来在农民的自发选择下播种面积又出现抬头的趋势。机插稻在政府部门的大力推广下发展速度较快，但实际生产中其发展还存在一定的问题，部分地区甚至有萎缩的趋势。抛秧稻虽有政府部门的推广，但近年来的面积不断萎缩。

1.1.4 厘清稻作方式的扩散路径及影响因素是解决稻作方式发展问题的需要

当前，稻作方式的发展已经成为困扰江苏省乃至全国水稻生产的重大技术问题，也是确保我国粮食安全、稳定生产需要解决的重要问题。在水稻品种和稻作技术不断更新和发展的同时，近10多年来，江苏省水稻平均亩产在570kg左右，始终没能突破600kg的大关，很大程度上与低产稻作方式的大面积发展有关。解决稻作方式的发展问题，需要探明不同稻作方式的扩散特征及影响因素。具体来说不同稻作方式在时空上是如何发展和演变的？不同稻作方式的发生与扩散机制是什么？未来又将会如何发展？相关利益主体视角下稻作方式的发展及影响因素是哪些？任何一种稻作方式的发展都是农户对其采用的结果，哪些因素影响了农户稻作方式的采用行为？解决了这些问题也就解决了稻作方式发展格局变化的相关问题，也会对稻作方式的发展有清晰的认识。

基于上述背景，本文运用技术扩散的相关理论，以江苏省稻作方式发展为例，研究手栽稻、直播稻、机插稻及抛秧稻等4种主要稻作方式在时间上的扩散趋势、空间上的扩散特征，阐明不同稻作方式在宏观、中观及微观层面上发生与扩散的机制；在此基础上，以典型地区稻作方式的发展为例，分析其稻作

---

① 关于成立常州市直播稻控减专项工作组的通知（changzhou. gov. cn）

② 关于下达2023年全市直播稻控减任务的通知-部门文件（nantong. gov. cn）

③ 关于印发《扬州市直播稻控减工作方案》的通知-扬州市人民政府（yangzhou. gov. cn）

④ 盐城市大丰区人民政府-业务工作-关于大力发展机插秧控减直播稻的通知（dafeng. gov. cn）

⑤ 关于印发《宿迁市2023年加强水稻机插秧推广压减直播稻工作方案》的通知-宿迁市人民政府（suqian. gov. cn）

⑥ 淮安市人民政府-信息公开（huaian. gov. cn）

方式演变和发展的内在和外在动因及制约因素；同时运用行为理论，从稻作方式发展的微观层面出发，探析相关利益方视角下稻作方式发展的影响因素，分析农户稻作方式采用行为的影响因素，以明晰稻作方式的发生与扩散机制，为政府制定调控稻作方式发展的相关政策提供科学依据。

1.2 研究目标、内容与假说

1.2.1 研究目标

通过对稻作方式发展现状和扩散规律的分析，探明宏观、中观及微观层面上影响不同稻作方式发展的内在和外在的因素，以明晰不同稻作方式的发生与扩散机制，为现阶段江苏省乃至全国稻作方式的科学发展提供决策依据。具体目标如下：

①阐明不同稻作方式的演变过程，从宏观、中观及微观层面探析不同稻作方式的发生机制和扩散机制；

②阐明不同稻作方式的扩散特征及规律，明晰其在空间上的扩散特征，明确不同稻作方式所处发展阶段，并对稻作方式的发展进行预测；

③剖析乡镇层面稻作方式的扩散系统与扩散模式、稻作方式扩散的动力机制与阻力因素；

④从不同相关利益方认知差异层面揭示不同稻作方式扩散过程中存在的问题；

⑤探明农户采用不同稻作方式的影响因素。

1.2.2 研究内容

为实现上述目标，拟围绕以下内容展开研究：

①总结和描述稻作方式的演变和发展过程，探讨稻作方式在不同时代背景下的发生机制问题；通过对稻作方式扩散的政策环境、技术环境、市场环境、资源环境及农户层面扩散特征的分析，探明稻作方式的宏观及微观扩散机制。

②对稻作方式空间维的扩散特征及时间维的扩散规律进行研究，通过对稻作方式时间维扩散的模拟和预测，判断不同稻作方式所处的发展阶段，预测未来发展走向；通过对江苏省市域稻作方式的空间自相关分析，解析不同稻作方式在不同地区的空间扩散特征。

③以稻作方式发展的典型乡镇为案例，由稻作方式的发展历程揭示乡镇层面稻作方式的发生与扩散机制，并对稻作方式的扩散模式、扩散的动力机制与阻力因素进行分析和总结。

④在不同相关利益方对稻作方式认知差异的基础上，探讨稻作方式的发展，分析影响稻作方式发展的内在机理。

⑤通过对农户不同类型稻作方式采用行为的实证分析，探明影响农户稻作

方式选择行为的因素。

1.2.3 研究假说

1930年Kuznets首次提出技术变革可能服从一条S形曲线，1961年Mansfield创造性地将“传染原理”和逻辑斯蒂生长曲线运用于扩散研究中，提出了著名的S形扩散数量模型。1952年Hagerstrand发展演化了技术扩散的“四阶段模型”，指出在开始阶段，扩散强度随距离衰减的特征显著；但随着时间的推移，在扩散阶段、冷凝阶段和饱和阶段，扩散强度随距离衰减的特征逐渐减弱。上述研究结论已在技术扩散研究领域得到认可，并被众多的学者运用到技术扩散的研究中（刘笑明，2008；徐玖平，2001，2004；唐永金，2004；宋德军等，2007；张建忠，2007；赵绪福，1996；等），稻作方式是农业技术中的一种，也理应遵循这样的规律，基于此，提出本文的第一个研究假说。

假说一：稻作方式的扩散在时间上服从S形曲线，且随着时间的推移存在不同的发展阶段。

对于农业技术而言，仅仅具备相对优势、兼容性、可试验性以及操作简单等属性是远远不够的，现实中技术扩散的形成要复杂得多，技术的相对优势并不一定促成其扩散。正如Rogers（1962）指出，一项创新客观上有多少优势并不重要，重要的是个人能认知到多少。Moore等（1991）认为技术的相对优势概念缺乏概念力度和可信度，而Davis（1989）提出的“有用性认知”，即个人认为系统将提高他的工作绩效的程度，可作为相对优势的一个替换。关锦勇等（2007）在最初的技术相对优势概念的基础上将其分为两部分，即技术的优越性认知和替代性认知。优越性认知强调技术认知，指新技术被认知到的比原技术更好的程度；替代性认知则强调技术使用，指新技术被采纳后，它被认知到的替代原技术的顺利程度。其研究还指出一项新技术被采纳，它是一项好的技术还不够，必须是更好的技术；该新技术不必比所有技术都要好，但要比它将替代的技术好。因此对于农户来说，一项技术是否具有大量的客观优点和相对优势并不重要，重要的是农户是否心理上认为该项技术具有优势。基于此，提出本文的第二个研究假说。

假说二：技术间的相对优势是形成技术间相互替换的必要非充分条件，农户在技术相对优势基础上所感知到的绝对优势是技术间相互替代的必要且充分条件。

有关农户行为的理论，其核心在于农户的不同理性观之争上，即农户是理性、有限理性还是完全理性，以及农户的生存理性与经济理性等，目前主要有三大学派，分别是以俄罗斯恰亚诺夫为代表的“组织生产学派”、以西奥多·舒尔茨为代表的“理性小农学派”以及以华人黄宗智为代表的“历史主义学派”。目前对于农户行为是否理性的认识还缺乏一致性（傅晨等，2000），而林毅夫（1988）认为许多被用来证明小农行为不是理性的典型事例，通常都是具有城市偏向的人在对小农所处的环境缺乏全面了解的情况下作出的论断，往往被认为是小农不理性的行为却恰恰是外部条件限制下的理性表现。在理性小农学说中，农户是最大利润的追求者，而利润最大化不过是效用最大化的变形，只是突出了货币收益的效用方面，忽略了非货币收益方面。Becker（1976）在其著作《人类行为的经济分析》中指出，经济人追求最大效用。Stiglitz（2000）认为作为独立经济主体的广大农户，其生产与消费预期大多符合“经济人”假设，即追求效益和效用最大化和付出最小化。作为有组织的实体，家庭同厂商一样，从事使用这种劳动与资本的生产活动，每一家庭的行为都可视为在资源与技术条件约束下使其目标函数极大化。因此农户理性又被赋予这样的定义——当农户面临几个可供选择方案时，他选择那个能给他或他家庭带来效用最大化的方案。基于此，提出本文的第三个研究假说。

假说三：农户的行为是理性的，并以追求家庭效用最大化为目标。

1.3 研究设计与数据来源

1.3.1 研究技术路线图

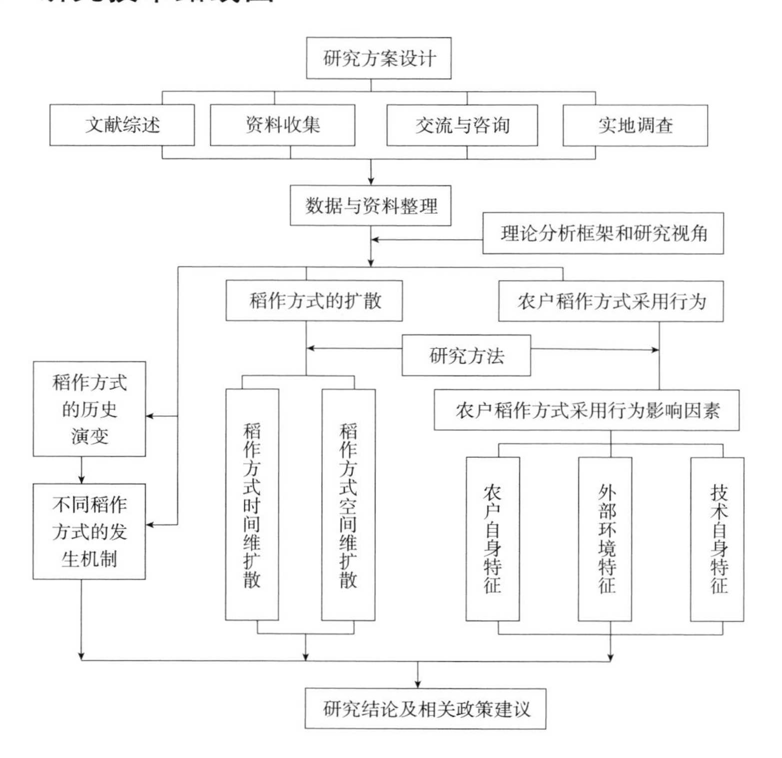

1.3.2 研究方法

（1）资料收集方法

①文献法。充分利用图书馆的馆藏文献、电子文献检索系统，搜集与本研究相关的中、英文资料，通过查阅相关研究文献，了解国内外农业技术扩散和农户行为的研究成果、研究动态和研究方向。结合相关政府网站上的信息以及政府公文等资料，通过收集、阅读、整理、归纳相关政策、统计资料等，从整体上把握研究主题和研究思路，为进一步研究做准备。

②问卷调查。农户方面的资料收集主要采用问卷调查中的访谈调查，并配以电话调查，调查采用随机抽样、入户访谈的形式。农技推广人员方面的资料收集主要采用自填式问卷调查法。专家部分的资料收集主要采用德尔菲法（delphi method），也称专家调查法。

③个案访谈。包括调查中的一般农户访谈、关键人物访谈、核心小组访谈等，主要分为四个层次：一是访谈乡镇相关工作人员，了解当地水稻生产情况及稻作方式发展情况，并收集和整理历年相关统计资料；二是对农技推广人员进行访谈，了解具体稻作方式推广过程中存在的问题；三是对基层村组干部的访谈，了解区域稻作方式的扩散情况及存在的问题；四是对普通农户和大户的访谈，了解他们对稻作方式的采用情况及评价等。

（2）资料分析方法

①定量分析。采用S形扩散曲线模型和空间自相关理论模型，结合SPSS统计软件和GeoDa0.9.5-i软件，分别从时间维和空间维对稻作方式的扩散特征进行研究，归纳和总结稻作方式的扩散特征。采用Logistic模型，运用SPSS统计软件，探讨农户稻作方式采用行为的影响因素。采用AHP法结合德尔菲法，对专家视角下影响稻作方式发展的因素进行筛选并排序。此外，根据需要本研究还采用了一般描述性统计的分析方法。

②定性分析。定性分析主要采用类属分析和情境分析两种分析方法。类属分析是把实际调研过程中反复出现的一些现象进行分析，找出这些现象出现的原因。情境分析是根据不同稻作方式扩散所处的不同客观环境，对相关现象进行具体分析，本研究中将两种分析方法结合在一起运用。

定量分析侧重于且较多地依赖于对事物的测量和计算，在结果上具有概括性和精确性，但对社会生活的理解缺乏深度。定性分析则侧重和依赖对事物的含义、特征、象征的描述和理解，可以深入理解社会生活中丰富、细致的资料，但难以推及整体的社会运行状况。因此，本研究中将采用定性与定量分析相结合的方法。

1.3.3 数据来源

本文所使用的宏观扩散数据来自国家统计部门、农业部门的相关统计资料，实证研究部分数据主要来源于课题组 2010 年 5—8 月、2011 年 5—8 月、2012 年 5—8 月对苏南、苏中、苏北地区开展的农户问卷调查以及 2011 年 8 月、2012 年 2—3 月、2012 年 5 月对江苏省农技推广人员的调查。具体内容见各章节介绍。文中其余已标注的数据主要来源于已发表和出版的相关文献。

1.4 本书结构安排

本书共分为八章，具体结构安排如下：

第 1 章：导论 主要就问题提出与研究的意义进行了阐述，明确了研究的目标、内容与假说，阐明了数据的来源与研究方法，并描绘了本研究的技术路线图，介绍了论文的结构安排，指出了研究的创新与不足。

第 2 章：文献综述与理论基础 从稻作方式本身、农业技术扩散、农户技术采用行为以及理论基础四个方面对国内外相关研究进行了回顾和梳理，并对文献进行了简要评述。

第 3 章：稻作方式的发展与扩散机制 在回顾稻作方式发展历史的基础上，对不同稻作方式的发展阶段进行了划分；从宏观、中观和微观三个层面阐述了稻作方式的发展与扩散机制。

第 4 章：不同稻作方式的时空扩散特征研究 利用 2000—2012 年江苏省不同稻作方式（手栽稻、直播稻、机插稻、抛秧稻）的面积数据，通过 S 形曲线的模拟，计算不同稻作方式的扩散速率以及达到最大扩散速率的时间。利用 2008—2012 年江苏省市域稻作方式面积数据，结合全局空间自相关分析和局部空间自相关分析对江苏省全局以及市域不同稻作方式的空间扩散特征进行了研究。

第 5 章：稻作方式扩散的案例分析——以常熟市尚湖镇为例 以江苏省常熟市尚湖镇稻作方式发展为案例，分析其稻作方式的发展历程，揭示区域内稻作方式的扩散机制，并对其发展模式和经验进行了总结。

第 6 章：相关利益方对稻作方式发展的认知分析 通过对农户、农技推广人员、专家学者及政府部门等相关利益方关于稻作方式认知的梳理，寻找影响稻作方式扩散的认知层面的差异所在。

第 7 章：农户采用不同类型稻作方式的影响因素分析 在农户行为理论的基础上，构建农户稻作方式采用行为模型，从农户自身特征、外部环境特征以及技术自身特征三方面，探索农户采用不同类型稻作方式的影响因素，结合研究结果提出稻作方式发展的相关政策建议。

第8章：全文总结与政策建议 对全文研究的主要结论进行系统性总结，揭示本研究的政策含义，探究优化农户稻作方式选择行为的政策建议，探索稻作方式科学发展的路径，并提出进一步研究的方向。

1.5 创新与不足

1.5.1 创新之处

本研究紧密结合江苏省水稻生产中稻作方式的发展问题，对其扩散及影响因素等方面进行了研究，其理论价值和实践指导意义主要体现在以下几个方面：

①以往有关稻作方式的研究多聚焦于其生理生态特性以及产量效益方面，且相关研究多限于定性分析或一般描述性统计分析，本文从技术扩散的角度，实证分析其扩散规律和特征，从整体上把握稻作方式的发展趋势。

②以往的研究中，从微观农户层面探究稻作方式发展的研究较为鲜见，本文从农户自身特征、外部环境特征以及稻作方式自身特征三个方面实证探究农户稻作方式采用行为的选取影响因素。

③稻作方式的扩散作为农户采用行为的结果，对其的解释不仅仅是农户行为的理性与否，很多时候农户作为社会人或技术的消费者在进行技术采用的决策，因此，借鉴和采用心理学、市场营销学等学科理论对农户采用稻作方式进行研究是本研究的一个亮点。

④稻作方式的发展虽然主要受到农户这一主体行为的影响，但稻作方式发展过程中相关利益主体的认知对其发展也起到了重要的作用，因此，本研究在关注农户稻作方式选择行为的同时，就不同相关利益方视角下的稻作方式的发展问题进行了探究。

1.5.2 不足之处

受限于资料、时间以及研究能力等主客观方面因素的制约，本文主要存在以下不足之处：

①稻作方式时间维扩散特征的研究中，受数据可获得性的影响，对稻作方式的扩散不能从其发展的起始点进行模拟，预测效果可能受到影响。空间维扩散特征的研究中，由于缺乏县域层面数据，局部地区空间扩散特征的研究受到了限制。

②受数据可获性的限制，农户稻作方式采用行为研究中苏北地区的样本量偏少，虽然样本量基本能够满足研究所需，但农户稻作方式选择行为模型的稳

定性有赖于数据的进一步充实，如能扩大样本研究范围，研究结论将更具有说服力。

③农户稻作方式采用行为影响因素的相关变量选取中，受研究条件的限制，外部环境特征中未能包含所有的政策变量，模型的解释能力可能受到一些影响。

◆ 参考文献

陈健，2003. 水稻栽培方式的演变与发展研究［J］. 沈阳农业大学学报，34（5）：389-393.

傅晨，狄瑞珍，2000. 贫困农户行为研究［J］. 中国农村观察（2）：39-42.

关锦勇，周荫强，2007. 信息技术采纳中的相对优势研究［J］. 信息系统学报，1（1）：34-45.

黄宗智，1986. 华北的小农与经济社会变迁［M］. 北京：中华书局.

林毅夫，1988. 小农与经济理性［J］. 农村经济与社会（3）：42-47.

刘笑明，2008. 农业科技园区技术扩散研究——以杨凌农业示范区为例［D］. 西安：西北大学.

卢百关，秦德荣，樊继伟，等，2009. 江苏省直播稻生产现状、趋势及存在问题探讨[J]. 中国稻米（2）：45-47.

恰亚诺夫，1996. 农民经济组织［M］. 萧正洪，译. 北京：中央编译出版社.

宋德军，刘阳，2007. 中国农业技术扩散的实证研究［J］. 统计与决策（6）：99-100.

唐永金，2004. 农业创新扩散的机理分析［J］. 农业现代化研究（1）：50-53.

西奥多·舒尔茨，1987. 梁小民，译. 改造传统农业［M］. 北京：商务印书馆.

徐迪新，徐翔，2006. 中国直播稻、移栽稻的演变及播种技术的发展［J］. 中国稻米（3）：6-9.

徐玖平，2001. 旱育秧技术扩散模型与实证分析［J］. 管理工程学报（1）：21-27.

徐玖平，廖志高，2004. 技术创新扩散速度模型［J］. 管理学报（3）：330-340.

杨万江，陈文佳，2011. 中国水稻生产空间布局变迁及影响因素分析［J］. 经济地理，31（12）：2086-2093.

曾雄生，2005. 直播稻的历史研究［J］. 中国农史（2）：3-16.

张洪程，李杰，姚义，等，2009. 直播稻种植科学问题研究［M］. 北京：中国农业科学技术出版社.

张建忠，2007. 农业科技园技术创新扩散理论与实证研究——以杨凌示范区为例［D］. 西安：西北大学.

张晓丽，陶伟，高国庆，等，2023. 直播栽培对双季早稻生育期、抗倒伏能力及产量效益的影响［J］. 中国农业科学，56（2）：249-263.

赵绪福，1996. 贫困山区农业技术扩散速度分析［J］. 农业技术经济（4）：41-43.

Becker G S，1976. The economic approach to human behavior［M］. CHicago：The

University of Chicago Press.

Davis F D, 1989. Perceived usefulness, perceived easeof use, and user acceptance of information technology [J] . MIS quarterly, 13 (3): 319-340.

Hagerstrand T, 1952. The Propagation of Innovation Waves [M] . Skene: Lund Studies in Geography, B.

Kuznets S S, 1930. Secular movements in production and prices [M] . Boston: Houghton Mifflin Company.

Mansfield E, 1961. Technical change and the rate of imitation [J] . Econometrica: Journal of the Econometric Society (29): 741-766.

Moore G C, Benbasat I, 1991. Development of an instrument to measure the perceptions of adopting an information technology innovation [J] . Information systems research, 2 (3): 192-222.

Rogers E M, 1962. Diffusions of Innovations [M] . Washington, DC: Free press.

Stiglitz J E, 2000. Capital market liberalization, economic growth, and instability [J]. World Development, 28 (6): 1075-1086.

第2章

文献综述与理论基础

2.1 稻作方式的相关研究

2.1.1 稻作方式的种类划分

根据水稻种植过程中是否有移栽环节①，稻作方式分为直播和移栽两大类。目前，水稻直播②主要有手工撒播、机械直播等，其中机械直播又分为旱直播、撒直播、条直播、穴直播。水稻移栽主要是手工移栽和机械移栽，手工移栽又分为手工抛秧和手工插秧，其中手工插秧是传统的稻作方式，机械移栽是利用插秧机、抛秧机、钵体苗移栽机等农用机械进行秧苗栽插的水稻种植方式。在众多的稻作方式中除了传统的手栽稻外，播种面积较大、发展速度较快的还有机插稻、直播稻以及抛秧稻等③。

2.1.2 不同稻作方式的生理生态特性④

(1) 直播稻 早期直播稻主要是在生长季节短、田多劳力少的北方稻作区以及一些南方缺水山区种植，在多熟制地区，直播稻通常在前茬作物收获后直接播种于大田或在前茬作物接近收获时套播，往往播种期较移栽稻迟。在迟播的条件下，直播稻的拔节期、齐穗期及成熟期分别不同程度地延迟，全生育期缩短（张晓丽等，2023；胡国强等，2004；李杰等，2011b；杨波，2010），因此，其生长后期遭遇低温的概率大，影响水稻的安全齐穗，甚至造成严重减

---

① 根据华南农业大学工程学院马旭教授对稻作方式的分类方法进行分类。

② 以解决作物生长期问题的套播种植方式，如麦田套播水稻等本质上仍属于水稻直播，因此本研究中将麦田套播水稻归类于水稻直播当中。

③ 生产中不同的稻作方式习惯以相应的水稻名称代替，手工插秧又称手栽稻、机插秧又称为机插稻、直播又称为直播稻、手工抛秧又称为抛秧稻、麦田套播水稻又称为麦套稻，本文中的稻作方式均采用生产中的名称。

④ 本部分内容已发表在《核农学报》2013年第4期。

产。播期对水稻产量的形成及品质有重要影响，霍中洋等（2012b）、姚义等（2010，2012）研究结果表明，播期推迟使得直播稻收获指数递减，水稻产量呈现下降趋势，蒸煮与食味品质也呈变劣的趋势。生产上直播稻往往存在出苗不齐、不匀等问题，与移栽稻相比，虽然没有移栽环节对秧苗的植伤，但也不易壮苗；且直播稻分蘖成穗、籽粒灌浆等都相对弱于机插稻和手栽稻（李杰，2011；张洪程等，1988），这对其最终产量的形成产生了重要影响。直播稻是处于高密度条件下的群体，其总体光合物质生产能力要比手栽稻和机插稻弱（徐国伟等，2009；李杰等，2011a）。与移栽稻、机插稻等稻作方式相比，直播稻抗倒系数低，易发生倒伏，且发生倒伏时的倒伏程度大（李杰等，2011c；张晓丽等，2023）。由于直播稻种子与杂草种子萌发出苗同步，直播稻立苗几乎没有覆盖度，且不能漫水控草，特别是采用少免耕时，其杂草和杂草稻发生要较移栽稻重（江敏，2021；李洪山等，2011；张夕林等，2000）。直播稻纹枯病、叶瘟病、穗瘟病等部分真菌性病害，生理性青枯病，干尖线虫病、恶苗病等种传病害较移栽稻发生重（刘如洲等，2010），稻象甲的发生则影响了其立苗质量（韩伟斌等，2008）。

（2）机插稻　适秧龄移栽对机插稻的高产起着至关重要的作用（吕伟生等，2018；沈建辉等，2006；霍中洋等，2012a；龚振恺等，2006），由于机插稻一般采用高密度、短秧龄栽培模式，其秧龄弹性小，适栽期短，易造成超秧龄栽插，影响机插稻生长发育和产量形成。机插稻受机械移栽植伤的影响，缓苗期较长，缓苗后茎蘖增长迅猛，群体成穗率较高（李杰，2011；李杰，2011e）。李杰等（2011a）研究表明，机插稻在干物质生产方面，成熟期群体总干物重高于直播稻，低于手栽稻，收获指数要略高于手栽稻和直播稻。在抗倒伏方面，机插稻的抗倒能力介于手栽稻和直播稻之间（李杰，2011c）。水稻播种期是影响病虫害发生和为害的重要因子，适当迟播可有效减轻二化螟、灰飞虱、稻纵卷叶螟和稻曲病等的发生和为害，而机插稻较直播稻播种早，在这些病虫害的发生上要较直播稻重（朱金良等，2008；张舒等，2009）。由于机插稻是小苗移栽，稻田草害的发生要较手栽稻重（赵敏等，2011），杂草种类以矮慈姑、鸭舌草、稗草等为主（陆廷鹤等，2006）。

（3）手栽稻　手栽稻具有生育期长，且生育进程稳步提前的特点。在生育期和生育进程的影响下，手栽稻全生育期积温和光照时数大于机插稻和直播稻，各生育阶段的温光利用率均高于机插稻和直播稻，具有能够有效利用水稻生长季节温光资源的特点（李杰等，2011b）。手栽稻移栽后分蘖发生早，群体茎蘖成穗率高于机插稻和直播稻（李杰等，2011e），活跃灌浆期和有效灌浆时间均较机插稻和直播稻时间长（李杰等，2011d）。李杰（2011）研究表明，手栽稻具有良好的光合和群体支撑系统，干物质在各器官间的分配变化合理且运输转化效率高，成熟期穗部物质比例大，在各生育阶段水稻单茎秆物重和群体干物重均高于直播稻和机插稻。手栽稻茎秆各节间粗而厚，茎秆充实度高，茎秆叶鞘重量大，有利于增强其茎秆的机械强度，抗倒伏性较直播稻和机插稻好，发生倒伏的风险小。

（4）抛秧稻 立苗是抛秧稻特有的过程，立苗的好坏、立苗时间的长短对抛秧稻群体生产力和最终产量的形成有直接的影响（郭保卫等，2010；吴建富等，2005）。张洪程等（1998）、戴其根等（2000）研究结果表明，抛秧稻具有基本无缓苗期或缓苗期较短，群体生长起步快；大田分蘖早，分蘖叶位多，分蘖性强，生长势强；光合生产系统结构良好、规模较大；单位面积容纳的穗数及颖花量多，源强库大，物质生产能力强；耕作层内根系生长量大，水肥吸收能力旺盛等特点。但抛秧稻同时具有分蘖成穗率低；穗层分布不匀，穗型不合理；分蘖节与部分根系分布浅，抗根倒能力弱的劣势。周桂香等（2003）通过生产调查发现，抛秧稻田的杂草发生时间早，出草种类多，出草高峰出现早，杂草与水稻竞争的时间长，杂草为害期长。王凯学等（2006）研究表明抛秧稻病虫害总体发生重于手栽稻，其中稻纹枯病发生常规抛秧＞免耕抛秧＞手栽稻，稻飞虱的发生常规抛秧＞手栽稻＞免耕抛秧，常规抛秧稻的稻纵卷叶螟发生最重。

综上所述，不同的稻作方式具有不同的生理生态特征，总体上手栽稻、机插稻和抛秧稻等移栽稻的生育特征和光合物质生产特征要较直播稻具有优势；直播稻的倒伏性及草害的发生要高于手栽稻、机插稻等；不同稻作方式在播期、密度及播种方式的影响下病虫害发生特点不同；播期的推迟影响了直播稻的生育进程和安全齐穗，并对水稻产量的形成及品质也有着重要影响；秧龄弹性问题是制约机插稻高产的重要因素；立苗对抛秧稻群体生产力和最终的产量形成具有重要的影响。

2.1.3 不同稻作方式的技术属性

田莉等（2009）认为技术在经济价值、突破性、被专利保护的范围、技术类型、技术知识的特殊性和缄默性以及商业化导向等六方面的属性是技术能否成为创业机会的决定性因素。对于农业技术来说，上述属性同样是决定农户技术采用的重要影响因素。依据田莉（2008）的研究结果，技术的经济价值越高、突破性越大、技术被专利保护的范围越宽泛、技术知识的特殊性和缄默性越低、商业化导向越强越有利于技术成为创业机会。农业技术形成采用机会同样具有上述特征，但同时由于农业技术具有外部性和公共性的特征，农业技术属性具有评价指标的可变性等特征，即农业技术的属性是在特定环境下的有效评价，同样的评价指标对不同的主体可能会有不同的效果。如农业技术的市场化方面，对于机插稻来说，其技术的知识性和缄默性相对其他稻作方式要高，市场化有利于农户对其的采用，但对于直播稻来说由于其知识性和缄默性低，技术获取的门槛也低，技术市场化的高低对于农户采用的影响不大。

由表2-1可见，直播稻无论是在经济价值、技术的突破性还是在技术的知识性和缄默性等方面都存在优势，且直播稻技术同时具有劳动节约和资金节约的特征，特别是其劳动节约的特征契合了农村劳动力转移背景下农业生产对农业技术属性的需要。机插稻技术的突破性、技术类型以及技术服务的市场化程度是有利于技术本身的发展，但同时机插稻在技术知识性和缄默性上较高，打破其技术的知识性和缄默性是机插稻进一步发展的重要方面。手栽稻虽然具有知识性和缄默性低的特点，但在经济价值、突破性以及技术类型上已不具备被采用的有利机会。抛秧稻具有经济价值高、技术类型优的特点，但其突破性、知识性和缄默性一般，在某种程度上影响了其发展。

表2-1 不同稻作方式的技术属性

技术属性	经济价值	突破性	技术类型	知识性和缄默性	市场化程度
直播稻	高	大	劳动力节约型、资金节约型	低	低
机插稻	中等	大	劳动力节约型	高	高
手栽稻	低	小	土地节约型	低	低
抛秧稻	高	一般	劳动力节约型、资金节约型	中等	低

2.2 农业技术扩散的相关研究

2.2.1 农业技术扩散研究内容

技术扩散研究始于20世纪20年代，并于20世纪50年代在美国得到迅速发展，随着人类学、社会学、政治学、教育学、传播学、地理学、经济学、市场学等学科的融入，行为科学的众多学科为扩散研究的发展提供了理论基础和方法论，有关“扩散”的研究也开拓了新的研究领域，并成为20世纪60年代以来最活跃的研究领域之一。20世纪80年代至今，随着相关概念、研究模型、研究方向以及研究方法的不断完善和修正，农业技术扩散研究进入了新的发展阶段。与此同时，国内外有关农业技术扩散的研究也积累了大量的研究成果，主要集中在农业技术的扩散过程、扩散模式、扩散方式、扩散机制和扩散影响因素等方面。

（1）农业技术扩散过程的研究 技术在个人间的扩散过程，有两种代表性观点，即“过程观”和“环境观”。持“过程观”的一方认为采用行为的过程环节是扩散的主导，因此扩散需求者的采用机制决定了创新扩散的机制。如Rogers（1995）将技术采用在个人间的扩散过程看作创新决策的过程，认为这一过程要经历认知阶段、说服阶段、决策阶段、执行阶段以及确定阶段等五个阶段。Beal等（1960）对148名农民新型除草剂接受者的调查发现，没有人在认识到新技术后就立即采用，73%的接受者表明他们对该技术的认知和决策是在不同时间进行的，说明技术在个体间的采用确实存在着不同的阶段和过程，这一观点得到了其他研究者研究结果的证实（Mason，1966；李季等，1996）。我国学者许无惧（1997）、高启杰（1997）、汤锦如（2005）等根据心理学和行为学的观点分析，形成了认识、试行、采用的三阶段论，以及认识、兴趣、评价、采用四阶段论等。Rogers（1995）根据系统内成员相对于其他成员采用创新的早晚，将采用者分为创新者、早期采用者、早期大多数者、后期大多数者、落后者。不同类型的采用者创新决策期明显不同，较早的采纳者比晚采纳者创新决策期更短，在对美国艾奥瓦州农民的调查中，创新者采纳除草剂决策的时间为0.4年，早期采纳者为0.55年，落后者则长达4.65年。“环境观”的代表是Brown（1991），持该观点的一方认为资源状况、技术基础、经济条件、市场状况、基础设施、政策环境等条件对农业技术创新的适应性才是决定创新过程的主导因素（刘笑明，2008）。李季（1997）认为技术的来源及技术所处环境的多样性是影响技术采用和扩散的重要方面。

（2）农业技术扩散模式的研究 闫杰等（2000）认为全球范围内存在三种不同阶段的农业技术创新扩散模式，即传播型农业技术扩散、指导型农业技术扩散以及交互型农业技术扩散，这三种扩散模式在组织、内容、载体、方式、方法等方面存在着巨大的差别。不同的社会技术生产能力不同，所处技术扩散模式也不同，而我国农业技术创新扩散大多处于前两个阶段，需要逐渐向交互型过渡（张建忠，2007）。刘佛翔等（1999）、浩华等（2000）从技术扩散主导力量出发提出政府供给主导型与农户需求主导型两种模式，前者实际上是在政府的诱导和推动下农户不断采用新技术的扩散模式，后者则是农户在来自市场的动力和压力下自发采用新技术的扩散模式。傅家骥等（2003）提出技术创新的扩散模式可以分为集中型扩散模式和非集中型扩散模式两类，并认为我国的技术扩散是一种非集中型技术创新扩散模式，是以市场机制为基础，通过政府的引导，使技术的接受者主动地接受某种技术的扩散模式。盛亚（2002）按照经济运行的体制将技术扩散分为集中型、非集中型和综合型三种模式，其中综合型既有计划机制的成分，又有市场机制的基础。丁振京等（2000）按照推广的途径和方式将技术扩散分为项目推广制、技术承包制、有偿转让制、综合技术服务制、成立咨询服务站、建立专业技术协会等；陈良玉等（2000）根据推广的主要目的和内容不同将技术推广模式分为常规农业推广模式、培训和访问体系、大学组织的农业推广、商品发展与生产系统、综合农业发展计划、综合乡村发展计划、农作系统开发方式、农民或生产者自我组织服务模式。张俊飚（1999）根据推广主体的不同将当前农业推广模式概括为以政府为主体模式、科研院所主体模式、农村协会合作组织主体模式、技术推广服务中介主体模式、农业企业主体模式以及供销合作社主体模式。

（3）农业技术扩散方式的研究 农业技术的扩散方式是技术在扩散过程中的动态表现形式，赵荣等（2006）、崔功豪等（2006）、李小建等（2006）、李普峰等（2010）认为农业技术的空间扩散方式可以归纳为三种形式，即渐进式扩散、等级扩散和跳跃式扩散：①渐进式扩散。渐进式扩散是由创新源向周围地区传播，扩散在空间上具有连续性。技术创新扩散过程中，近距离的区域首先接受技术辐射，随着空间距离的增大，辐射强度逐渐减小，直至消失。②等级扩散。等级扩散是按照技术中心的等级体系由上而下地进行，一般遵循先到技术扩散等级高的地区，后到技术等级低的地区的次序。③跳跃式扩散。跳跃式扩散是技术从创新源地向空间上不相邻的地区扩散，在空间上表现为“跃迁性”。汤锦如（2005）认为不同农业发展的历史阶段，由于生产力水平、社会经济条件不同，特别是农业传播手段的不同，农业创新的扩散表现为多种方式，主要归纳为传习式、接力式、辐射式、跳跃式等。

（4）农业技术扩散机制的研究 农业技术扩散机制的研究主要分为两大派别，其中一派按照参与农业技术扩散的主体成分对扩散机制进行类别划分，并认为这些主体成分各自发挥作用。如张建忠（2007）将农业技术扩散的运行机制分为政府驱动型、市场诱导型和联合驱动型三类，认为不同的驱动类型具有不同的特点，政府主导型可以保证技术创新与推广的投入，可以在短期内实现农业技术在较大范围的扩散，但同时带有供求脱节、激励不足等计划体制的弊病。市场诱导型的优点在于，在自身利益的驱动下，扩散的各参与主体的积极性高，技术创新的供给可在市场引导下与需求相一致；其不足在于，在市场经济不发达的条件下不能像政府主导型机制那样快速有效地推进技术扩散。此外，即使在市场机制高度发达的情况下，由于农业技术扩散的外部性和公共性，往往不能保证新技术的充分有效供给。联合驱动型机制中，政府和市场都是创新扩散的推动力量，其优点在于既能充分调动微观主体技术创新活动的积极性，又能发挥政府在农业技术扩散中不可替代的作用。朱方长（2004）在总结国内外农业技术扩散实践的基础上，从农业技术扩散主体的角度提出农业技术扩散的机制包括政府运作机制、农业企业运作机制、农业科研机构和农业院校机制。李季等（1996）认为农业技术在扩散过程中有着相当复杂的机制，包括技术与接受者的作用机制，农民接受技术时来自自然、个人、家庭等方面的影响机制，技术在社区内及社区间的传播机制等。

另一派则多将农业技术扩散作为一个系统来讨论，并认为技术扩散的各机制成分不可或缺，只有通过共同的作用才能起到最终的效果。朱李鸣（1988）提出了技术创新扩散引导机制的概念，他认为技术创新扩散引导机制是由技术扩散动力机制、沟通机制和激励机制组成的自动系统，并且只有三种机制发挥协调作用才能使引导机制发挥作用。傅家骥（1998）认为技术创新扩散机制由供求机制、计划机制、中介机制、激励机制以及竞争机制组成。武春友等（1997）对技术创新扩散的动力机制进行了系统的研究，认为技术创新扩散的动力由推动力和牵引力合成，技术创新采用者由于采用技术创新获得超额利润造成的市场竞争压力即为推动力，采用者追求利润最大化即为牵引力，二者共同作用，推动着技术创新成果的扩散。刘志澄（1991）从技术扩散的动力源角度提出了农业技术扩散的动力机制，他认为导致技术创新转化为生产力的动力，在形式上可分为拉力和推力两种，其中拉力指社会需求牵引力和比较利益诱导力，体制改革和技术进步则是推力。此外，技术的扩散需要靠人来完成，所以农业技术扩散的动力在于激发人们从事技术扩散活动的心理机制。夏恩君等（1995）从农业科技成果供求角度提出科技成果转化包括供给机制、需求机制和引导机制。

（5）农业技术扩散影响因素的研究 众多国内学者研究认为，农业技术创新的扩散受复杂的内、外部因素的影响，这些因素主要包括微观技术本身的效益性、农户的经营规模、农民科技文化素质等，也包括技术宏观扩散区域的经济社会环境、自然生态环境、市场风险、政策、法规等（龚斌磊，2022；曹文志，1997；刘笑明等，2006；高启杰，2004；刘佛翔等，1999）。Rogers 认为影响技术扩散的因素主要有四个：技术本身的特点和性质、传播渠道、时间和社会系统。Cohen 等（1989）、张玉杰（1999）等认为技术扩散的影响因素中，技术势能是影响技术扩散的决定性因子之一，技术势能表现为特定地域技术水平的高低，受技术势能在地理空间上分布不均的影响，技术扩散在地理空间上具有不连续性。由于技术扩散的难易受技术势差大小的影响，即技术势差越大，扩散条件就越高；技术势差越小，扩散条件就相对较低，因此，很多学者指出适当的技术势差是顺利实现技术扩散的必要条件，只有引进“合适的技术”才能实现技术的最终扩散。国内外学者普遍认为，距离是影响技术微观尺度扩散最主要的因素，且技术势能的强度明显具有随距离增大而衰减的特征，尤其是在微观的尺度上（Haegerstrand，1952；Geroski，2000）。从宏观扩散尺度上来看，距离对技术扩散的可能性和便捷性产生影响，但距离对技术扩散影响的程度显著降低。由于技术在空间扩散过程中也会受到各种自然与社会因素的影响，从而表现出不同的技术扩散空间路径，因此技术扩散通道具有非均质性和动态性的特点，而畅通的技术扩散通道有利于技术扩散，反之则阻碍技术扩散（Levison，1973；曾刚等，2006）。

2.2.2 技术扩散研究方法

技术扩散的研究方法主要体现在模型的研究和运用上，目前主要从时间和空间两个维度进行。依据扩散数量和扩散速度随时间推移的变化，技术时间扩散模型分为技术扩散数量模型和技术扩散速度模型。Kuznets（1930）首次提出技术变革可能服从一条S形曲线，这一曲线模式为扩散模型的研究提供了一个可借鉴的理论基础。Mansfield（1961）创造性地将“传染原理”和逻辑斯谛增长曲线运用于扩散研究中，提出了著名的S形扩散数量模型，此后的学者继承和发展了这一模型，如Floyd模型、Sharif-Kabir模型、Skiadas模型、NUL模型、GRMI模型、Karmeshu模型、Havrda-Charrat模型等（刘笑明，2008），但这些模型在实际应用中受到了很大的限制。与S形技术扩散数量模型相对应的是Bass（1969）提出的技术扩散速度模型，技术扩散的速度在时间轴上呈现先上升后下降的趋势，表现为钟形结构，又称“钟”形模型，适用于小范围内的技术扩散研究（Mahajan et al.，1990）。我国学者（徐玖平，2001，2004；唐永金，2004；宋德军等，2007；张建忠，2007；赵绪福，1996）利用技术扩散理论和模型得出了农业技术扩散速度的计算公式，这实际上是在国外农业技术扩散速度测度的基础上进行的改进，但在实际运用中较难把握。

最早对技术空间扩散进行研究的是瑞典学者Haegerstrand（1952），他发展演化了技术扩散的“四阶段模型”，指出在开始阶段，扩散强度随距离衰减的特征显著；但随着时间的推移，在扩散阶段、冷凝阶段和饱和阶段，扩散强度随距离衰减的特征逐渐减弱。1953年，Haegerstrand在《作为创新过程的空间扩散》一书中提出了技术的“有效流动”是扩散得以实现的基础、扩散的网络分为地区性与地区内两个主要层次、技术扩散的阻力由社会阻力和经济阻力构成等重要论断，指出技术扩散的强度有随距离增加而衰减的趋势，奠定了技术空间扩散理论的基础。在Haegerstrand研究的基础上，很多学者开始通过建立数学模型模拟技术空间扩散的分布特征，对技术的空间扩散进行研究，如Berry（1964）的重力模型与Wilson（1967）的最大熵模型。

空间经济学（新经济地理学）主要通过对经济活动的空间分布规律的研究，解释空间集聚现象的原因，并对某一地区（或某一国家）的经济发展过程进行探讨。美国地理学家Tobler（1970）曾指出地理学第一定律：“任何东西与别的东西之间都是相关的，但近处的东西比远处的东西相关性更强。”空间自相关（spatial autocorrelation）是研究空间内某空间单元与其周围空间单元在某种特征值上的相互依赖程度，以及这些空间单元在空间上的分布特性的方法。空间自相关技术通过定义空间权重矩阵，解决了区域之间的空间关系问题，为区域差异的定量分析提供了有力的支撑。目前，国内外已把空间自相关技术应用到物种分布（Carl et al.，2007；卞羽，2010）、人口变化（Ezoe et al.，2006；张昆等，2007）、植物学（吴春彭，2011）、区域经济（Rusinova，2007；Ertur et al.，2006；谢海军，2008；潘竟虎等，2006；马晓冬等，2004）等方面。区域差异是区域经济发展过程中的一种普遍现象，技术的扩散过程中同样存在基于内生的非均衡力量的区域差异性。随着地理信息系统（GIS）技术的产生发展，其方法和技术不断成熟，在农业领域的应用逐步深入，GIS 模型功能和空间动态分析以及预测功能等与空间经济学研究方法的结合将会对农业生产的管理和辅助决策起到积极的作用。

2.2.3 农业技术扩散的实证研究

Griliches（1957）在对美国中西部杂交玉米种子扩散的研究中发现，新技术与当地条件的适应性在一定程度上决定了创新的扩散。

Dinar 等（1992）对以色列七种灌溉技术的采纳过程进行了定量研究，结果表明，政府对灌溉设施的补贴、水价和种植作物的收益对新技术的扩散有显著影响。

陆迁等（1998）、徐玖平（2001）对吨粮田模式化栽培技术和旱育秧技术的扩散研究结果表明，农业技术扩散不仅与当地的自然环境、社会经济环境有关，而且与农户经济状况相关联，在影响技术扩散众多因素当中，技术的效益是影响技术扩散的首要因素，相关要素的供给是技术顺利扩散的基础。并认为加速农业技术扩散，应以提高农业技术的效益和降低采用成本为重点。由于农户对新技术的态度存在差异，技术推广应针对不同农户的特点，采取不同的推广方法和推广策略。在农村建立技术推广示范点对于加速农业技术的扩散可起到积极的作用。农业技术扩散的实质是农业技术信息的扩散，不仅应加强政府推广组织的技术信息传递功能，而且应重视社区范围内人际交流网在技术扩散中的作用。

戴国海（2004）在良种技术扩散的理论与实证研究的基础上指出，良种技术的溢出效应导致了市场对外部性收益的提供者缺乏激励，使得良种技术的供给和需求不足，阻碍了良种技术的扩散。

李普峰等（2010）借助 S 形曲线模型及重力学模型对陕西省苹果种植的时空规律进行了研究，发现陕西省苹果种植面积在时间序列上呈现波动中上升的趋势，而在空间上存在等级扩散与渐进扩散相结合的扩散模式，即随着空间尺度的缩减，技术扩散由明显的规模等级扩散向随距离增加、扩散强度减弱的渐进式扩散转化。

刘笑明等（2011）以杨凌农业示范区作为创新源头，以小麦良种——小偃22作为创新技术，以陕西关中地区作为扩散区域，构建了小麦良种技术扩散的模型，并对其空间扩散的特征、模式与机制进行了分析。研究结果表明：示范强度、种植规模、种植条件、技术本身的优势等与扩散过程呈正相关；扩展扩散与等级扩散相结合是主要的扩散方式；扩散机制则表现出以政府为主导的联合驱动机制。此外，刘笑明（2006）认为在技术扩散过程中，当地的基础设施状况、农户经营规模是影响农业技术扩散的重要因素。

胡虹文（2003）等认为农业技术扩散受到很多复杂因素的影响，这些因素主要包括：技术本身的效益性、农户的经营规模及经济状况、农民素质、扩散区域的自然环境、经济社会环境、市场风险、政府的相关政策、法规、体制等。

龚斌磊（2022）研究了资源禀赋、地理距离和行政管辖三大约束条件对农业技术扩散和生产率赶超的影响，结果表明，随着上述约束条件的扩大，技术扩散和生产率赶超速度显著下降且衰减速度极快，加剧了“强者更强、弱者更弱”的分化局面。

2.3　农户技术采用行为的相关研究

2.3.1　农户技术采用行为的研究内容

农户行为是指农户在特定的社会经济环境中为了自身的经济利益，面对外部经济信号作出的反应，农户作为经济行为的主体，具有特殊的经济利益目标，并在一定条件下采取一切可能的行为追求其目标（康云海，1998）。国外从20世纪60年代开始就非常重视农户技术采用行为研究，国内在农户的技术选择与采用行为方面，也积累了大量的理论与实证研究文献。在研究方法上，大多研究者将农户行为纳入到农业技术扩散的体系中，从农户采用新技术的影响因素出发，分析和探究农业技术扩散中农户的技术选择问题、农业技术推广的过程以及提高技术推广效率的途径等。

高启杰（2000）、马永祥（2004）、裴建红（2005）等认为农户行为改变既有驱动力的作用，也有阻力因素的作用。驱动力一方面来源于农民对发展生产、增加收入、改善家庭生活的需要，另一方面来源于经济发展的要求、现代技术的效用、先进的推广服务、政策环境的改善以及市场需求的拉力、政策导向的推动等。农户行为改变的阻力因素既包括农户技术水平较低、文化程度不高、吸收和掌握技术的能力较低等农户自身的内在因素，还有来自经济、社会、自然、市场等农业环境条件的外在阻力。

Rogers（1995）认为农户对技术的采用行为是技术自身特性、采用群体特征以及外部环境约束共同作用的结果。Feder 等（1985）、陈秀芝等（2005）认为，在农户技术采用的外部环境因素中，资源分配、市场风险、社会结构、公共政策、农地制度等对农户技术采用行为有着重要的影响。邢卫锋（2004）以江苏省东海县、石湖村、水库村为案例，研究影响农户采纳无公害蔬菜生产技术的因素，结果显示推广机构对农户的采用行为起相当大的作用。Lee 等（1983）认为，农地所有制的不同对农业新技术的采用与否有很大的影响，佃农更看重短期的农业利润，他们不情愿在租用的农地上采用精细农业耕种技术，而更愿意在自有的农地上采用精细农业耕种技术。朱希刚等（1995）对289个农户技术采用行为的分析表明，技术采用后粮食产量的增加、与农业推广机构的联系、离乡集镇的距离、政府对采用新技术的奖励等与农户采用新技术呈正相关。

朱明芬等（2001）指出农民的个人特征和农户家庭特征等影响着农户技术采用行为，其中农民受教育程度（刘华周等，1998；宋军等，1998）、年龄（Adesina et al.，1993）、农户兼业性（韩军辉，2005）、家庭经济状况（Batze et al.，1999）等因素对农户技术采用行为有着重要影响。胡瑞法等（1998）对浙江省巧县430户农户的调查资料进行了分析，研究了不同经济发展水平地区农村妇女在水稻生产计划与病虫害防治技术决策中所起的作用。韩军辉等（2005）就湖北省谷城县102户农户对新品种采用行为的分析表明，农民年龄、农户类型（小农户、农业兼业户、非农兼业户）是影响农户采用新品种的主要因素。方松海等（2005）调查了陕西、宁夏和四川三个西部省份420户农户，认为户主个人禀赋中的教育程度、年龄、经历、心理特征、社会网络、信息资源等均影响了其技术的采用。

技术属性的差异影响着农户对技术的采用（郑旭媛等，2018；满明俊等，2010），具有不同家庭特征和外部环境特征的农户基于技术自身特征差异会表现出不同的采用行为（唐博文等，2010）。宋军等（1998）认为农民受教育水平与其对不同类型技术的采纳程度呈现了不同的相关关系，农民受教育水平越高，选择节约劳动技术的比例越高，相反选择高产技术的比例越低。朱希刚（1995）研究表明技术采用后产出的增加与农户采用新技术呈正相关关系。方松海等（2004）以陕西、宁夏、四川三省28个村级样本为依据，在修正现有理论模型的基础上，对采纳成本上分属不同层次的技术，即小麦新品种技术、蔬菜、水果保护地生产技术进行了分析，研究结果表明，新技术的进入门槛和技术采纳的机会成本共同影响农户对新技术的采纳。

2.3.2　农户行为的研究方法

农户行为的研究方法主要分为定性研究和定量研究。定性研究又可以分为两类，一类是通过采用心理学方法和案例分析法，对典型地区被研究主体进行实地的访谈和参与式的生活，以了解农户对某种新技术的认知、态度倾向和行为方式，并由此总结归纳出农户的内在心理活动和行为规律。齐顾波等（2006）以宁夏盐池县的调查为例运用行为理论对草场禁牧政策下的农民放牧行为进行了研究。李伊梅等（2007）运用发展研究方法，选择湖南省高水村的30名农户进行了社区网络中技术采用行为的案例研究。另一类是通过构建以效用最大化为目标的农户技术选择模型，从理论上对影响农户采用行为的因素作出定性结论的方法（张舰等，2002）。黄季焜等（1994）在生产函数中加入技术决策转换变量构造了一个受技术采用预期影响的投入产出模型。汪三贵等（1996）、孔祥智等（2004）将此模型进行改进，引入信息变量、风险变量、机会成本、政策变量等，分析特定约束条件下农户的技术采用过程。此类模型不考虑时期因素，属于静态模型范畴，但是技术的采用和扩散往往是动态的过程，因此林毅夫（2008）通过在技术采用有价证券模型中引入经验变量，形成技术采用的周期波动，将静态模型转化成动态模型。在多主体技术采用行为决策的研究中，博弈论被用来分析不同参与主体的行为。方伟（2005）在农户技术跟风行为的研究中，运用贝特兰德函数解释技术较迟采用者的成本收益情况，并通过古诺双寡头垄断模型分析了不同主体间的决策均衡。韩青（2005）则利用"囚徒困境"理论分析了激励机制在农户节水灌溉技术采用过程中所起的作用。

定量研究分为宏观和微观两个层面。宏观方面主要是利用年鉴等统计数据和资料对技术采用的时空规律和特征进行分析，包括技术采用率和技术效率等的研究。王崇桃等（2006）以县域数据为基础通过建立回归模型，证明了我国地膜玉米技术的采用率呈S形曲线分布的规律，并测算了采用率的峰值和时间跨度。史清华（2000）以山西、浙江两省1986—1999年连续跟踪农户观察资料为基础，对两省农户家庭经济利用效率及其配置方向进行了比较分析。曹慧等（2006）和李谷成等（2007）分别对江西省和湖北省农户家庭生产的技术效率进行了测算。微观方法主要是基于调研数据，利用Logit模型、Probit模型、Tobit模型等二元选择模型来探究农户技术采用的影响因素。汪三贵等（1996）等用Probit和Logit模型对信息不完备条件下贫困农民接受地膜玉米覆盖技术的行为进行了研究；高启杰（2000）运用Probit模型对不同地区不同农业技术推广的影响因素进行了系统分析；苏岳静等（2004）用Probit和Tobit模型对农民采用抗虫棉技术进行了分析，得出了抗虫棉技术扩散速度较快的原因。此外，黄志坚等（2009）运用系统动力学理论，通过建立农业技术传播的系统动力学模型，对农业技术传播的影响因素进行分析，揭示了农户技术采用过程中技术的传播规律。杨慕义（1997）运用二阶随机优势分布模型和目标值——平均绝对偏差法（Target MOTAD 模型）实证研究了市场的波动对西北黄土高原地区农户养兔及种草行为的影响。邢美华（2009）通过运用多元选择模型中的排序选择模型对变量进行回归分析，判断特征因素对技术采用的影响。

2.3.3 农户稻作技术采用行为的实证研究

林毅夫（2008）对湖南 500 户稻农采用杂交水稻技术的研究发现，农户教育水平对其采用杂交稻的概率及采用密度有显著正效应，农户的耕地规模、农户的资本拥有量对其杂交稻的采用密度有显著正效应。

顾俊等（2007）调查分析了江苏省兴化市 290 个农户的农户特征与水稻新技术采用情况，结果表明户主年龄、户主受教育年限、家庭水稻种植面积、家庭人口、家庭收入与技术采用率有一定的关系。

石瑜敏（2004）通过调查研究发现，南宁市郊区不同村之间的农户因其所处自然、社会环境不同对优质稻新技术的采用有一定差异。

陆彩明（2004）运用参与式农村发展研究方法，通过对江苏南通两乡镇 60 户农户水稻轻型栽培技术采用情况的调研和统计分析得出，农户技术采用行为与当地资源、环境、经济发展水平密切相关，农技推广起中介和桥梁作用，技术培训对农户采用和持续采用新技术有较大影响。

王志刚等（2007a，2007b）研究表明，农户文化程度、水稻种植规模和种植制度是影响农户采用水稻轻简栽培技术的主要因素；农户所在地区以及家庭人均收入是影响其采用水稻高产栽培技术的主要因素，农户文化程度和种植规模对农户采用水稻高产栽培技术基本没有影响。

廖西元等（2006）调查分析表明，农户人均收入、种稻规模、所在区域、劳动力文化水平、秧龄系数和工价等因素影响着稻农采用机械化生产技术。

喻永红等（2009）研究认为，决策者的年龄、受教育程度、工作性质、是否参加过农业技术培训以及家庭规模、未成年人数量、耕地规模及其分散程度、水稻生产主要目的等因素对农户采用水稻 IPM 技术的意愿具有显著影响。

唐博文等（2010）研究表明，同一变量对农户采用不同属性技术的影响不同，农户对技术作用认知、参加技术培训、信息可获得性对其新品种技术、农药使用技术和农产品加工技术的采用有显著影响；专业技能、社会公职、外出务工比例、农户年收入对上述三种技术采用均没有显著影响。此外，受教育程度、耕地面积、借款难易、参加合作组织、户主年龄对农户新品种技术的采用有显著影响；受教育程度、借款难易对农户农药技术的采用有显著影响；参加合作组织对农户农产品加工技术的采用有显著影响。

徐志刚等（2018）研究了具有跨期属性的秸秆还田技术在不同经营规模和地权期限下的农户采用行为，结果表明规模户更倾向于采用秸秆直接还田技术，且较短的地权期限不利于农户秸秆还田技术的采用行为，为农户技术采用行为研究提供了一个新的研究视角。

2.4　理论基础

2.4.1　技术扩散理论

技术扩散理论主要有三种观点，“传播论”是其中最具代表性和影响力的一种观点，代表人物是罗杰斯（E. M. Rogers），他认为技术创新扩散是指新的思想或者产品在一定的时间内，通过特定的渠道为社会系统成员所接受的过程。该过程表现为，扩散起始于最初的技术创新方式，随着时间的推移，新技术逐渐被潜在采用者采用，潜在采用者中未采用者不断减少，直至为零，至此，该创新过程结束。该理论把创新扩散的过程理想化，但它最形象地描述了创新的扩散过程，因而被广泛采用。技术创新扩散的“学习论”由 Rogers 提出，它认为技术创新不像信息传播过程那样简单，它还涉及新技术采用者的采用过程，对于农业新技术来说，农户并不是得到了新的农业技术信息就会立即采用，而是存在一个学习的过程。我国学者陈国宏（1995）认为技术扩散是技术传播的过程，也是处于低技术势系统通过各种方式向高技术势系统学习的过程，技术势差是技术扩散的充分必要条件。这一观点在技术传播过程的基础上引入学习理论，把研究的视野引入到了更深的层次。扩散“替代论”以梅特卡夫（Metcalfe）等人为代表，替代论观点认为，农业新技术的扩散更多地表现为新技术对老技术的替代，一个农户采用一项新技术的决策依赖于已经采用该技术的农户数，技术扩散过程实际上是技术替代的过程。替代论的本质在于强调扩散过程的不均衡特点，即扩散是一种均衡（老技术的使用）转移到另一种均衡水平（新技术的采用）的不平衡过程（盛亚，2002）。

2.4.2　农户行为理论

（1）国外有关农户行为的理论研究　国外有关农户行为理论的研究其核心在于农户的不同理性观之争上，即农户是理性、有限理性还是完全理性，以及农户的生存理性与经济理性之争等。农户行为理论的研究主要有三大学派，分别是以俄罗斯恰亚诺夫为代表的“组织—生产学派”，又称为“实体主义学派”，恰亚诺夫通过对 20 世纪 20 年代革命前的俄国小农的深入研究，认为农户从事农业生产活动中主要追求家庭对农产品的自身消费需求和农业劳动投入的辛苦程度之间的平衡，而不是利润和成本之间的平衡，即农户的经济行为是非理性的。以西奥多·舒尔茨（1987）为代表的"理性小农学派"，又称"形式主义学派"，认为小农的经济行为绝非西方社会一般人心目中的懒惰、愚昧或没有理性的，在一个竞争的市场机制中，农户在生产分配上极少有明显的低效率，传统农业也是"贫穷而有效"的。黄宗智（1986）综合上述学派形成了"历史主义学派"，黄宗智认为小农家庭在边际报酬十分低的情况下继续投入劳动力，可能只是由于小农家庭没有相对于边际劳动投入的边际报酬，在农户心目中，全年的劳动力投入和收益是一个不可分割的整体。小农既是一个维持生计的生产者；又是一个追求利润者；更是一个受剥削者。此外，赫伯特·西蒙认为人的理性是有限的，人类的行为中理性和非理性同时存在，信息的局限性导致了人类决策和行为的非理性，因此作为管理者或决策者的人是介于完全理性与非理性之间的"有限理性"的"管理人"。

（2）国内有关农户行为的理论研究 我国对于农户行为的研究始于20世纪80年代中后期，不同的研究学者对于农户行为的理性与否也存在着不同观点，林毅夫（1988）认为许多被用来证明小农行为不是理性的典型事例通常都是具有城市偏向的人在对小农所处的环境缺乏全面了解的情况下作出的论断，往往被认为是小农不理性的行为却恰恰是外部条件限制下的理性表现。史清华（2000）以山西、浙江两省1986—1999年连续跟踪农户观察资料为基础，对农户家庭经济利用效率及其配置方向进行比较分析发现，农户在进行家庭资源配置上，其行为完全是理性化的。杨慕义（1997）实证研究了市场的波动对西北黄土高原地区农户养兔及种草行为的影响，研究结果表明，当地以传统生产方式为主的小农户具有很强的回避风险的意识，他们的决策目标并非收益的最大化。韩耀（1995）从现代经济学对人类行为的基本假设出发，认为中国农户的生产行为具有理性与非理性行为并存、自给性与商品性生产并存、经济目标与非经济目标并存、纯农业户和兼业性农户并存、行为的一致性与多样性并存的特点。因此，认为应从经济因素和非经济因素两方面分析农户的生产行为。严瑞珍等（1997）也认为，农户行为既是理性的又是非理性的。总之，目前我国学者对于农户行为是否理性的认识还缺乏一致性（傅晨等，2000）。

上述经典理论是研究者在不同的时代背景以及各自的研究前提与假设条件下得出的结论，反映了不同经济社会条件下、不同时期和不同类型的农户行为特征，但也存在着一定的争议。"非理性小农学说"忽视了西方微观经济学原理的前提条件和小农经济的特点："理性小农学说"将小农追求利润最大化作为自身的行为目标，因此，无法对非完全竞争和非完全市场条件下的农户行为给出合理的解释。黄宗智的理论虽然是针对我国的农户，但是其理论主要形成于改革开放以前。改革开放以来，随着市场化改革、税费改革等各项改革的深入，目前农户所面临的社会经济结构已经发生了很大的变化。

2.4.3 效用最大化理论

在理性小农学说中，农户是最大利润的追求者，而利润最大化不过是效用最大化的变形，只是它突出了货币收益的效用方面，忽略掉了非货币收益方面。Becker（1976）在其著作《人类行为的经济分析》中指出，经济人追求最大效用。Stiglitz（2000）认为作为独立经济主体的广大农户，其生产与消费预期大多符合“经济人”假设，即追求效益和效用最大化和付出最小化。作为有组织的实体，家庭同厂商一样，从事使用这种劳动与资本的生产，每一家庭的行为都可视为在资源与技术条件约束下使其目标函数极大化。因此农户理性又被赋予这样的定义——当农户面临几个可供选择方案时，他选择那个能给他或他家庭带来效用最大化的方案。何大安等（2006）认为人类的所有活动都是在一定的目的和欲望的驱动下、在特定的资源约束条件下，通过偏好选择来实现效用最大化。张旭昆（2005）还指出，追求效用最大化的动机在很大程度上是由遗传基因决定的，而根本动机的具体表现形式或者说效用函数的具体性质则大多是由环境、社会和文化等因素决定的。朱翠萍等（2009）认为，制度通过影响人的行为对发展方式的转变和促进经济又好又快的发展发挥重要作用。无论经济增长还是交易成本都是引致成本，都是个人理性选择的结果。对于个人而言，除非存在某种激励或者约束，否则资源掠夺、成本外溢、寻租等自然就成了人们追逐个人收益的一种理性选择。由于效用不可比性、难观测性和主观性，用效用最大化作为评价农户行为理性标准并不具有操作性，一个可操作评价标准就是资源配置效率，即只要农户资源配置实现了最优，农户行为就是理性的。史清华（2000）等就农户资源配置和技术效率问题进行了研究，并对农户行为的理性与否作出了论断。此外，郭霞（2008）指出农户行为理性也并不意味着农户产出就是绝对最大化，农户行为的个人理性也并不必然导致社会公共理性。当农业生产中存在外部性、公共物品以及受农户自身条件约束时，农户个人理性可能会背离社会公共理性。当农户行为存在偏差时，需要政府干预来引导农户做出合理选择。

2.4.4 集体行为理论

“集体行为”一词首先出现于18世纪末的法国心理学界，“集体行为”的最初形式是从群众行为发展而来。在社会学家涂尔干的影响下佛里（Fouillie A.）与雷班（Le Bon G.）观察法国革命时期各种人一起行动的结果，发现那些人的集体行为与单独一个人的行为完全不同，并将这种行为称为群众行为

(Crowd behavior)。涂尔干认为，集体行为不同于个人行为，集体行为也不是团体中个人个别行为的总和，而是一种完全不同的现象。帕克（Perk R. E.）于1920年在其所著《社会学科学导论》一书中，对这一名词赋予了新的含义，即认为所谓集体行为是人群聚集的产物，在人群情境里，每个人在共同的情绪或心境下思想与活动，其注意力被某一件事所吸引时，这些人就成为一种心理群众（psychological crowd），而产生一种集体心理（collective mind），并且能做出与其个人完全不同的行为。涂尔干认为各个人的心理可聚合起来成为集体心理，集体的心理有力量去驱使个人按一定模式去行动。

技术采用过程中集体行为理论反映的是社会如何影响个人决策和社会群体对新技术的反应。农户个体的经验、教育、传统、心理素质等变量影响其决策，但农户也受到社会群体中其他成员行为及态度的影响。在新的技术进入原有的技术体系时，农户固然有自己理性的算计与个人的偏好，但其技术采用行为决定是在一个动态的交互过程中做出的，他们会在与周围的人际社会网的交换信息中受到影响，进而改变偏好。而实际上，邻居对新技术的态度常常是影响农户采纳决策的一个重要因素，此外，有些技术需要群体决策或群体行动，如防洪技术、灌溉技术等。实际中，群体中每个成员对采纳某一技术都有自己的特殊利益、动力、态度、价值判断等，这些个体目标甚至与群体目标相悖（Rogers，1971；Beal et al.，1960）。特别是在愈来愈多的人受到示范而参与到技术的采用环节中时，在大家都参与影响下，个人会在集体的带动下不自觉地参与进去，或在集体行为的压力下不得不参与进去，形成集体行为中的个人行为与单独个人行为完全不同的现象。农户采纳决策是农户个体与社会成员之间相互影响的结果，所以农户的技术采用行为既是“自主”的，又在个体水平和社会层面上受到其他农户和群体行为的影响。

2.4.5 感知价值驱动理论

感知价值（即顾客感知价值，customer perceived value，CPV）一词来源于市场营销理论中的核心理论问题——顾客理论，顾客感知价值区别于产品和服务的客观价值，指的是顾客所能感知到的利益与其在获取产品或服务时所付出的成本进行权衡后对产品或服务效用的总体评价（Zeithaml，1988）。其中顾客所能感知到的利益包括产品本身属性及由此带来的精神方面的价值，如产品价值（包括质量价值、性能价值、外观价值）、服务价值（包括便利性、专业性、亲切度）、体验价值（包括社会需要价值、尊重需要价值、自我实现需要价值）；为获取产品所要付出的成本，如货币成本（产品购买成本、维修保养成本、相关使用成本）、精力成本（时间成本、体力成本、脑力成本）、心理成本（风险成本、转换成本、情境成本）等，这些感知价值和感知成本共同构成了客户行为的驱动要素（成海清，2007）。而感知价值一方面影响了顾客的购买意愿和购买行为，另一方面直接影响了顾客的重购行为和向别人宣传、评价、推荐的行为（Grewal et al.，1995；Grisaffe et al.，1998）。

农业技术具有商品和服务的属性，农户技术采用过程可以作为顾客购买使用商品或享受服务过程来讨论，因此，农户技术采用行为过程中同样存在农户对所采用技术价值的主观认知。按照顾客感知价值理论，农户采用技术的目标是希望在技术的采用过程中实现一定的“农户价值”。“农户价值”与“顾客价值”的本质相同，即是农户对采用技术的交互过程和结果的主观感知，包括农户采用过程中对技术的感知利得与感知利失之间的比较和权衡，具体来说就是农户所能感知到的如技术价值、服务价值、体验价值方面的利得，以及为获取技术的利失，如货币成本、精力成本、心理成本等。正是由于农户感知价值的存在，其对技术的感知评价会与技术客观价值存在出入，其技术选择行为也会在感知价值的驱动下加强或发生改变。

2.4.6 技术相对优势理论

一般情况而言，技术在满足一定的相对优势、兼容性、可试验性以及操作简单等条件下，就具备了快速扩散的可能（Rogers，1995）。但是，对于农业技术而言，仅仅具备以上属性是远远不够的，现实中技术扩散的形成要复杂得多，技术的相对优势并不一定促成其扩散。Rogers（1995）把技术创新的相对优势定义为“创新被认知到的比它的替代对象更好的程度”，其中很重要的一点在于技术的相对优势是它被认知到的情况，而不是它实际上如何。正如Rogers指出，一项创新客观上有多少优势并不重要，重要的是个人认知到的有多少。对于技术相对优势的认知效用，Rogers强调的技术相对优势是接受者对创新的属性的认知，而不是研究人员或专家给出的技术的属性认知。Ajzen等（1980）认为个人的技术认知可能与他的技术使用认知不同，技术使用认知对其技术采用的意图有直接影响。Moore等（1991）认为技术的相对优势概念缺乏概念力度和可信度，而Davis（1989）提出的“有用性认知”，即个人认为系统将提高他的工作绩效的程度，可作为相对优势的一个替换。关锦勇等（2007）在最初的技术相对优势概念的基础上将其分为两部分，即技术的优越性认知和替代性认知。优越性认知强调技术认知，指新技术被认知到的比原技术更好的程度；替代性认知则强调技术使用，指新技术被采纳后，它被认知到的替代原技术的顺利程度。其研究还指出一项新技术被采纳，它是一项好的技术还不够，必须是更好的技术；该新技术不必比任何技术都要好，但要比它将替代的技术好；即便如此，新技术更好也并不意味着一定能替代原技术，因为技术的“好”在面临风险性、选择主体意志的差异性等时往往变得很脆弱。

2.4.7 利益相关者理论

利益相关者理论源自西方学者对企业股东利益最大化经营目标的反思，这一概念自20世纪60年代由美国斯坦福研究院提出后，经由发展已成为管理学、经济学、社会学等领域中广为接受的观念，并在理论研究和实证检验方面取得了很大的发展（楚永生，2004；贾生华等，2002；蔡炯等，2009）。利益相关者理论认为，企业并不完全是股东的实物资产的集合体，企业所有的利益相关者都拥有企业的所有权。而为了保持企业持久的生存和发展状态，公司的治理与安排必须恰当和尽可能地考虑和满足各方利益相关者的利益诉求，并且在公司治理结构中要给其留有足够的发言权。该理论告诉人们，企业的发展需要各方利益相关者的投入和参与，而股东仅仅是企业发展过程中众多利益相关者中的一个，因此仅仅关注股东的利益是不够的（刘利，2009）。目前，利益相关者理论已运用在公司治理、企业社会责任承担、绩效评价、公司财务等领域的研究中。技术的推广活动是由利益相对一致的多个相关利益方共同参与而形成的拥有一定资源并保持某种权、责、利结构关系的群体活动，在某种意义上来说与公司治理目标及实现过程有着相似之处。参与技术推广的利益相关主体能够影响组织目标的推进速度与实现，他们的意见是决策时必要的考虑因素，而利益的相对一致性是组织良好运行的前提和基础。但现实中所有的利益相关者对所有的问题不可能均保持意见的一致，这就需要在技术推广过程中对各方利益相关主体的利益诉求及目标认知有清晰的认识，这样才能及时、有效地调节推广过程中存在的矛盾与冲突，并保持技术推广活动的顺利进行。

2.5 文献评述

综上所述，农业技术扩散的相关研究主要集中在农业技术的扩散过程、扩散的模式、扩散方式、扩散机制以及扩散的影响因素等方面。上述文献为本研究提供了研究理论及研究思路，但也不难发现，在农业技术扩散研究方面，较多的研究限于对国外研究成果的跟踪、引进与整理，而我国国情与西方发达国家有较大的差异；且农业技术的扩散过程是复杂的，技术的扩散受到技术本身、自然、经济、社会、文化以及采用主体特征等因素的共同影响。因此，根据我国农业和农村的实际情况，研究具体的农业技术扩散特征是非常必要的。而目前在农业生产技术扩散的研究中，很少有人就稻作方式的扩散机制、扩散特征及规律进行研究，并形成有指导和借鉴意义的研究成果。

国内学者从社会学、经济学角度以及宏观、微观层面对技术的扩散机制和模式进行了总结，但很少有学者就乡镇规模的技术的进入与退出机制以及运行模式进行研究。在现实生产中，技术的扩散很大程度上是以乡镇为单位进行的技术推广活动，因此，有必要系统、深入地研究稻作方式在乡镇层面的扩散机制及模式。

任何一种稻作技术的扩散都是农户对其采用的结果，农户对稻作技术采用行为的变化也反映在稻作技术扩散格局的变化上。在现有技术扩散的农户微观层面的研究中，主要是针对某一种技术研究农户对其采用行为；也很少有人就农户采用不同类型稻作方式的行为差异及其影响因素进行研究；且在以不同技术主体为对象的研究中，相同的影响因素所起的作用不同（徐志刚等，2018；王志刚等，2007a，2007b；廖西元等，2006；喻永红等，2009；满明俊等，2010；唐博文等，2010）。而目前有关稻作方式的研究主要集中在生育特性、产量、生理生态特性、成本与效益等方面（李杰等，2011a，2011b；陈风波等，2011；程建平等，2010；池忠志等，2008），因此有必要对稻作方式的扩散进行农户微观层面上的研究。

虽然从行为学领域很容易找到农户层面技术扩散的内涵，但在农户微观层面上，稻作方式的扩散作为农户采用行为的结果，其可能的解释不仅仅是农户行为的理性与否。很多时候农户作为社会人或技术的消费者在进行技术采用的决策，而农户行为的主观意志性以及社会现象的复杂性，使得影响农户行为的因素很难用变量的形式进行呈现。因此，借鉴和采用心理学、市场营销学等学科理论对农户采用稻作方式进行研究是一个新的方向。

技术的推广与扩散是由利益相对一致的多个相关利益方共同参与而形成的拥有一定资源并保持某种权、责、利结构关系的群体活动。在中国，技术的推广与扩散过程除了有广大普通农户参与外，还有政府部门的参与，专家学者的参与，以及第一线的农技推广人员的参与。他们既存在利益的一致性，但同时也存在着利益的分歧。利益的相对一致性是组织运行良好的前提和基础。而稻作方式扩散活动的顺利进行，很大程度上与相关利益方之间的认知差异等有关。因此，研究相关利益主体间关于稻作方式的生产特性、发展方向及影响因素的认知及分化有助于从认知层面发现稻作方式扩散中存在的问题。

本章对相关文献和研究理论进行了综述，根据研究方案的设计第3章将在本章的基础上首先对稻作方式的发展及扩散机制进行研究。

◆ 参考文献

卞羽，2010. 福建省森林资源生态足迹及其空间特征研究［D］. 福州：福建农林大学.
蔡炯，田翠香，冯文红，2009. 利益相关者理论在我国应用研究综述［J］. 财会通讯（4）：

51-54.
曹慧，秦富，2006. 集体林区农户技术效率及其影响因素分析——以江西省遂川县为例［J］. 中国农村经济（7）：63-71.
曹文志，1997. 系统认识农业技术创新的推广过程［J］. 科技管理研究（2）：6-8.
陈风波，陈培勇，2011. 中国南方部分地区水稻直播采用现状及经济效益评价——来自农户的调查分析［J］. 中国稻米，17（4）：1-5.
陈国宏，王吓忠，1995. 技术创新、技术扩散与技术进步关系新论［J］. 科学学研究，13（4）：68-73.
陈良玉，高启杰，2000. 优化农业推广模式 发展农业推广事业［J］. 中国农业科技导报，2（4）：76-80.
陈秀芝，秦宏，张绍江，2005. 论中国农业技术应用的制度障碍及对策［J］. 中国农学通报，21（8）：430-432，435.
成海清，2007. 顾客价值驱动要素剖析［J］. 软科学，21（2）：48-51.
程建平，罗锡文，樊启洲，等，2010. 不同种植方式对水稻生育特性和产量的影响［J］. 华中农业大学学报，29（1）：1-5.
池忠志，姜心禄，郑家国，2008. 不同种植方式对水稻产量的影响及其经济效益比较［J］. 作物杂志（2）：73-75.
楚永生，2004. 利益相关者理论最新发展理论综述［J］. 聊城大学学报（社会科学版）（2）：33-36.
崔功豪，魏清泉，刘科伟，等，2006. 区域分析与规划［M］. 2版. 北京：高等教育出版社.
戴国海，2004. 良种技术扩散的理论与实证研究［D］. 南京：南京农业大学.
戴其根，张洪程，霍中洋，等，2000. 抛秧稻生长发育特征及产量形成规律的探讨［J］. 江苏农业研究，21（1）：1-7.
丁振京，杨亚梅，2000. 我国现行农业科技推广模式及存在问题［J］. 农业科技管理（5）：31-34.
方松海，孔祥智，2005. 农户禀赋对保护地生产技术采纳的影响分析——以陕西，四川和宁夏为例［J］. 农业技术经济（3）：35-42.
方伟，2005. 农户技术跟风行为分析［J］. 统计与决策（15）：34-35.
傅晨，狄瑞珍，2000. 贫困农户行为研究［J］. 中国农村观察（2）：39-42.
傅家骥，1998. 技术创新学［M］. 北京：清华大学出版社.
傅家骥，雷家骕，程源，等，2003. 技术经济学前沿问题［M］. 北京：经济科学出版社.
高启杰，2004. 农业技术创新：理论、模式与制度［M］. 贵阳：贵州科技出版社.
高启杰，2000. 农业技术推广中的农民行为研究［J］. 农业科技管理（1）：28-30.
高启杰，1997. 现代农业推广学［M］. 北京：中国科学技术出版社.
江敏，2021. "洁田技术"模式下直播稻生长发育和杂草防治效果初探［D］. 武汉：华中农业大学.
龚斌磊，2022. 中国农业技术扩散与生产率区域差距［J］. 经济研究，57（11）：102-120.

龚振恺，万靓军，李刚，等，2006. 移栽秧龄和中期氮肥运筹对机插水稻宁粳 1 号生产力的影响［J］. 江苏农业科学（3）：16-19.
顾俊，陈波，徐春春，等，2007. 农户家庭因素对水稻生产新技术采用的影响——基于对江苏省 3 个水稻生产大县（市）290 个农户的调研［J］. 扬州大学学报（农业与生命科学版），28（2）：57-60.
关锦勇，周荫强，2007. 信息技术采纳中的相对优势研究［J］. 信息系统学报，1（1）：34-45.
郭保卫，陈厚存，张春华，等，2010. 水稻抛栽秧苗立苗中的形态与生理变化［J］. 作物学报，36（10）：1715-1724.
郭霞，2008. 基于农户生产技术选择的农业技术推广体系研究［D］. 南京：南京农业大学.
韩军辉，李艳军，2005. 农户获知种子信息主渠道以及采用行为分析——以湖北省谷城县为例［J］. 农业技术经济（1）：31-35.
韩青，2005. 农户灌溉技术选择的激励机制［J］. 农业技术经济（6）：22-25.
韩伟斌，丁栋，魏栋梁，等，2008. 直播稻主要病虫发生特点及防治对策［J］. 现代农业科技（24）：148-149.
韩耀，1995. 中国农户生产行为研究［J］. 经济纵横（5）：29-33.
浩华，2000. 谈政府在技术创新扩散中的作用［J］. 现代管理科学（3）：8-9.
何大安，苏志煌，2006. 人类实际行为的效用函数分析——一种糅合理性和非理性选择行为的理解［J］. 浙江学刊（2）：171-177.
胡国强，陈正龙，周铭成，2004. 麦茬少免耕直播稻生育特性及栽培策略研究［J］. 江苏农业科学（1）：19-21.
胡虹文，2003. 农业技术创新与农业技术扩散研究［J］. 科技进步与对策（5）：73-75.
胡瑞法，程家安，董守珍，等，1998. 妇女在农业生产中的决策行为及作用［J］. 农业经济问题（3）：52-54.
黄季焜，陈庆根，王巧军，1994. 探讨我国化肥合理施用结构及对策——水稻生产函数模型分析［J］. 农业技术经济（5）：36-40.
黄志坚，吴健辉，方文龙，2009. 基于系统动力学的农业技术传播分析［J］. 科技管理研究，29（4）：159-160.
黄宗智，1986. 华北的小农与经济社会变迁［M］. 北京：中华书局.
霍中洋，魏海燕，张洪程，等，2012a. 穗肥运筹对不同秧龄机插超级稻宁粳 1 号产量及群体质量的影响［J］. 作物学报，38（8）：1460-1470.
霍中洋，姚义，张洪程，等，2012b. 播期对直播稻光合物质生产特征的影响［J］. 中国农业科学，45（13）：2592-2606.
贾生华，陈宏辉，2002. 利益相关者的界定方法评述［J］. 外国经济与管理（5）：15-18.
康云海，1998. 农业产业化中的农户行为分析［J］. 农业技术经济（1）：6-11.
孔祥智，方松海，庞晓鹏，等，2004. 西部地区农户禀赋对农业技术采纳的影响分析［J］. 经济研究（12）：85-95.

李谷成，冯中朝，占绍文，2008. 家庭禀赋对农户家庭经营技术效率的影响冲击——基于湖北省农户的随机前沿生产函数实证 [J]. 统计研究，25 (1)：35-42.

李洪山，赵阳，申玉香，2011. 沿海地区直播稻种植后效应及其思考 [J]. 中国农学通报，27 (9)：273-276.

李季，任晋阳，韩一军，1996. 农业技术扩散研究综述 [J]. 农业技术经济 (6)：48-51.

李季，1997. 农业技术扩散过程及其评述 [J]. 农业现代化研究，18 (1)：20-22.

李杰，2011. 不同种植方式水稻群体生产力与生态生理特征的研究 [D]. 扬州：扬州大学.

李杰，张洪程，常勇，等，2011a. 不同种植方式水稻高产栽培条件下的光合物质生产特征研究 [J]. 作物学报，37 (7)：1235-1248.

李杰，张洪程，董洋阳，等，2011b. 不同生态区栽培方式对水稻产量、生育期及温光利用的影响 [J]. 中国农业科学，44 (13)：2661-2672.

李杰，张洪程，龚金龙，等，2011c. 不同种植方式对超级稻植株抗倒伏能力的影响 [J]. 中国农业科学，44 (11)：2234-2243.

李杰，张洪程，龚金龙，等，2011d. 不同种植方式对超级稻籽粒灌浆特性的影响 [J]. 作物学报，37 (9)：1631-1641.

李杰，张洪程，龚金龙，等，2011e. 稻麦两熟地区不同栽培方式超级稻分蘖特性及其与群体生产力的关系 [J]. 作物学报，37 (2)：309-320.

李普峰，李同昇，满明俊，等，2010. 农业技术扩散的时间过程及空间特征分析——以陕西省苹果种植技术为例 [J]. 经济地理，30 (4)：647-651.

李小建，2006. 经济地理学 [M]. 2 版. 北京：高等教育出版社.

李伊梅，刘永功，2007. 社会网络与农村社区技术创新的扩散效率——来自一个村庄的观察 [J]. 农村经济与科技 (3)：52-53.

廖西元，王磊，王志刚，等，2006. 稻农采用机械化生产技术的影响因素实证研究 [J]. 农业技术经济 (6)：43-48.

林毅夫，1988. 小农与经济理性 [J]. 农村经济与社会 (3)：42-47.

林毅夫，2008. 中国的家庭责任制改革与杂交水稻的采用，制度、技术与中国农业发展 [M]. 上海：上海三联书店.

刘佛翔，张丽君，1999. 我国农业技术创新与扩散模式探讨 [J]. 农业现代化研究 (5)：294-297.

刘华周，马康贫，1998. 农民文化素质对农业技术选择的影响——江苏省苏北地区四县农户问卷调查分析 [J]. 调研世界 (10)：29-30，22.

刘利，2009. 利益相关者理论的形成与缺陷 [J]. 中国石油大学学报 (社会科学版)，25 (1)：20-24.

刘如洲，葛玉林，2010. 直播稻病虫发生特点及防治技术 [J]. 农业科技通讯 (3)：132-133.

刘笑明，2008. 农业科技园区技术扩散研究——以杨凌农业示范区为例 [D]. 西安：西北大学.

刘笑明，李同升，2006. 农业技术创新扩散的国际经验及国内趋势［J］. 经济地理，26（6）：931-935.
刘笑明，李同升，2007. 由失败案例透视农业技术创新扩散的影响因素及其改进［J］. 农业系统科学与综合研究，23（3）：297-300.
刘笑明，李同昇，张建忠，2011. 基于小麦良种的农业技术创新扩散研究［J］. 农业系统科学与综合研究，27（2）：148-153.
刘志澄，1991. 中国农业科技之研究［M］. 北京：农业出版社.
陆彩明，2004. 经济发达地区农户对轻型农业技术采用的实证研究［D］. 北京：中国农业大学.
陆迁，姜志德，1998. 吨粮田模式化栽培技术的扩散机制研究［J］. 农业经济（11）：35-36.
陆廷鹤，郭春华，2006. 机插稻大田杂草化学防除技术研究［J］. 安徽农业科学，34（10）：2200.
吕伟生，曾勇军，石庆华，等，2018. 双季机插稻叶龄模式参数及高产品种特征［J］. 作物学报，44（12）：1844-1857.
马晓冬，马荣华，徐建刚，2024. 基于 ESDA-GIS 的城镇群体空间结构［J］. 地理学报，59（6）：1048-1057.
马永祥，2024. 庆阳市农业科技推广模式研究［D］. 杨凌：西北农林科技大学.
满明俊，周民良，李同昇，2010. 农户采用不同属性技术行为的差异分析——基于陕西、甘肃、宁夏的调查［J］. 中国农村经济（2）：68-78.
潘竟虎，张佳龙，张勇，2006. 甘肃省区域经济空间差异的 ESDA-GIS 分析［J］. 西北师范大学学报（自然科学版），6：83-91.
裴建红，2005. 农业技术推广体系创新研究［D］. 泰安：山东农业大学.
齐顾波，胡新萍，2006. 草场禁牧政策下的农民放牧行为研究——以宁夏盐池县的调查为例［J］. 中国农业大学学报（社会科学版）（2）：12-16.
恰亚诺夫，1996. 农民经济组织［M］. 萧正洪，译. 北京：中央编译出版社.
沈建辉，邵文娟，张祖建，等，2006. 苗床落谷密度，施肥量和秧龄对机插稻苗质及大田产量的影响［J］. 作物学报，32（3）：402-409.
盛亚，2002. 技术创新扩散与新产品营销［M］. 北京：中国发展出版社.
石瑜敏，2004. 农户采用优质稻新技术影响因素的研究［D］. 北京：中国农业大学.
史清华，2000. 农户家庭经济资源利用效率及其配置方向比较——以山西和浙江两省 10 村连续跟踪观察农户为例［J］. 中国农村经济（8）：58-61.
宋德军，刘阳，2007. 中国农业技术扩散的实证研究［J］. 统计与决策（6）：99-100.
宋军，胡瑞法，黄季焜，1998. 农民的农业技术选择行为分析［J］. 农业技术经济（6）：36-39，44.
苏岳静，胡瑞法，黄季焜，等，2004. 农民抗虫棉技术选择行为及其影响因素分析［J］. 棉花学报，16（5）：259-264.
汤锦如，2005. 农业推广学［M］. 北京：中国农业出版社.

唐博文，罗小锋，秦军，2010. 农户采用不同属性技术的影响因素分析——基于9省（区）2110户农户的调查［J］. 中国农村经济（6）：49-57.

唐永金，2004. 农业创新扩散的机理分析［J］. 农业现代化研究，（1）：50-53.

田莉，2008. 机会导向型的新技术企业商业化战略选择——基于技术属性与产业环境匹配的视角［J］. 经济管理（19）：40-43.

田莉，薛红志，2009. 新技术企业创业机会来源：基于技术属性与产业技术环境匹配的视角［J］. 科学学与科学技术管理（3）：61-68.

汪三贵，刘晓展，1996. 信息不完备条件下贫困农民接受新技术行为分析［J］. 农业经济问题（12）：31-36.

王崇桃，李少昆，韩伯棠，等，2006. 地膜玉米技术扩散实证分析［J］. 中国管理科学（10）：535-540.

王凯学，王华生，石桥德，等，2006. 早稻免耕抛秧栽培病虫发生特点及原因简析［J］. 中国植保导刊，26（12）：14-16.

王志刚，王磊，阮刘青，等，2007a. 农户采用水稻高产栽培技术的行为分析［J］. 中国稻米（1）：7-10.

王志刚，王磊，阮刘青，等，2007b. 农户采用水稻轻简栽培技术的行为分析［J］. 农业技术经济（3）：102-107.

吴春彭，2011. 长江流域油菜生产布局演变与影响因素分析［D］. 武汉：华中农业大学.

吴建富，王海辉，潘晓华，2005. 影响杂交早稻免耕抛栽立苗的几个因素［J］. 江西农业大学学报，27（6）：811-815.

武春友，戴大双，苏敬勤，1997. 技术创新扩散［M］. 北京：化学工业出版社.

西奥多·舒尔茨，1987. 改造传统农业［M］. 梁小民，译. 北京：商务印书馆.

夏恩君，顾焕章，1995. 构建我国农业技术创新的动力机制［J］. 农业经济问题（11）：42-45.

谢海军，2008. 辽宁省农村经济的空间分布及增长因素研究［D］. 沈阳：沈阳农业大学.

邢美华，张俊飚，黄光体，2009. 未参与循环农业农户的环保认知及其影响因素分析——基于晋，鄂两省的调查［J］. 中国农村经济（4）：72-79.

邢卫锋，2004. 影响农户采纳无公害蔬菜生产技术的因素及采纳行为研究［D］. 北京：中国农业大学.

徐国伟，王贺正，王志琴，等，2009. 长江地区旱种方式对水稻产量品质及其生长发育的影响［J］. 干旱地区农业研究，27（2）：84-91.

徐玖平，2001. 旱育秧技术扩散模型与实证分析［J］. 管理工程学报（1）：21-27.

徐玖平，廖志高，2004. 技术创新扩散速度模型［J］. 管理学报（3）：330-340.

徐志刚，张骏逸，吕开宇，2018. 经营规模、地权期限与跨期农业技术采用——以秸秆直接还田为例［J］. 中国农村经济（3）：61-74.

许无惧，任晋阳，1997. 农业推广学［M］. 北京：经济科学出版社.

闫杰，苏竣，2000. 信息技术在农业知识扩散中的应用［J］. 科研管理，21（3）：49-55.

严瑞珍，孔祥智，1997. 转轨时期农民行为与政府行为的轨迹［J］. 经济学家（5）：

63-70.
杨波，2010. 淮北地区水稻不同栽培方式的生产力比较研究［D］. 扬州：扬州大学.
杨慕义，1997. 风险决策模型在农户决策研究中的应用——庆阳农户养兔及种草行为分析［J］. 草业学报，6（4）：57-63.
姚义，霍中洋，张洪程，等，2010. 播期对不同类型品种直播稻生长特性的影响［J］. 生态学杂志，29（11）：2131-2138.
姚义，霍中洋，张洪程，等，2012. 不同生态区播期对直播稻生育期及温光利用的影响［J］. 中国农业科学，45（4）：633-647
喻永红，张巨勇，2009. 农户采用水稻 IPM 技术的意愿及其影响因素——基于湖北省的调查数据［J］. 中国农村经济（11）：77-86.
曾刚，林兰，2006. 不同空间尺度的技术扩散影响因子研究［J］. 科学学与科学技术管理（2）：22-27.
张洪程，戴其根，邱枫，等，1998. 抛秧稻产量形成的生物学优势及高产栽培途径的研究［J］. 江苏农学院学报，19（3）：11-17.
张洪程，黄以澄，戴其根，等，1988. 麦茬机械少（免）耕旱直播稻产量形成特性及高产栽培技术的研究［J］. 扬州大学学报（农业与生命科学版），9（4）：21-26.
张建忠，2007. 农业科技园技术创新扩散理论与实证研究——以杨凌示范区为例［D］. 西安：西北大学.
张舰，韩纪江，2002. 有关农业新技术采用的理论及实证研究［J］. 中国农村经济（11）：54-60.
张俊飚，1999. 论农业技术推广模式的构建原理与运行机制［J］. 农业现代化研究（3）：91-93.
张昆，张松林，2007. 美国马萨诸塞州华人空间分布自相关研究［J］. 世界地理研究，16（1）：52-57.
张舒，张巧玲，陈小山，等，2009. 不同栽培方式对水稻主要病虫害发生的影响［J］. 华中农业大学学报，28（4）：426-430.
张晓丽，陶伟，高国庆，等，2023. 直播栽培对双季早稻生育期、抗倒伏能力及产量效益的影响［J］. 中国农业科学，56（2）：249-263.
张夕林，张谷丰，孙雪梅，等，2000. 直播稻田杂草发生特点及其综合治理［J］. 南京农业大学学报，23（1）：117-118.
张旭昆，2005. 试析利他行为的不同类型及其原因［J］. 浙江大学学报（人文社会科学版），35（4）：13-21.
张玉杰，1999. 技术转移势差论［J］. 开放导报（10）：22-24.
赵敏，李荣，张国忠，等，2011. 单季晚稻机插田化学除草技术［J］. 农药，50（2）：141-143.
赵荣，王恩涌，张小林，等，2006. 人文地理学［M］. 2 版. 北京：高等教育出版社.
赵绪福，1996. 贫困山区农业技术扩散速度分析［J］. 农业技术经济（4）：41-43.
郑旭媛，王芳，应瑞瑶，2018. 农户禀赋约束、技术属性与农业技术选择偏向——基于不完全要素市场条件下的农户技术采用分析框架［J］．中国农村经济（3）：105-122.
周桂香，王建富，叶华斌，等，2003. 抛秧稻田杂草发生特点与防除技术［J］．农业科技通讯（5）：39.
朱翠萍，汪戎，2009. 人力资本理性配置的制度因素分析［J］．经济学家（3）：25-32.
朱方长，2004. 农业技术创新社会实现论［M］．长春：吉林科学技术出版社．
朱金良，祝增荣，周瀛，等，2008. 水稻播种期对灰飞虱及其传播的条纹叶枯病发生流行的影响［J］．中国农业科学，41（10）：3052-3059.
朱李鸣，1988. 我国技术扩散导引机制初步考察［J］．科技管理研究（3）：35-37，39.
朱明芬，李南田，2001. 农户采纳农业新技术的行为差异及对策研究［J］．农业技术经济（2）：26-29.
朱希刚，赵绪福，1995. 贫困山区农业技术采用的决定因素分析［J］．农业技术经济（5）：18-21.
Adesina A A，Zinnah M M，1993. Technology characteristics，farmers' perceptions and adoption decisions：a tobit model application in Sierra Leone［J］. Agricultural Economics，9（4）：297-311.
Ajzen I，Fishbein M，1980. Understanding attitudes and predicting social behavior［M］. Upper Saddle River：N. J. Prentice Hall.
Bass F. M，1969. A new product growth model for consumer durable［J］. Management Science（15）：215-227.
Batz F J，Peters K J，Janssen W，1999. The influence of technology characteristics on the rate and speed of adoption［J］. Agricultural Economics，21（2）：121-130.
Beal G M，Bohlen J M，Randabangh J N，1960. Leadership and dynamic group action［M］. Ames：Iowa State University Press.
Beal G M，Rogers E M，1960. The adoption of two farm practices in a central Iowa community［M］. Ames：Agricultural and Home Economics Experiment Station，Iowa State University of Science and Technology.
Becker G S，1976. The economic approach to human behavior［M］. Chicago：University of Chicago Press.
Berry B J L，1964. Innovation diffusion and long waves：further evidence［J］. Technological Forecasting and Social Change（46）：93-289.
Carl G，Kühn I，2007. Analyzing spatial autocorrelation in species distributions using Gaussian and logit models［J］. Ecological modelling，207（2）：159-170.
Cohen W M，Levinthal D A，1989. Innovation and learning：the two faces of R & D［J］. The economic journal，99（397）：569-596.
Davis F D，1989. Perceived usefulness，perceived ease ofuse，and user acceptance of information technology［J］. MIS quarterly，13（3）：319-340.
Dinar A，Yaron D，1992. Adoption and abandonment of irrigation technologies［J］. Agricultural Economics，6（4）：315-332.

Ertur C, Koch W, 2006. Regional disparities in theEuropean Union and the enlargement process: an exploratory spatial data analysis, 1995-2000 [J]. The Annals of Regional Science, 40 (4): 723-765.

Ezoe H, Nakamura S, 2006. Size distribution and spatial autocorrelation of subpopulations in a size structured metapopulation model [J]. Ecological Modelling, 198 (3): 293-300.

Feder G, Slade R, 1985. The role of public policy in the diffusion of improved agricultural technology [J]. American Journal of Agricultural Economics, 67 (2): 423-428.

Geroski P A, 2000. Modelsof technology diffusion [J]. Research policy, 29 (4): 603-625.

Grewal D, Monroe K B, Krishnan R, 1998. The effects of price-comparison advertising on buyers' perceptions of acquisition value, transaction value, and behavioral intentions [J]. The Journal of Marketing, 62 (2): 46-59.

Griliches Z, 1957. Hybrid corn: An exploration in the economics of technological change [J]. Econometrica, Journal of the Econometric Society, 25 (4): 501-522.

Grisaffe D B, Kumar A, 1998. Antecedents and consequences of customer value: testing an expanded framework [J]. Report-marketing science institute cambridge massachusetts, 21-22.

Hagerstrand T, 1953. Innovation diffusion as a space process [M]. Chicago: The University of Chicago Press.

Hagerstrand T, 1952. The propagation of innovation waves [M]. Lund: Lund Studies in Geography.

Kuznets S S, 1930. Secular movements in production and prices [M]. Boston: Houghton Mifflin Company.

Lee L K, Stewart W H, 1983. Landownership and the adoption of minimum tillage [J]. American Journal ofAgricultural Economics, 65 (2): 256-264.

Levison M, Ward R F, Webb J W, 1973. The settlement of Polynesia: a computer simulation [M]. Minneapolis: University of Minnesota Press.

Mahajan V, Muller E, Srivastava R K, 1990. Determination of adopter categories by using innovation diffusion models [J]. Journal of Marketing Research (27): 37-50.

Mansfield E, 1961. Technical change and the rate of imitation [J]. Econometrica: Journal of the Econometric Society (29): 741-766.

Mason W A, 1966. Social organization of the South American monkey, Callicebus moloch: a preliminary report [J]. Tulane Stud Zool (13): 23-28.

Moore G C, Benbasat I, 1991. Development of an instrument to measure the perceptions of adopting an information technology innovation [J]. Information systems research, 2 (3): 192-222.

Rogers E M, 1995. Diffusion of Innovations [M]. 4st ed. New York: The Free Press.

Rogers E M, Shoemaker F F, 1971. Communication of innovations [M]. New York: Free Press.

Rusinova D，2007. Groowth in transition：Reexamining the roles of factor inputs and geography [J] . Economic Systems，31 (3)：233-255.

Stiglitz J E，2000. Capital market liberalization，economic growth，and instability [J] . World development，28 (6)：1075-1086.

Tobler W，1970. A computer movie simulating urban growth in the Detroit region [J] . Economic Geography，46 (2)：234-240.

Wilson A G，1967. A statistical theory of spatial distribution models [J] . Transportation Research (1)：69-253.

Zeithaml V A，1988. Consumer perceptions of price，quality，and value：a means-end model and synthesis of evidence [J] . The Journal of Marketing，52 (7)：2-22.

第3章

稻作方式的发展与扩散机制

本章对不同稻作方式的演变过程进行了梳理，从宏观、中观、微观三个层面分析了不同稻作方式的发生与扩散机制，以期为后续章节的研究提供理论铺垫。

3.1 稻作方式的历史演变

3.1.1 手栽稻

(1) 育秧方式的变革与手栽稻的发展 我国传统的水稻移栽法即手栽稻，始于汉代，经过唐宋时期的推广，明清时期已经基本普及开来（曾雄生，2005）。20世纪50年代初期，我国南北各地均以水育秧为主，但是育秧过程中坏芽、烂芽连年发生，为了解决烂秧问题，并培育壮秧，20世纪50年代中期开始推广湿润育苗和陈永康的“落稀谷”育苗经验（陈健，2003）。20世纪60年代中期，吸取“大跃进”的教训，掀起科学种田热潮，我国水稻育秧技术创新进入鼎盛时期，浸种催芽等方式得到全面推广，并涌现出几十种催芽方法。20世纪70年代末，在农村家庭联产承包责任制的实行下，水稻育秧又回到各家各户，浸种育秧技术为广大农户所掌握（徐迪新等，2006）。

育苗移栽是水稻栽培技术的进步，与复种制的发展密切相关。通过提早播种可延长水稻生长期，有利于充分利用生长季的热量资源，避开后期的低温、早霜和不利的气候危害，有利于提高水稻的产量（禹盛苗等，1998；陈建，2003）。最初我国南北各地均以水育秧为主，而这种育秧方式的缺点是育出的秧苗细长瘦弱，用种量大，秧龄弹性低；移栽到大田的分蘖势弱而少，有效穗数不足，导致产量不高；另外，遇到倒春寒天气，刚发芽出苗的水稻极易坏种烂芽，造成出苗率和成苗率的下降，这是当时水稻产量不高的原因之一。长期以来，我国北方地区干旱缺水，南方山区灌溉困难（费槐林，1995），在有限的水资源中，我国每年用于灌溉的用水量占总用水量的80%以上，其中水稻灌溉用水量又占90%，因此在水稻生产上采用节水栽培技术势在必行，于是人们从育秧移栽技术中发展出旱育秧技术。

水稻旱育苗稀植栽培技术的特点是秧苗耐寒、健壮，可利用分蘖多；光能利用时间长，可提前成熟；在高产、稳产的基础上可降低成本，具有省种、省水、省肥的特点。20 世纪 80 年代初，日本著名水稻专家藤原长作、原正市等将水稻寒地旱育小苗技术带到了黑龙江省，在对寒地旱育小苗技术加以改进的基础上形成了水稻旱育稀植栽培技术。该技术通过连续多年试验、示范和推广，在黑龙江省产生了巨大的效益。1983 年农业部将这项技术列入全国重点推广项目。1984—1990 年，累计推广面积 23 万 hm^2，七年累计增产稻米 50.3 亿 kg。黑龙江省水稻种植面积由推广前的 25 万 hm^2 迅速发展到73 万 hm^2，平均每年递增约 7 万 hm^2。在黑龙江省成功经验的示范作用下，一些地区相继引进了这项栽培技术，并取得了突破性的进展。1989 年，由国家科学技术委员会同国务院引进办、农业部组建了“三北”地区水稻旱育苗稀植栽培技术推广协调指导小组，先后在牡丹江市、赤峰市、吉林市和乌鲁木齐市推广水稻旱育苗稀植栽培技术，1991 年推广应用面积约 167 万 hm^2，占当年水稻种植面积的 43.15%，增产稻谷约 15 亿 kg。1990 年，河北隆化县 12hm^2 旱育稀植示范田平均产量突破 7 500kg 大关，增产率达 30%，1991 年，河北省推广面积为约 3.3 万 hm^2，平均产量 9 750kg/$hm^2$①。

1995 年国家科学技术委员会、农业部将水稻旱育苗稀植栽培技术列为“九五”期间的农业生产重大技术之首。姜春云副总理批示：“水稻旱育稀植和抛秧，是两项重要的增产技术，应作为一项大的技术措施推广。”1995 年全国旱育稀植技术应用面积达 610 万 hm^2，1996 年应用面积超过 1 000 万 hm^2。1997 年，北方地区推广 270 万 hm^2 左右，约占水稻面积的 70%（孙传芝等，1997）。

在低资金投入、低劳动力投入（相比以前的育秧方式）以及节省水资源的优势下，旱育稀植栽培技术被广大农业生产者和普通农民接受，逐步从北向南，由寒旱地区向温湿地带推广开来，并在不同的地区取得了较好的增产、增效效果。1991 年水稻旱育稀植技术引入长江中下游地区，在湖南省浏阳县首期试验面积 47hm^2，当年在长期低温、阴雨、寡照的恶劣气候下，早稻平均产量达 8 250kg/hm^2，并较当地常规栽培法种植的水稻每公顷减少投入 667.5 元，节水 50%，增产幅度达 750kg/hm^2。同时，湖南地区采用旱育稀植技术早稻播种可提前 20d，成熟收割期相应提前 6d，温光资源得到了更充分的利用，这使得早稻、晚稻选择适当的迟熟品种，成为新的增产途径。

① 国务院引进国外智力领导小组办公室，国家科委，农业部．关于进一步积极推广水稻旱育苗稀植栽培技术的报告，中华人民共和国国务院公报，1992，(5)．

（2）栽培技术的进步与手栽稻的发展　水稻育苗移栽相关高产栽培技术为手栽稻的发展提供了理论基础，并为其高产、稳产提供了保障。水稻育苗移栽相应的高产栽培技术经历了由经验到定性再到定量的3个阶段（凌启鸿，2005）。经验阶段是通过对当时历史条件下劳模的高产典型进行科学总结、提炼，最后得出经验总结，比较有代表性的是陈永康和崔竹松的丰产经验。1958年陈永康在全国水稻会议上提出群体叶色“三黑三黄”变化规律，根据叶色变化规律来诊断水稻苗情，有直观易于掌握的优点。包括“三黑三黄”在内的一整套技术体系在当时极大地推动了我国水稻生产的发展。据不完全统计，1962—1984年累计在江苏、上海、浙江、安徽等省市推广应用或部分应用该项技术的面积在1 000万 hm^2左右（褚楚，2006）。

定性阶段以概念性的栽培规则，数量化的尝试为特点，以高产模式理论成果为主要标志，包括叶龄模式、群体质量栽培模式、水稻源库理论、强化栽培模式等。凌启鸿等于1982年提出了水稻叶龄模式，这一模式按照不同类型品种的叶龄进程，模式化地揭示了水稻生长发育的规律，数量化、规范化地确定了高产水稻一生的主要生育指标及不同类型品种的栽培调控技术。1983年仅江苏省应用面积就达39.66万 hm^2，比常规栽培每亩增产11.96%。1986年曹显祖提出了水稻品种的源库类型及栽培对策，将水稻品种划分为源限制型、库限制型和源库互作型。这项技术在江苏省应用面积占全省水稻面积的70%左右，每亩增产约9%。水稻高产群体质量栽培技术是继水稻叶龄模式栽培后的又一新成果，该技术以控制群体、提高成穗率为核心，以“壮秧、扩行、减苗、调肥、控水”为水稻栽培的十字方针。1990年凌启鸿等专家学者率先将水稻高产群体质量栽培技术应用于生产，获得了良好的增产效果。就江苏省而言，1992—1995年，累计应用面积达200万 hm^2，平均亩产546kg，比常规栽培法增产65.6kg。1998年应用面积达186万 hm^2，1994—1998年间江苏省水稻产量连续4年突破7 500kg/万 hm^2（褚楚，2006）。水稻强化栽培体系是20世纪80年代由Henri de Laulanie神父在马达加斯加提出的一种新的栽培方法，在马达加斯加的应用中获得了较好的增产效果，印度尼西亚、中国等国家进行了相关试验，初步显示了较大的增产潜力，打破了中国大密度栽培的传统习惯（袁隆平，2001）。

定量阶段是水稻栽培科学发展的全新阶段，这一阶段的特征是通过对水稻生育阶段、个体群体形态、生理指标、栽培措施等的定量化，实现水稻的高产和超高产，代表性成果是由凌启鸿等提出的水稻精确定量栽培理论和技术（李杰，2011）。该模式以水稻叶龄模式、群体质量和栽培技术定量为基础，通过在最适宜的生育时期内，采用适宜的最少作业次数和物化技术数量，实现水稻生育模式化、诊断指标化、技术规范化，从而达到“高产、优质、高效、生态、安全”的综合目标。目前，水稻定量化栽培模式连续多年在百亩连片方上实现了亩产 800kg 的超高产新纪录（张洪程等，2010）。

（3）轻简稻作方式与手栽稻的发展 水稻移栽的初衷之一是为了保障农作物，如小麦、油菜等，在本田中有足够的生长期，以获取稻麦、稻油两熟，但由于水稻移栽增加了育种、拔秧和插秧的工序，整个生产过程中劳动力的需求量变大，特别是拔秧和插秧两个环节更是劳动密集型的工种。进入 21 世纪以后，农业生产比较效益降低，农村劳动力大量向外转移，使得直播稻、机插稻、抛秧稻等轻简稻作方式迅速发展，手栽稻面积大幅减少。以江苏省为例，江苏省水稻常年种植面积 200 万 hm^2 以上，长时期以来，手栽稻是江苏省主要的稻作方式。但进入 21 世纪后，手栽稻的面积便呈现下降的趋势，2000 年手栽稻面积为 170.20 万 hm^2，2012 年面积已减少至 64.13 万 hm^2，与 2000 年相比下降了 62.32%，截止到 2022 年，手栽稻面积已降至 27.5 万 hm^2。

3.1.2 直播稻

（1）徘徊发展阶段：20 世纪 50 年代至 20 世纪 60 年代末 新中国成立初期，虽然移栽稻是稻作方式的主流，但直播稻在国内部分地区仍有种植，当时东北地区的旱直播有近 80 年的种植历史（沈锦骅，1956），水直播在南方广西等地也有较久的栽培历史（陈瑞邦，1959）。进入 20 世纪 50 年代后，水稻生产面积需求扩大，为探索次适宜地区水稻种植问题，在学习苏联机械旱直播的热潮下，一些国营农场开展了水稻机械旱直播试验，地方上也进行了水稻直播种植（白明德，1952；姜杰，1953；炳光，1954；汪植琼，1955），江西、福建、广东等地直播获得了初步成功，初步积累了水稻直播的经验（颜昌敬，1959）。然而不同的地区保留或发展直播稻种植的目的不同，北方稻区受水稻插秧季节恰逢黄河枯水期的影响，为保证水稻正常生长，旱直播成为较适宜的选择（汪蒲仙，1955）。湖南邵东及湘乡等地在推广种植双季稻过程中，为了弥补烂秧损失而采用直播方式进行补种（刘劲凡，1959；王官远，1958）。湖北麻城县滨湖地区由于人少地多一直有早稻水直播的习惯（李荣基等，1959）。此外，受自然条件的影响，一些地区甚至在易涝重碱地上进行直播旱稻的试验（金千瑜等，2001；魏志邦，1958）。20 世纪 60 年代，由于当时直播技术不完善，直播产量低，且直播中的草害等问题凸显，致使这一栽培技术未能持续发展和提高，许多进行直播的国营农场和地方又改为移栽（王利之等，1962）。而引黄灌区、北方稻区等仍保留直播稻种植多是由于水资源不足、自然条件制约等，不得不进行直播稻种植。20 世纪 50—60 年代的直播稻在试验和探索中发展，虽然受时代背景的影响，对直播稻的产量及播种面积有失真记录，但这一时期的试验和探索为直播稻的发展提供了有利条件。此外，60 年代在以农业机械化为主要内涵的技术政策下，直播机械的研究也得到初步发展（吴吉人等，1965；吴宪章，1957），为直播稻的机械化打下了基础。

由于新中国成立初期直播稻的种植和研究处于探索阶段，与之相关的研究起初也限于经验介绍和技术总结，研究内容上一方面对直播稻的适用性进行评价，另一方面从直播稻存在的问题方面出发，围绕播种、灌溉、施肥、除草等技术环节就相应的措施进行总结。进入20世纪60年代后，由于直播稻种植过程中问题凸显，直播稻的研究也相应地进入直播稻种植本身及相关问题探索阶段（孟庆禄，1958）。河南农学院对水稻旱直播的生长条件进行了研究，并就土壤水分及盐分与旱直播生长的关系进行了探析，一些国营农场和地方还进行了盐碱地直播试验。蒋人清（1963）对直播水稻的苗期管理问题进行了研究，王利之等（1962）研究了不同播种期和品种对旱直播水稻生长发育的影响，吴公惠等（1964）对水稻机械化旱直播技术进行了研究，并就不同播期对不同品种生长发育的影响和灭草的关系进行了试验。在水稻机械旱直播得到发展的同时，直播机的研究也得到了初步的发展，1952年中国科学院东北地理与农业生态研究所首先在畜力谷物条播机上改装成水稻旱直播机。20世纪60年代初，河北省芦台农场改装国产谷物播种机为水稻旱直播机，之后河北、江苏、浙江、黑龙江、辽宁等地的科研单位陆续研制出了水稻起垄直播机、人力和畜力水稻点播机、水稻芽播机等，在当地水稻直播机械化作业中发挥了作用。

20世纪50—60年代，直播稻技术得到了初步发展，但存在的问题也使得直播稻的发展进入徘徊阶段。首先是技术本身问题，如出苗问题、草害问题等，对直播稻产量产生了重要影响；其次是由于当时技术掌握不到位，导致直播试验失败的多，成功的少；再次，受到水利、肥料、劳力等种种条件的限制，直播栽培比较粗放，不能充分发挥作用，直播产量较低；此外，一些农场和地区在易涝和盐碱地上进行水稻直播，这类土地种植作物保苗、保收十分困难，更加剧了种植结果的失败，以上原因也致使直播栽培技术未能得到持续发展和提高。

（2）抗旱需求下的恢复发展阶段：20世纪70年代 20世纪70年代，随着直播技术在小麦、棉花、油菜等作物栽培中的成功运用，水稻直播也引起了人们的关注，特别是在北方稻区节水、抗旱的需求下，又重新启动了对水稻直播技术的研究，在化学防除技术的支撑下直播稻得到恢复发展，北方稻区水稻旱直播技术面积曾一度接近20万hm^2。1976年吉林省机械化水、旱直播化学除草的面积达到了4万hm^2。1979年吉林省军区农场和大洼县清水农场第一次采用飞机进行水稻直播、施肥、喷雾除草等作业，取得了良好的效果。1979年黑龙江省机械水、旱直播及化学除草面积占全省水田面积的近2/3。在化学除草技术的运用下，直播稻在南方稻区也有所发展。1972年广东省肇庆地区种植了 1.2 万 hm^2 的直播稻，并获得了高产。在农业机械化成为农业技术政策核心的同时（郑友贵，2000），水稻直播机的研制有了一定的发展，1976 年吉林省农业科学院和吉林省农业机械研究所研制成水旱两用直播机，1978 年广西农学院研制成电磁振动水稻联合直播机，为直播机械化发展提供了条件。总体上，这一时期南北各地的直播稻在化学除草技术的发展下形成了较好的发展形势，新疆等地甚至引发了水稻栽培以插秧为主还是直播为主的讨论（刘健华，1979），王世栋（1978）指出直播技术特别是机械旱直播技术具有一定的优越性，吴吉人（1978）则认为应因地制宜地实行旱直播种植。

草害问题是影响直播稻发展的关键因素之一，也是直播稻得到重新关注要解决的首要问题，因此这一时期的研究主要集中在如何通过化学防除取得高产方面。沈阳化工研究院、吉林省农业科学院、广东花县炭步公社农科站、抚顺农药厂、黑龙江合江实验农场等单位就相关除草剂对直播田中的杂草防除技术进行了研究、试验和总结。针对直播稻苗期问题，国营前进农场及国营灵武农场对旱直播幼苗施用氮肥增效剂进行了试验，并对水稻旱直播的保苗措施进行了总结。在直播稻高产栽培研究方面，中国人民解放军某部队以及灵武农场通过掌握直播稻生产规律和采取丰产栽培措施获得了高产。陕西西乡县新建公社枣园大队科研组对水稻直播进行了大面积试验，并就不同水稻品种在直播和移栽条件下的产量及用工量进行了对比研究，认为直播稻具有增产、省工的优势。国营灵武农场对生育期较长的水稻品种进行了旱直播试验，并获得成功，此外该农场对不同耕作条件下旱直播水稻进行了试验，也取得了较好的效果。

在节水抗旱的需求下以及化学防除技术的支撑下，虽然直播稻得到了恢复性的发展，直播技术也得到相应的提高，但直播稻多在北方稻区及大多数国营农场种植，直播技术也多在人少地多的条件下以及干旱的地区采用。且效果较好的水稻机械直播多在有条件的国营农场采用，地方上一般采用人工撒播，直播稻种植仍然比较粗放。此外，直播生产中的全苗问题、倒伏问题、杂草问题、杂稻问题等依旧影响着直播生产的发展。

（3）直播技术推进下的探索发展阶段：20 世纪 80 年代初至 20 世纪 90 年代中期 20 世纪 80 年代之前，直播稻的推广主要集中在北方寒冷、干旱地区及农垦稻区。进入 20 世纪 80 年代，水稻品种得到改良、化学除草剂得到广泛应用、栽培技术取得进一步发展，特别是在我国社会经济快速发展、农村劳动力不断向城市转移的背景下，直播稻在以移栽为主的南方稻区得到发展（王鹤云等，1986）。80 年代初，南方稻区及东南沿海经济发达地区开展了直播试验和推广工作，部分地区直播稻种植面积开始扩大。湖南从 1983 年开始试验，1986 年开始示范推广，1987 年面积达 0.3 万 hm^2；由于在洞庭湖区的冷浸田上增产效果显著，直播稻受到农民的欢迎，1990 年推广面积达 5 万 hm^2，较

1989年增加了46.3%（任泽明，2003）。上海市1986年开始试验种植直播稻，1989年组织推广，1995年全市已达9万hm^2，占单季晚稻总面积的50%（王丹英等，2010）。浙江从80年代末开始水稻直播方面的研究，并在品种选育和筛选、播量和播期的确定、整地技术、除草技术、全苗技术、灌溉技术、施肥技术及病虫防治等诸多方面开展了系统研究。据统计，1994年浙江省有1.33万hm^2直播稻，1995年达3.86万hm^2，1996年发展到10万hm^2（章秀福等，1996）。江苏省首先在苏中、苏南部分地区进行了直播稻的试验种植，并进行了水稻机械化直播种植技术的推广（蒋观真等，1987）。此外，广东省有近4万hm^2直播稻，其他省份如湖北、四川等地也有相当大的面积。此时，东自江苏，西至新疆，南达广东，北抵吉林，无论是山区还是平原，无论是单季稻还是双季稻地区皆有直播稻种植，直播稻推广工作在全国各主要稻区推广开来。在直播稻进入发展的良好时机之时，吴梁源（1987）指出对水稻直播栽培要持有正确的态度，一方面直播稻是现阶段发展的必然趋势，但对直播栽培不能采取任其发展或坚决反对的做法，另一方面对技术不成熟地区要控制其盲目发展，对已掌握直播技术的地区要允许其稳步发展。

进入20世纪80年代后，直播技术的研究进入探索发展阶段，杨成英等（1989）、程仁杰等（1986）研究了水稻地薄膜覆盖直播法，并对其经济效益、增产机理及栽培技术进行了分析研究。广西农学院水稻直播机械化栽培小组对水稻苗床式直播栽培法进行了研究，劳天源（1987）对苗床式水稻直播高产特点及技术进行了总结，明确了栽培技术主要掌握一次全苗、控制草荒、植株稳健协调生长等。寒地、盐碱地直播水稻栽培技术一直是北方稻区研究的重要方面。在草害问题的研究方面，周福滋（1983）从经济效益的角度对直播稻化学除草技术进行了调查，姚秉琦（1987）研究了杂草对直播稻产量的影响，并明确了防除指标。针对直播稻的苗期问题，种衣剂与直播技术的结合成为研究解决直播稻立苗问题的重要方法，国营灵武农场对水稻机械旱直播保苗技术进行了研究，金澈（1984）则从培育直播壮苗的角度对直播技术进行了探讨。直播稻倒伏研究方面，胡茂兴等（1986）通过盆栽试验对水直播防倒技术进行了研究，明确了增氧剂、播种深度等对直播稻抗倒伏的作用。随着杂交稻在全国范围内的推广，一些专家学者尝试将直播技术运用于杂交稻种植和育种方面，顾克礼（1988）将免少耕水直播栽培技术运用于大面积杂交水稻制种，王义发等（1986）、卢信度等（1982）将直播技术运用于杂交水稻的栽培，欧武（1989）对杂交水稻直播与移栽的性状变化进行了研究。襄北农场农业科学研究所对杂交稻机械水直播的研究结果表明，杂交稻直播除对种量要求严格外，在适时播种、全苗、灭草等关键问题上，杂交稻比常规稻直播要求更高。在直播技术得到运用的同时，学者们开始关注水稻直播品种的选育及品种适应性研究，并将叶龄模式原理运用于直播稻栽培的施肥、灌溉等技术环节，对直播稻生育特性、产量形成特性及高产栽培技术进行研究。随着农村经济体制的改革，唐永森等（1987）意识到经济效益对于稻作方式发展的重要性，在对直播栽培技术进行探讨的同时对其经济效益也进行了分析。

这一时期直播技术在全国各地得到了发展，但发展水平参差不齐，直播稻生产中存在的主要问题为，直播稻技术产量表现不稳定，且产量不高；品种问题、全苗问题、杂草问题依旧是影响直播稻发展的重要方面；此外，随着直播面积的扩大，直播稻生产的安全性问题开始显现。

（4）农民自主选择下的快速发展阶段：20世纪90年代中期至今 随着我国农村经济的迅速发展，农村劳动力大量向外转移，水稻生产目标由单纯追求产量向省工、高效方向转变，包括直播稻在内的轻型栽培技术备受重视，直播稻在东南沿海发达地区，如上海、浙江、江苏、广东等地迅速发展起来。与以往直播稻的发展不同，该时期的直播稻是在农民自主选择下的“不推自广”，面积呈爆发式增长。以江苏为例，1995年仅南通市就有近3.4万hm^2的直播稻（章秀福等，1996），2002江苏省直播稻突破8.93万hm^2后，以年均39.26%的速度递增，2008年直播稻面积已达64.96万hm^2，约占江苏省水稻种植面积的1/3。随后在政府部门的调控下面积出现回落，2009年直播稻面积下降至53.13万hm^2，2011年下降至32.72万hm^2。虽然江苏省直播稻面积总体呈下降趋势，但在农民的自发选择下播种面积仍然较大，且局部地区有发展的趋势。上海市1986年开始试验种植直播稻，1989年组织推广，到1995年全市已达9万hm^2，占单季晚稻总面积的50%，2008年上海市直播稻面积比例达到83.2%。浙江省直播稻虽然发展起步晚，但发展速度较快，据统计，1994年全省有1.33万hm^2的直播稻，1996年间便发展到10万hm^2，2008年直播稻比率达39.7%。2008年安徽省和湖北省直播稻面积分别为34.5万hm^2和23.4万hm^2，直播比例分别为15.6%和11.8%。2009年湖南省西北地区直播稻播种比例达70%以上，2010年湖南省常德、益阳、岳阳等地区直播早稻总面积达到66.7万hm^2。就在直播稻快速发展之时，却引发了关于稻作方式发展的讨论，讨论的焦点在于直播稻具有受气候条件影响较大、产量潜力小、生产风险大等技术上的不稳定性和风险性，大面积发展会对粮食安全生产构成威胁。因此，部分地区一方面通过行政力量控制直播稻的发展，另一方面通过发展机插稻、抛秧稻等来代替直播稻的发展。

虽然直播稻又一次处在了发展的关口，但农民并没有放弃对其采用。据不完全统计，2017年，全国水稻种植面积达到400万hm^2左右，相比2008年扩大了100万hm^2，安徽、江西、湖南、湖北等地的直播稻面积相比2008年分别扩大了约53万hm^2、30万hm^2、13万hm^2和7万hm^2。2022年，上海市机械直播面积5.3万hm^2，约占当年水稻种植面积的60%。作为水稻生产大省，江苏省水稻直播面积在严控下下滑后，于2022年再次到60万hm^2，占比近27%。近年来浙江省水稻直播占比一直维持在较高水平。

在化学除草剂的广泛应用以及农业机械化程度不断提高的基础上，直播稻研究进入较为系统和深入阶段，在直播稻产量形成特性和高产栽培技术体系研究成果形成的同时（薛渝生等，1992；张洪程等，1988），有关直播稻播种技术、精确定量施肥技术以及直播“三关”——出苗关、草害关、倒伏关的攻关研究不断取得突破。这一时期直播稻生物学特性的研究主要围绕直播稻的播期与生育期、生育特征、光合物质生产特征、倒伏性、稻田杂草和杂草稻的发生、病虫害的发生及土壤生态特征等方面进行；产量及效益特征的研究主要是围绕不同的播期设置及研究方法下，直播稻与其他稻作方式的产量差异及效益情况开展；栽培技术方面的研究主要有播种技术、施肥技术、杂草与杂草稻防除技术、抗倒栽培技术以及高产栽培途径等方面。具体的研究内容已在第二章阐述，这里不再赘述。

尽管直播稻在技术进步和相关研究的支撑下取得了发展，但受直播稻“非主流”地位的影响，对其研究还不够深入，主要体现在以下几个方面：①如何提高直播稻的有效分蘖和成穗率是实现直播稻高产的根本，而目前基于这一生理生态特性的直播稻产量形成机理研究还较为薄弱。直播稻产量的提高很大程度上在于其籽粒灌浆速率及光合物质生产能力的提高，如何通过栽培措施提高籽粒灌浆速率及光合物质生产能力是提高直播稻产量的重要途径。②现有水稻栽培理论建立在水稻群体可控的前提下，而直播稻是容易形成高密度生长环境的水稻群体，因此，有关高密度群体条件下的水稻栽培理论有待探明，其中高密度群体条件下直播稻个体与群体的协同高产规律以及栽培调控技术是直播稻生理生态研究和栽培技术研究面临的重要课题。③直播稻的生态适应性研究有待深入开展，结合直播稻生物学特性及不同地区生态条件的直播稻生产适宜性评估研究，将有利于直播稻在高产栽培生态环境和高产栽培技术条件下充分发挥其生产潜力。④虽然直播稻关键栽培技术研究已取得一定的进展，但其高产栽培技术研究还未能形成相应的技术体系，而以精确定量栽培技术为代表的栽培技术体系在移栽稻栽培中已得到研究和应用，这将是今后直播稻栽培技术重要的发展方向。在对直播稻产量关注的同时，围绕直播稻稻米品质的相关研究也是今后又一重要的研究方向。

3.1.3　机插稻

机插稻的发展以插秧机的研发与创新为标志，与机插稻技术的发展紧密相连。总体上，我国水稻机插秧技术研究始于20世纪50年代，至今经历了三个主要阶段①：

（1）第一阶段：20世纪50—70年代，自主研发仿人工大苗机插阶段 华东农业科学研究所于1953年开始研究"清水秧"插秧机，1956年探索出纵分直插的分秧原理，使得机械分秧获得成功，实现了插秧机技术的重大突破。随后农村工具改革运动兴起，成百上千的群众也致力于插秧机的研究，各种插秧机的雏形相继问世，如"浙江一号"插秧机、上海的"南汇一号"插秧机等。60年代，农业机械部对插秧机进行定型，广西65型人力夹式插秧机和东风25型梳式机动插秧机先后投入使用。70年代，我国开始发展带土小苗机插插秧机，机型以大小苗两用为主。在毛主席提出"到1980年基本实现农业机械化"的目标下，国务院三次主持召开全国农业机械化会议，提出"加快实现农业机械化的进程"，水稻生产机械化被提上重要日程。1976年前后，机插面积达76.3万hm^2，占水稻种植面积的2.2%。1979年，全国机动插秧机保有量为9.26万台，人力插秧机43万台。

虽然中国在短短十年时间内就在世界上首先创造了用于生产的水稻插秧机，然而生产的插秧机多数属于突击生产，技术不过关、质量差，技术水平很低，真正能投入使用的很少，不少地方的插秧机都闲置在厂房里。我国传统的育秧技术为大田育秧，插秧前进行秧苗洗根，而后移栽，这一育秧方式的秧苗适合手工移栽，采用机插会造成严重的植伤，对水稻生长有较大的影响。且在农业和农村经济发展水平较低的情况下，价格不菲的插秧机很难为农民接受，也影响了插秧机的发展。特别是1980年后，农村经营体制发生变化，杂交水稻得到推广，原有机具迅速被淘汰，1984年机插稻种植面积随之急剧下滑，水稻机插推广工作陷入了僵局。这一阶段是水稻种植机械化发展过程中的一个高峰期，虽未获得成功，但为下一步水稻种植机械化的发展积累了经验和教训（王智才，2006）。

（2）第二阶段：20世纪80年代至20世纪末，引进探索工厂化育秧阶段 20世纪80年代中期，随着农村经济的迅速发展，农村劳动力向第二、第三产业转移，推进水稻生产机械化发展再一次被提上了议事日程。以2ZT-935为代表的国产机动插秧机在东北三省开始示范推广应用，成为当地机械化插秧作业的主导机型，但机具性能和作业质量不甚理想（吕树权等，2005）。20世纪80年代后期开始，各级农机部门着眼于水稻生产全过程的机械化，并将水稻生产机械化作为发展的重点，加大了水稻生产机具的引进示范和推广应用力度。农业部还组织实施了"100个水稻生产机械化重点示范县建设""丰收计

① 农业部农业机械化管理司，2005年全国农业机械化统计年报。

划”等一批重点项目，大幅提升了水稻生产机械化水平。由于国产机具性能较差，一些经济发达省、市开始引进国外的插秧机，推广工厂化育秧。

这一时期，由于国产水稻插秧机性能和质量不过关，从国外引进的机械价格昂贵、配件供应跟不上，特别是育秧方式采取“工厂化”模式，育秧成本过高（仅育秧成本每亩高达 80 元以上），同时，工厂化的育秧方式也不适合我国农村小规模生产以及生产组织化程度低的状况，水稻机械化插秧又一次受挫。但是这一阶段机插稻的发展开始着眼于插秧机技术的本身以及和水稻生产农艺之间的配合上寻找突破，明确了机插稻发展的主攻方向。

（3）第三阶段：21 世纪后，农机农艺协调推进阶段 农业和农村经济快速发展的背景下，我国机插稻发展的经济和技术条件日益成熟。特别是江苏、浙江、广东等经济发达的省份，相继提出了实现水稻生产机械化的新目标，并凭借较强的经济实力以及先进的组织生产方式，按照农机与农艺结合、引进吸收与创新开发相结合的思路，开展了新一轮的水稻机械化插秧的探索，并获得成功（陆为农，2008）。包括研发出了具有先进性、较高可靠性和经济性的水稻插秧机系列产品（如东洋 PF455S 型步行式插秧机、延吉 2ZT-9356 型乘坐式独轮驱动 6 行机等）；开发了适合机插秧的低成本、简易化的软盘育秧和双膜育秧技术；与农机配套的农艺栽培措施相结合，基本形成了机插秧肥、水运筹和病、虫、草害防治等配套的农艺技术体系；实现了机插秧服务组织多样化、经营方式市场化、服务内容专业化和投资主体多元化等的转变。2006 年，在政府扶持政策的推动和市场需求的拉动下，机插秧技术已经覆盖我国水稻优势产区，全国首批 50 个水稻机插秧示范县建设项目获得成功，江苏、黑龙江、安徽、湖北、江西、浙江等水稻优势产区插秧机呈现快速增长态势，部分边远地区及少量水稻种植地区的机插秧技术也开始起步。2007 年底，全国机动水稻插秧机保有量近 16 万台。2008 年，机插面积由 2000 年的不足 2%发展到 12%。2009 年，全国新增水稻机插面积 80 万 hm^2，水稻机插秧面积由 2006 年推广之初的 189 万 hm^2 发展到 403 万 hm^2，增长了 113%。全国机动插秧机增加 5 万台，增长 25%，保有量达 25 万多台（张汉夫，2010）。《全国水稻生产机械化十年发展规划（2006—2015 年）》明确提出，以我国水稻优势产区为重点，以育插秧和收获两个关键环节的机械化为着力点，到 2020 年，在全国基本实现水稻生产全程机械化。这对机插稻的发展起到了巨大的促进作用，2020 年我国水稻种植机械化率达 56.3%[①]。2022 年，农业农村部发布《“十四五”全国农业机械化发展规划》，其中指出到 2025 年水稻种植机械化率达到 65%这一目标，这将进一步推动机插稻的

① https://baijiahao.baidu.com/s?id=1735435531062214135&wfr=spider&for=pc

发展。

在水稻机插技术发展的同时，以凌启鸿教授、张洪程教授为首的一批专家将水稻叶龄模式、作物群体质量基本原理、水稻精确定量栽培理论与机插水稻实际相结合，探索机插水稻高产栽培理论获得了丰硕的研究成果（凌启鸿等，1993）。研究方面包括对适宜机插的水稻品种类型的研究（吕伟生等，2018；谢成林等，2009；钱银飞等，2009）、机插育秧技术研究（孙园园等，2021；瞿廷广等，2003；郭九林，2004；沈建辉等，2003）、机插水稻分蘖发生特点研究（凌励，2005）、机插稻施肥技术的研究（乔月等，2021；孙继洲等，2006）、双季机插水稻栽培技术的研究（吕伟生等，2018；赵洪等，2008）等。这一系列的研究构成了机插水稻高产栽培的重要组成部分，必将对机插稻的进一步发展起到推动的作用。

3.1.4 抛秧稻

（1）试验探索阶段：20 世纪 70 年代以前 20 世纪 50 年代中国就开始了水稻抛秧技术的试验，但由于技术原因未能在生产中推广应用。1958 年，浙江省永康、缙云等县的农民为了战胜早春低温阴雨，实现早播、早栽、早分蘖的要求，运用“密播、早育、短龄、带土、带肥”等 5 个相关环节，采取了水稻手栽、摆栽以及抛栽的水稻栽培新技术，结果抛栽取得了“省秧田、省劳力、省成本”“早发、早熟”“增产、增效”的效果，但限于该项技术采用手工铲秧、掰土等，过程较费工，且抛栽大田除草困难，阻碍了其扩大应用（杨庚等，1994）。20 世纪 60 年代，我国也曾探索过非钵体的水稻常规育秧抛栽试验，当时主要有两种形式：一种是在水稻带土移栽的基础上形成带土小苗人工掰块抛秧，1969 年浙江省嘉兴市农业科学研究所开展了小苗带土抛秧试验，并于 1970 年在浙江省的部分地区进行试验示范，此外，江苏、黑龙江等省也进行过类似的试验；另一种是长江流域部分地区在开展两段育秧过程中，为了节省小苗分株寄秧的用工，将小秧苗拔起后，抛栽于大田的方式。上述抛秧方式在当时由于除草不便，掰秧块费工等问题，未能大面积推广应用（金千瑜，1996）。

（2）引进发展阶段：20 世纪 70 年代后期至 90 年代初 在日本稻作科技工作者纸筒培育秧苗成功的基础上，70 年代后期，日本学者来我国传播此项育秧技术，中国农业科学研究院和广东省农业科学院先后引进此项技术进行试验、示范。但因播种工序烦琐，成本高，加上根系窝根、秧龄及除草问题，该项技术没有成功推广应用。1975 年，日本学者松岛省三与丸井加工公司合作研制出塑料孔盘，用于抛秧稻育苗，经试验成功后，传播到了中国、韩国、印度以及非洲的尼日利亚等地（杨庚等，1994）。20 世纪 70 年代至80年代初期，在引进日本抛秧技术的基础上，我国开始研究水稻钵体育秧抛栽技术。1984年中国农业科学院作物研究所杨泉涌等人开展了纸筒及塑盘育秧抛栽试验，并与北京塑料一厂合作研制出注塑方格塑料硬盘，进行抛秧试验后取得了较好的效果。此后，黑龙江、广东等省相继开展了纸筒、塑盘抛秧试验，并在较大面积上取得了成功。1985年，黑龙江省牡丹江塑料三厂又生产了聚氯乙烯压塑406孔育秧硬盘，但由于硬盘成本高，一次性投资农民难以承受，故推广应用面积不大。1986年，黑龙江省相关农业科研单位与塑料厂家合作，首先研制并生产出耐用、低成本的薄型塑料软盘，这对促进水稻抛秧技术的应用与发展起到了重要的推动作用。1987年，牡丹江地区农科所与上海市塑料厂合作利用聚氯乙烯回收料，研制出价格较低的孔体塑料软盘，并生产出多种规格孔盘，满足了各地培育大、中、小苗的需要（黄年生等，2006）。20世纪80年代末期至90年代初期，随着我国农村劳动力逐步向第二、三产业转移，水稻抛秧栽培技术在省工（人工抛栽可达0.27～0.4hm^2/d，每公顷省30～45个工，比手插秧效率提高5～8倍）、节本、省秧田（秧田只占本田的1/50～1/40）的优势下（夏敬源等，2005），由国家农业部农业机械化技术开发推广总站牵头，各省、自治区、直辖市积极组织试验示范和推广，1987年全国抛秧面积达1.27万hm^2，取得了较好的社会效益和经济效益。

（3）快速发展阶段：20世纪90年代至今　进入20世纪90年代后，抛秧稻在技术体系和技术产品的逐步完善下，应用面积迅速扩大。90年代后，我国改进了育苗技术，采用聚氯乙烯（PVC）片材经吸塑制成钵体软盘，降低了秧盘成本，改进了育苗抛秧和水田栽培管理技术，同时又研制出了水稻抛秧机，开辟了水稻抛秧机械化的道路。在农业技术推广服务中心全国范围内的示范推广下，抛秧技术被列为国家“九五”农业重点推广技术并进入迅速发展阶段（臧少锋，2004）。1991年全国种植面积2.7万hm^2，1992年扩大到13.3万hm^2，1995年为68.4万hm^2，1996年达153.3万hm^2，1998年发展至480万hm^2左右，1999年达到600.0万hm^2，累计推广1 600多万hm^2。同时，抛秧在不同品种水稻间得到广泛采用，1998年480.0万hm^2抛秧中，早、中、晚稻分别占36%、41%、23%。双季晚稻抛秧的发展，解决了晚稻插秧季节紧，高温酷暑插秧劳动强度大的问题，充分发挥了抛秧稻的技术优势。水稻抛秧技术促进了水稻栽培技术的改革，使水稻栽培向省工、省力、高产、高效的方向发展，形成了良好的发展形势（周建群，2009）。2001—2004年全国每年推广面积均在733.3万hm^2以上，占水稻总面积的25%。此后，全国抛秧稻应用面积一度达到800万hm^2以上，但近年来，在机插稻和直播稻的发展下，我国抛秧稻的面积有所下滑。

3.2 不同稻作方式的发生机制

3.2.1 手栽稻的发生机制

(1) 宏观层面：人口压力下对高产、稳产稻作方式的需要、劳动密集型稻作方式与农村剩余劳动力的相互捆绑 人口众多、就业不足是中国最基本的国情之一，这一国情与技术的发展和演变息息相关。新中国成立后随着人口的不断增长，粮食总量还不能满足需要，基于稻米消费在口粮消费中的比重，以及水稻生产在粮食生产中不可替代的重要地位，水稻生产仍然以满足温饱为核心，以追求数量的增长为首要目标。人口因素在造就传统稻作技术的同时，对于技术发展的影响又超越了传统本身。于稻作方式而言，一方面人口压力下高产、稳产稻作方式既是社会发展的需要，又是农民生存理性的使然，而手栽稻相比其他稻作方式高产和稳产的特性理所当然使之成为发展和被采用的对象，如此一来，长期的人口压力也就造就了手栽稻稳固而又传统的历史地位；另一方面劳动力的相对过剩、土地资源相对劳动力需求短缺的长期历史现状，使得精耕细作成为可能。手栽稻作为高劳动力投入以及高劳动强度的稻作方式需要大量劳动力从事生产，而农村大量劳动力的存在使得手栽稻的发展与其之间形成了相互捆绑，这一捆绑直至20世纪90年代农村劳动力结构的改变才发生了变化。

(2) 中观层面：传统优势地位、发展基础好、农作制度的需要 明清时期手栽稻便得到普及，新中国成立后手栽稻便长期处于稻作方式的传统优势地位，特别是在一大批栽培专家和相关学科专家的投入研究中，形成了“三黑三黄”经验、叶龄模式理论、旱育稀植技术、精确定量栽培技术等丰富的高产栽培实践、理论及技术成果，这些理论与技术成果的推广和普及为手栽稻的增产、增收提供了强有力的技术保障，促进了手栽稻高产优势的发挥，形成了良好的种植基础。提高复种指数是实现以数量增长为水稻首要生产目标的重要途径，复种指数的提高延长了作物的生长期，增加了水稻栽培的作业量，而水稻育秧移栽可缓解季节紧张的问题，为产量目标的实现提供了可能。

(3) 微观层面：生存理性下生存压力型农户的稻作观 生存压力型农户，是指农村中处于相对较低经济地位，并且其基本生活受到较大压力的农户家庭。在较长的时间里，大多数的中国农户均处于生存压力之下，此种状态下的农户家庭往往倾向于追求整体收入流增长目标的初级层次，即：他们迫切需要改善家庭的生存状况，力求逐步摆脱贫困（王春超，2009）。提高收入是他们的基本而重要的目标。转向农业生产技术的决策中，家庭收入增长和规避经济风险是他们选择生产技术的主要依据。于稻作方式同样如此，相比直播稻，手栽稻自然是增加收入、降低生产风险的最佳选择。此外，生存压力型农户家庭中除了丈夫和妻子以外，小孩、老人等辅助劳动力往往也参加劳动，这也是手栽稻得以持续存在的原因之一。

3.2.2 直播稻的发生机制

（1）宏观层面：自然资源约束下的强者、农村劳动力结构的改变、水稻生产目标的改变　在移栽稻出现和普及后，直播稻并没有彻底消失，而是顽强地保存了下来，主要得益于其在逆境中具有较好的适应能力。20世纪50年代后，水稻生产面积需求扩大，为探索不适宜及资源受约束地区水稻种植问题，水稻直播试验得以开展。北方稻区为保证插秧季节不受黄河枯水期的影响发展旱直播，湖南地区在推广种植双季稻过程中，为了弥补烂秧损失而采用直播方式进行补种。为扩大水稻种植面积，一些地区试图在易涝、重碱地上进行直播旱稻的试验。20世纪70年代，为了应对严重缺水的形势，农业部在北方大力推广水稻旱种技术。进入20世纪90年代以后，农村劳动力流动进一步加快，大量劳动力流入城市，水稻生产技术向轻简方向转变。同时，水稻生产目标由单纯追求产量逐渐向降低生产成本、提高经济效益方向转变，这一形势下，直播稻在一些经济发达地区强势回归。

（2）中观层面：化学除草剂的成功运用、水稻条纹叶枯病暴发下的重生、灾害性气候未有显现对其的推波助澜　20世纪70年代以前，直播稻没有得到广泛运用很大程度上在于其草害问题、出苗问题等关键技术没有得到解决。20世纪70年代后，化控技术在水稻生产中得以成功运用，为直播稻的发展奠定了重要基础。进入21世纪，2004年前后，一些稻区爆发大规模的水稻条纹叶枯病，为减少损失，农户采用直播稻进行补救，结果产量良好，此后农民便开始大胆尝试水稻直播。由于直播稻播期的延迟，避开了飞虱迁移，有效减少了灰飞虱的发生与传毒，降低了田间黑条矮缩病及条纹叶枯病等的发生，这也促进了农户对直播稻的采用。此外，虽然直播稻种植的气候风险较大，但近年来农业生产的气候条件良好，少有灾害性的气候发生，广大农户也放松了警惕，这也是导致直播稻大面积发生的原因之一。

（3）微观层面：经济理性下效益追求型农户的稻作观　效益追求型农户，是指在村庄里处于中等经济地位的农户，其生活基本没有生存的压力，并开始注重将家庭劳动力配置于能发挥较大实际效益的非农领域（王春超，2009）。改革开放以后，我国的经济实力和综合国力不断增强，农村经济得到了复苏，农村劳动力的流动不断加强，农村效益追求型农户逐渐增多。效益追求型农户家庭往往倾向于追求整体收入流增长目标的中间层次，即：它们在追求收入整体增长的同时，更注意家庭整体效用的提高。效用的提高要求家庭劳动力有所分工，于是便产生了农户家庭主要劳动力的兼业行为。在经济理性的驱动和兼业的需要下，农户在农业技术的选择上必须围绕家庭效用最大化和家庭整体劳动分工结构进行。直播稻相对其他稻作方式省时、省工和高效特点使之为农户选择的对象。

3.2.3 机插稻的发生机制

（1）宏观层面：粮食安全危机下对高产、稳产稻作方式的需要、农业发展方式转变的需要 随着我国工业化、城市化的快速推进、人口的增加以及人民生活水平的提高，我国粮食的供需形势一直处于波动的紧平衡状态，并且未来一个时期内保障我国粮食安全的压力还将继续存在。水稻是粮食安全的重要组成部分，其高产、稳产直接关系到粮食生产的安全，然而近年来，轻简稻作方式特别是直播稻的发展已给水稻的安全生产带来隐患，因此发展既高产又稳产的轻简稻作方式是保障水稻安全与稳定生产的重要方面，机插稻便是在这一背景下成长起来的轻简稻作方式之一。农村劳动力的转移使得农业发展方式产生重要转变，资本替代劳动力、机械代替人工的趋势正在逐步形成，农业机械化程度将不断提高（胡恒洋等，2008）。水稻生产实现全程机械化是农业机械化的重要组成部分，水稻机插又是水稻生产全程机械化的必然路径。

（2）中观层面：农业机械化发展的需要、政策的强有力支持 稻作机械化以现代工业手段代替传统手工作业，不仅降低了稻作劳动力投入量和劳动强度，而且有利于水稻生产规模化发展，促进劳动力转移，是稳定水稻生产、增加稻农收入的重要措施；水稻生产机械化有利于提高劳动生产率和土地生产率，是提高水稻综合生产能力、实现粮食安全的技术保障；水稻生产机械化有利于促进现代科技成果的推广应用，加快建设现代农业的步伐，是促进现代农业发展和社会主义新农村建设的必然要求。我国水稻生产机械化工作从 20 世纪 50 年代开始，已取得较大的成绩。2006 年 11 月，农业部出台《全国水稻生产机械化十年发展规划（2006—2015 年）》，提出经过 5～10 年的努力，水稻优势产区生产机械化水平达到 70％以上，基本解决种植与收获两个环节机械化问题，有条件的地方率先实现水稻全程机械化。到 2010 年水稻种植机械化水平达到 20％，到 2015 年达到 45％，为 2020 年全国基本实现水稻生产全程机械化奠定基础。“十年发展规划”还指出育插秧机械化要通过政府引导与扶持，加大技术培训示范力度，完善技术体系，以点带面，稳步向前推进；在农机购置补贴政策的支持下，通过市场的拉动，创新服务模式，加强社会化服务体系的建设。之后各地水稻机械化育插秧技术推广工作已全面启动，相应的扶持政策纷纷出台。2022 年，农业农村部发布《“十四五”全国农业机械化发展规划》，从补齐粮食生产全程机械化短板的角度明确指出，到 2025 年水稻种植机械化率达到65%，这必将进一步推动机插稻的发展。

(3) 微观层面：价值理性下经济发展型农户的稻作观　经济发展型农户，是指在农村中处于相对较高经济地位，并且表现出家庭整体收入持续增长以保持和提高社会经济地位的农户。此种状态下的农户家庭往往倾向于追求整体收入增长目标的较高层次，即：在没有生存压力的情况下，他们更注重家庭成员生活质量的提高和自我发展价值的实现，需要较大幅度地扩充收入来源以满足高效用生活的需要（王春超，2009）。目前，我国经济发达地区的农户已开始进入经济发展型农户的行列，与上述两种类型的农户相似的是，提高家庭整体效用仍然是他们的基本目标。其主要特点是在对生活质量和自我价值实现的追求上较生存压力型农户和效益追求型农户更高，体现了这类家庭在农村中较高的社会经济地位。为了持续保持效用的较高水平，这类家庭需要将其成员的劳动、雇佣劳动与其资本相结合以更好地获取收入。在稻作方式的发展过程中，这类农户是最有可能首先采用机插稻的群体。除了具有价值理性的经济发展型农户外，经济理性下的农户在经济效益的追求下也会加强对机插稻的采用，原因如前文所述。

3.2.4　抛秧稻的发生机制

(1) 宏观层面：对高产、稳产稻作方式的需要、劳动力结构改变下的引进和探索　由于手栽稻的劳动力投入量较大，在一些人口较少、经济比较发达的地区，20世纪70年代就开始了减轻水稻生产作业量的探索，抛秧稻便是在这一情况下从日本引进的稻作方式。同样作为轻简稻作方式，抛秧稻具有高产和稳产的特性，既符合了农民对轻简稻作方式的需要，又符合了粮食安全的考量，对粮食生产增效和农户增收起到了积极的作用。因此抛秧稻作为农技推广部门重点推广的技术之一，种植面积不断扩大。

(2) 中观层面：地区性的成功推广　在政府部门的推广和农户的采用下，全国抛秧稻的面积从1991年的2.7万hm^2扩大到1999年的600.0万hm^2。1999年全国有30个水稻种植的省区在推广这项技术，有13个省区面积在6.7万hm^2以上，面积大的省区市有广东181.1万hm^2，江苏48.9万hm^2，广西36.0万hm^2，江西36.6万hm^2，湖南40.3万hm^2。同时，出现一批基本抛秧化的县市、乡镇和一些大面积抛秧的县市，如江苏省的海安县，抛秧面积达95%，基本实现了抛秧化。2001—2004年全国年均抛秧稻种植面积在733.3万hm^2以上，占水稻总面积的25%。2013年前后，全国抛秧稻应用面积在660万hm^2以上，取得了显著的社会经济效益。

(3) 微观层面：经济理性下效益追求型农户的稻作观　抛秧稻微观农户层面的发生原理与直播稻基本相同，在生存问题得以解决的基础上，发展的需要和经济理性的本能会围绕家庭效用最大化进行。同样效用的提高会带来家庭劳动力的分工和家庭主要劳动力的兼业行为。经济理性的驱动和兼业的要求，使得农户在农业技术的选择上必须围绕家庭效用最大化和家庭整体劳动分工结构进行。具有省工、省时和高效特点的抛秧稻自然成为这类农户的选择对象。

3.3 稻作方式的扩散机制

3.3.1 稻作方式的宏观扩散机制

技术扩散机制是一个系统的组成，在这个系统中各机制成分各自运作却又协调作用，最终达到扩散效果。一般认为，技术的扩散机制系统主要由政策环境、技术环境、市场环境、资源支撑环境四个部分组成（赵维双，2005），如图 3-1 所示。稻作技术同样如此，下文将就不同机制组成部分对稻作技术扩散的影响进行分析。

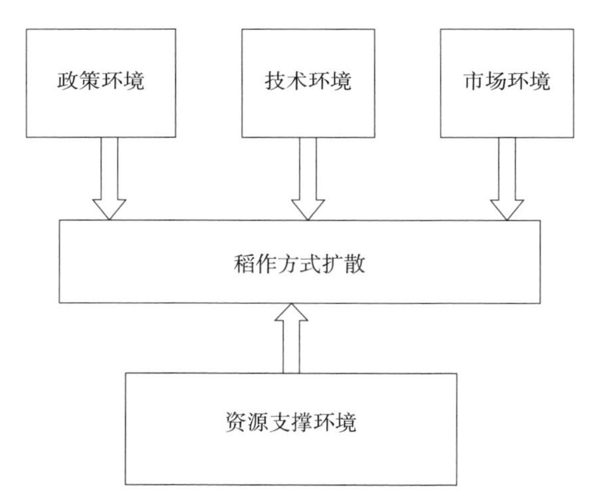

图 3-1 技术扩散机制系统的组成

3.3.1.1 稻作方式扩散的政策环境

技术扩散政策是政府为了影响或者改变技术创新扩散的速度、方向和规模而采取的一系列公共政策的总称。其目标主要是通过激励农户对技术的采用，实现技术成果从潜在生产力向现实生产力的转化。西方国家技术创新政策实践所使用的典型政策工具主要有六种，如财政激励政策、公共采购政策、风险资本政策、管制政策等（王春法，1998）。根据稻作方式扩散过程的特点，政策环境主要包括农地制度、行政措施和经济措施三方面内容。政策环境又可划分为扩散源和扩散汇两个作用域，从扩散源作用域看政府主要功能是保证稻作技术有效、合理、合法地扩散；从扩散汇作用域看，政府的主要功能是激励潜在的稻作方式采用农户主动采用稻作技术，通过降低农户采用技术的成本和风险，促进农户稻作方式采用行为的产生，从而实现稻作技术扩散的过程。因而政府政策环境从扩散源层面看，主要以稻作技术扩散保护为核心，扩散汇层面主要以稻作技术扩散激励为核心。政府政策环境的构成如图 3－2 所示。

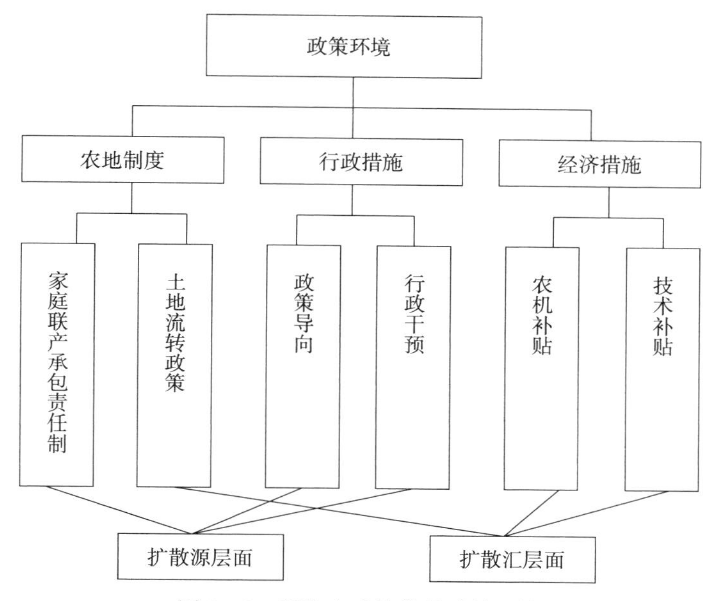

图 3－2　稻作方式扩散的政策环境

(1) 扩散源层面的政策环境

①家庭联产承包责任制　家庭联产承包责任制是我国基本的农地制度，是农业生产的保障、农民赖以生存的依托。2008 年，中央一号文件重点强调了家庭联产承包责任制，重申了坚持农村基本经营制度不动摇。2008 年底，中共十七届三中全会决议将农地承包期由“长期不变”改为“长久不变”。目前，家庭联产承包责任制已施行 30 多年，这种制度改变了我国农村旧的经营管理体制，在很长一段时期适应了我国农村生产力的发展需要，解放了农村生产力，调动了广大农民的生产经营积极性，促进了农业生产效益的提高和农民收入的提高。然而任何一种制度设计不可能解决遇到的所有问题，自实行家庭联产承包责任制以来，我国农村土地基本上按现有人口平均分配，将土地分割成小块分户经营，由于耕地面积狭小，机械化大生产难以实现，这既不利于农业生产规模的扩大，也不利于分工的发展，更不利于农业技术的进步。于水稻生产发展同样如此，现实生产中由于耕地面积狭小、零碎且分散，水稻机械化生

产和规模化经营受到了一定的影响。

②政策导向 a. 早期抗旱与抗逆的需要。由稻作方式的发展历程可见，早期粮食生产以解决温饱问题为中心，而扩大生产面积是提高粮食产量的路径之一，因此一些北方地区探索在寒地、旱地，甚至是盐碱地上种植水稻，由此带动了直播稻的发展。b. 长期高产与稳产要求。产量是粮食生产永恒不变的主题，单产则是核心议题，在水稻生产发展过程中围绕产量提高形成了一大批研究成果，并带动了稻作方式由经验生产向精确定量化生产方向转变。c. 现阶段机械化与规模化的新要求。随着社会经济的发展，农业和农村经济发展的新形势对土地资源优化利用及经营方式提出了新要求。大面积、连片、高标准的良田不断形成，规模化、机械化、现代化的农业经营方式正在逐步推进，必将对稻作方式的科学发展起到积极的推动作用。

③行政干预 行政干预指政府凭借政权力量，依靠从上到下的行政组织制定、颁布、运用政策、指令、计划的方法，来实现国家对行政工作的领导、组织和管理的目的（夏书章，2008）。行政干预是农业生产中常见的行政措施，由于农户的个体理性生产行为可能会出现不利于国家粮食安全生产的情况，并且当这一行为发展成为众多农户行为时，有必要采取行政干预，对农户的行为进行控制与引导。行政干预一般分为强制性干预和非强制性干预两种。行政机关通过制定有关法律、行政法规以及下达行政命令、指示、规定等所实施的行政干预，对所管辖范围的人和事具有强制性和约束力，属强制性行政干预。行政机关以劝告、说服、宣传、教育等方式进行的行政干预，对相关的人或机构起指导或诱导作用，属非强制性行政干预。在稻作方式发展的行政干预中主要形式有发布行政性文件、进行指标任务考核、加大宣传力度等。在应对直播稻快速发展的过程中，江苏省农林厅、湖南省农林厅等政府部门多次下达控制直播稻生产的通知和意见，并且对各地区直播稻面积压减实行了量化指标考核。

（2）扩散汇层面的政策环境

①土地流转政策 2008 年底，中共十七届三中全会决议将农地承包期由“长期不变”改为“长久不变”的同时，提出了允许农民以多种形式流转农地承包经营权，建立健全农村土地承包权经营市场。农村土地资源的合理流动与优化配置对我国的粮食生产具有积极的影响。农地流转后的适度集中，有利于发展农业规模经营和实现农业现代化，有利于提高农业生产效益和土地资源利用效率，有利于促进农村剩余劳动力的转移。农地使用权流转对优化土地资源配置、促进农业产业结构调整以及促进农民增收和农村经济发展具有十分重要的意义（杨宗耀等，2020；纪月清，2017；卞琦娟等，2010）。土地流转本身将有利于农户在规模效益下采用高产、高效的稻作方式，一些地区甚至将采用

高产、稳产稻作方式作为流转条件写入到合同当中，对稻作方式的发展起到一定的推动作用。

②经济措施　农业生产中较为常用的经济措施是财政杠杆，即农业补贴。目前，对稻作方式的补贴主要是价格补贴，主要有两种形式：一是为了鼓励和奖励农户对某一稻作方式的采用，政府通过设立专项资金对采用者直接进行补贴；二是对有利于政府所提倡稻作方式发展的农用生产资料进行补贴，以降低农户采用稻作方式的成本，如农机补贴。补贴政策不但有利于调动农户采用稻作方式的积极性，也有利于高产、高效稻作方式的发展。

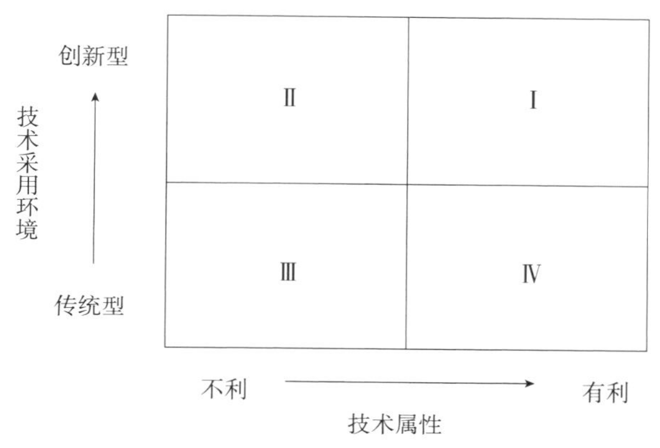

图3-3　基于技术环境与技术属性的农业技术采用

3.3.1.2　稻作方式扩散的技术环境

田莉（2009）认为机会的构成是依赖情境的，相同的技术在不同的环境下的命运也各异，因此农业技术是否能转化为生产力除了技术本身的属性外还依赖于技术所处的环境，Winter（1984）将产业技术环境分成创业型和惯例型两种类型，结合农业技术环境的特点将其分为创新型环境和传统型环境（图3-3）。对于稻作方式的发展来说，在创新型技术环境中，已有稻作方式采用的现状会随着新技术的进入和技术优势的削弱而改变，因此，在这种环境下新的稻作方式更有可能成为新的采用机会。而传统型技术环境则促进和加强对现有主导地位稻作方式的采用，这一环境条件下新的技术进入采用主体环境的阻力大，被采用的可能性也小。具体到某一种稻作方式的发展来说，手栽稻作为传统的稻作方式，在传统型技术环境中其传统地位具有难以替代性，而在创新型技术环境中则容易被新的稻作方式取代；机插稻则相反，其作为创新型技术进入传统型技术环境的阻力要大得多，而进入创新型技术环境则要容易得多。

3.3.1.3　稻作方式扩散的市场环境

技术创新扩散市场环境是由影响、制约技术创新扩散的诸要素组成的市场体系。其构成如图 3-4 所示。

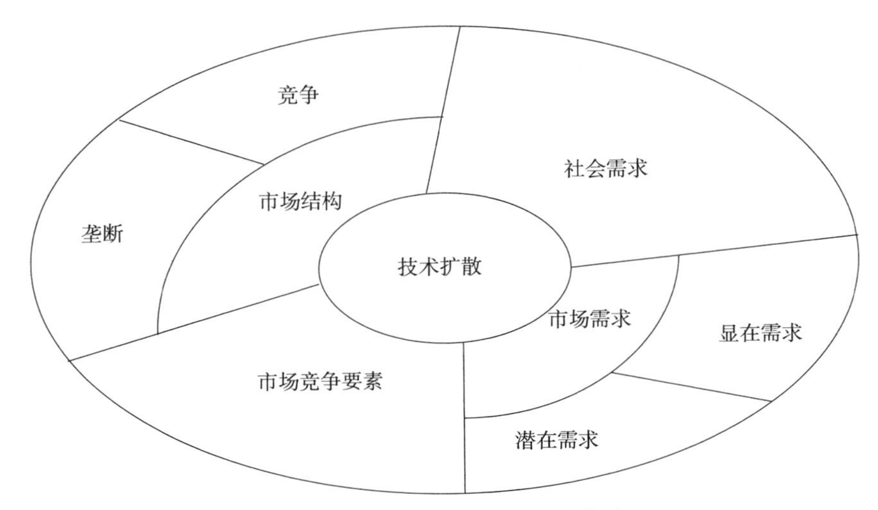

图 3-4　技术扩散的市场环境构成

本文中稻作方式扩散的市场环境由市场需求、市场结构、市场竞争、社会需求等四部分组成。其中，市场需求是指稻作技术市场中的农户根据自己的偏好表现出的需求，又分为显在需求和潜在需求。显在需求是技术扩散的方向，为技术的扩散提供机会和动力。农户偏好的显在需求是既已存在的需求，潜在需求可能是已存在于农户偏好中，也可能是尚处于萌芽阶段，未完全成熟的农户偏好。农户的潜在需求有助于发展技术未来的市场需求，在一定的条件下显在需求和潜在需求可以相互转化。

市场结构按照市场竞争程度一般划分为完全竞争市场、完全垄断市场和垄断竞争三种类型。一般研究意义上，竞争市场的环境对技术创新及其扩散的作用优于完全垄断的市场环境。但也有一些经济学家（卡曼、施瓦茨）认为，介于完全竞争和垄断之间的垄断竞争才是最适宜于技术创新和扩散的市场结构。丁华（2008）研究表明中国农业市场结构的理想定位是垄断竞争。

市场竞争要素是指与技术扩散相关的生产要素市场供求状况及其变动。市场竞争要素对技术扩散的直接作用主要体现在生产要素价格、资源的稀缺等对技术扩散的影响。如插秧机的价格是农户采用机插稻的限制因素，在这种情况下，国家和政府通过补贴的形式降低农户购机的成本，可以促进机插稻的发展。

社会需求是指生活水平、人口经济发展水平等与社会整体发展相关的需求。技术扩散的主体（政府或农户）行为依存于社会经济整体中，生活水平、劳动力结构、经济发展水平等社会大系统的一系列属性发展变化都可能对技术扩散活动产生影响。如生活水平的提高促使农户采用更加省工和先进的稻作方式，农村劳动力市场结构的转变促成了直播稻的发展等。

3.3.1.4　稻作方式扩散的资源环境

农业技术的扩散作为一个特殊的社会行动或社会行动系统，无论是技术的供给，还是对技术的采用，甚至是在市场中的传播，都需要资源的支撑（赵维双，2005）。为农业技术扩散过程或系统提供资源和信息支持的诸要素所组成的外部影响构成了技术的资源环境。根据稻作方式扩散的资源环境特征，将其分为自然资源和社会资源，其构成如图3－5所示。

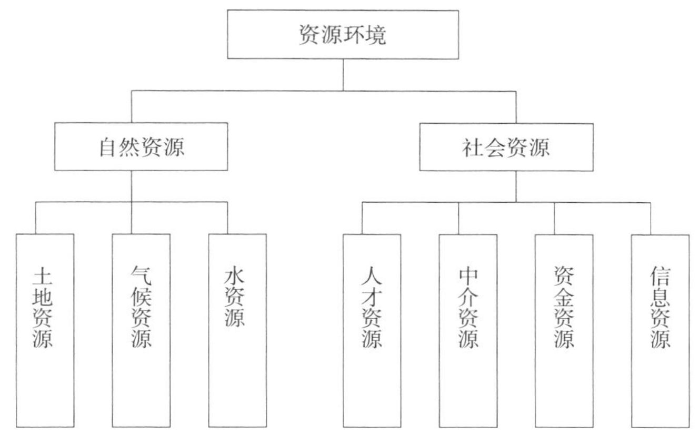

图3－5　稻作方式扩散的资源环境

稻作方式扩散系统的运行中，自然资源起着决定性的作用，自然资源分为土地资源、气候资源和水资源等。自然资源犹如稻作方式扩散系统的硬件，具有不可替代性，缺少了任何一种资源都将给稻作方式的扩散带来不可跨越的障碍。如一些地区气候因素是种植直播稻的限制因子，决定了直播稻生长后期能否安全齐穗——评价直播稻适宜种植地区的重要标准。又如土地资源中的地形和规模化程度则是制约机插稻扩散的前提条件。水资源的丰歉对稻作方式的选择也具有明显的影响。由稻作方式发展的历程可见，自然资源始终是影响稻作方式扩散系统运行的重要变量。

社会资源是稻作方式扩散系统的软件部分，对稻作方式的扩散成败起关键作用。本文将稻作方式扩散的社会资源分为资金资源、中介资源、人才资源和信息资源四类。资金是连接开发技术和引进技术的桥梁，并左右着技术扩散的节拍，是决定技术扩散过程顺利进行的重要支撑资源。中介组织在技术扩散系统中处于技术信息传播渠道的位置，是为稻作方式的扩散主体提供社会化、专业化服务，以支撑扩散活动和促进扩散成果的机构。在技术创新和创新扩散过程中，人才是直接推动技术创新和扩散的动力之源。稻作方式的发展中既有高学历、高素质、高创新能力的研发技术人才，也有在稻作技术扩散一线的农技推广人员和基层干部，更有直接参与和推动稻作方式扩散的农村能人。信息资源是技术存在和扩散的基本资源，稻作方式的信息资源主要由技术信息和市场信息两部分组成，且技术信息与市场的接轨对稻作方式的扩散起着重要的作用。

3.3.2 稻作方式的微观扩散机制

稻作方式的微观扩散主要存在于农户这一技术采用主体之间，农户对稻作方式的采用既受其本身对稻作方式的认知、态度、行为意向、技术采用满意度及农户自身特征的影响，又受到周围农户采用行为以及技术服务环境的影响。具体如图 3－6 所示。

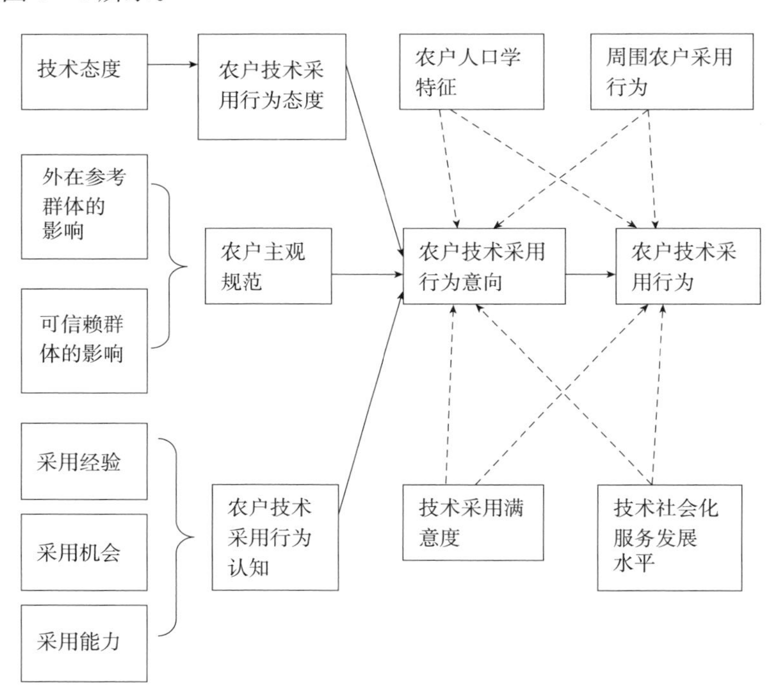

图 3－6　微观农户技术采用行为的发生机制

（1）农户技术采用行为　农户技术采用行为的发生，归根到底是由于其行为能给他带来收益，这种收益既包括物质收益也包括心理上的收益，正是在这些收益追求的驱使下，农户才会发生技术采用行为。如在稻作方式的采用中为了省时、省力有些农户会采用轻简稻作方式，为了满足家庭效用最大化一些农户会采用高效稻作方式等等。

（2）农户技术采用行为意向　农户的技术采用行为主要由农户技术采用行

为的意向决定。行为意向是指个人想要从事某项行为的倾向程度，农户技术采用行为意向是一个心理变量，它反映了农户在技术采用前的一系列心理过程，是技术采用前的最好预见，与农户技术采用行为之间只有一步之遥。农户技术采用行为意向本身又主要受到农户技术采用行为态度、主观规范及农户技术采用行为认知等心理变量的影响。

（3）农户技术采用行为态度　农户技术采用行为态度是指农户对技术采用行为所持的积极或消极评价的程度，它对农户技术采用行为意向起着重要的作用。如果一些农户认为新的稻作方式的采用能够给其带来额外的收益，那么他们采用新型稻作方式的可能性就大；而那些认为新型稻作方式的采用只能给他们带来很少或不会给他们带来额外收益的农户，他们采用新技术行为的可能性相对较小。

（4）农户技术采用行为的主观规范　农户技术采用行为的主观规范是指农户在稻作方式采用行为发生之前根据经验判断该采用行为发生时可能引致的外界压力。人是具有社会性的，农户（户主）也不例外，当农户在做出某一行为决策之前，如果感受到的外界压力太大时，他就有可能改变这种行为倾向。如村庄中绝大多数的农户采用了直播稻，但机插稻与直播稻之间的生长发育进程不同会产生灌水需求的差异，这对于想采用机插稻的农户就构成了外在压力。不同的外在群体给行为人带来的压力并不完全一致，Brown（1999）将主观规范归类为两类群体，一个是外在参考群体（external referents），另一个是可信赖群体（credible referents）。农户所面对的外在参考群体指的是周围其他农户，可信赖群体指的是在村庄中具有可靠性和权威性的农户，包括亲戚、能人等。

（5）农户技术采用行为认知　农户技术采用行为意向同样受到农户技术采用行为认知的影响，农户对技术采用行为的执行能力越强，他就越有可能产生采用行为意向。农户技术采用行为认知主要由采用经验、采用机会与采用能力等因素决定。以稻作方式为例，农户如果已采用过某一稻作方式并获得了一定的收益，无疑将会加大该农户对该稻作方式采用行为的认知；稻作方式的宣传与推广力度越大，农户的稻作方式采用行为的认知越强；如拥有足够的稻作方式信息和成本，也会有利于农户对稻作方式认知的增强。

（6）周围农户采用行为　周围农户的技术采用行为程度既会影响农户技术采用行为意向，也会直接影响农户技术采用行为。以农户稻作方式采用为例，当农户发现众多的其他农户已采用某一稻作方式，且采用效果良好，本无意采用该稻作方式的农户可能会产生采用该稻作方式的冲动或直接采取效仿别人的从众行为。

（7）技术社会化服务发展水平　技术的社会化服务水平既会影响农户技术

采用行为意向，也会直接影响农户技术采用行为。如某稻作方式的社会化服务发展水平越高，农户对该稻作方式的采用意向越强，采用行为也越有可能发生，反之则不然。

（8）技术采用满意度 农户采用技术过程中的满意程度与农户技术采用行为之间也存在一定的相关性，农户满意度既会对农户继续采用该技术的行为意向产生影响，也会直接影响农户技术采用行为。如果农户在技术采用过程中，对技术效果非常满意，那么他们可能更愿意加强对技术的采用，甚至向周围的农户推广该技术。

（9）农户的技术态度 农户的技术态度是指农户对技术所抱的支持或反对、喜欢或不喜欢的看法。农户的技术态度会影响到农户技术采用行为，如农户在兼业的情况下，本身对水稻生产的重视程度就不高，那么对新技术的采取态度也会随之下降。

（10）农户（稻作方式采用主要决策者）人口学特征 农户人口学特征包括性别、年龄、受教育程度、家庭经济状况等等。众多研究结果证实农户人口学特征与农户行为有一定的关联性，农户技术采用行为与农户人口学特征也有一定的关联。

3.4 本章小结

由上述分析可见，手栽稻的发展与育秧方式的变革、栽培技术的进步以及轻简稻作方式的发展密切相关。人口压力下对高产、稳产稻作方式的需要、劳动密集型稻作方式与农村剩余劳动力的相互捆绑是手栽稻宏观层面发生的重要原因；中观层面手栽稻具有传统优势地位、发展基础好且与农作制度相耦合的特点；微观层面手栽稻符合生存压力型农户的稻作观。

直播稻的发展经历了徘徊发展阶段、抗旱需要下恢复发展阶段、直播技术推进下的探索发展阶段以及农民自主选择下的快速发展阶段等。我国农村劳动力结构的改变、农民水稻生产目标的改变，以及在逆境生长条件下的优势是直播稻宏观层面上得以发生的主要原因；化学除草剂的成功运用、水稻条纹叶枯病的暴发以及灾害性气候未有显现对其发生起到了推动作用；效益追求型农户的经济理性行为是直播稻微观层面发生的根本原因。

机插稻的发展以插秧机的研发与创新为标志，与机插秧技术的发展紧密相连，分为自主研发仿人工大苗机插阶段、引进探索工厂化育秧阶段、农机农艺协调推进阶段。农业发展方式转变、粮食安全危机对高产、稳产稻作方式的需要是机插稻宏观层面得以发生的原因；农业机械化发展的需要、政策的强有力支持对机插稻的发展起到了重要的推动作用；经济发展型农户的稻作观是机插稻得以发展的微观动力。

抛秧稻的发展经历了试验探索、引进发展和快速发展等3个阶段。宏观层面，对高产、稳产稻作方式的需要、农村劳动力结构改变下的引进和探索促成了抛秧稻的发生；地区性的成功推广对抛秧稻的发展起到了很好的示范作用；此外，抛秧稻符合效益追求型农户的稻作观。

技术的扩散机制系统主要由政策环境、市场环境、中介环境、资源支撑环境四个部分组成，政策环境主要包括农地制度、行政措施和经济措施三方面内容，分为扩散源和扩散汇两个作用域，分别以稻作技术扩散保护为核心和以稻作技术扩散激励为核心。稻作方式的技术环境分为创新型和传统型两种，对新型稻作方式的进入具有不同的影响。稻作方式扩散的市场环境由市场需求、市场结构、市场竞争以及社会需求四部分组成。稻作方式扩散的资源环境分为自然资源和社会资源两方面，并分别作为稻作方式的硬件和软件系统影响着稻作方式的扩散。稻作方式的微观扩散主要存在于农户之间，农户对稻作方式的采用既受其本身对稻作方式的认知、态度、行为意向、技术采用满意度及农户自身特征的影响，又受到周围农户采用行为以及技术服务环境的影响。

本章从稻作方式的历史发展角度对不同稻作方式的演变过程进行了梳理，并对稻作方式的发生机制及扩散机制进行了理论分析，下一章将在本章研究内容的基础上，以江苏省为例，对不同稻作方式的时间和空间扩散特征进行研究。

◆ 参考文献

白明德，1952. 绥远省农业试验场五原分场水稻旱直播试验［J］. 中国农业科学（10）：33-34.

卞琦娟，周曙东，葛继红，2010. 发达地区农地流转影响因素分析——基于浙江省农户样本数据［J］. 农业技术经济（6）：28-36.

炳光，1954. 水稻旱直播初步经验介绍［J］. 农业科学通讯（3）：128-130.

陈健，2003. 水稻栽培方式的演变与发展研究［J］. 沈阳农业大学学报，34（5）：389-393.

陈瑞邦，1959. 水稻水直播田间管理的几项措施［J］. 广西农业科学（11）：10-12.

程仁杰，1986. 低洼地种植地膜稻（直播）栽培技术［J］. 吉林农业科学（2）：12-15.

褚楚，2006. 建国50年来江苏水稻生产技术进步研究［D］. 南京：南京农业大学.

丁华，2008. 中国农业市场结构研究［D］. 武汉：华中科技大学.

费槐林，胡国文，1995. 水稻良种高产高效栽培［M］. 北京：金盾出版社：83-95.

顾克礼，1988. 革新制种生产技术，实行免少耕水直播栽培——论大面积杂交水稻制种高效益栽培技术新途径［J］. 种子（3）：48-50.

郭九林，2004. 水稻机插软盘细土育秧技术［J］. 作物杂志（3）：17-18.
胡恒洋，张俊峰，2008. 农村劳动力转移对农业生产的影响及政策建议［J］. 中国经贸导刊（13）：17-19.
胡茂兴，张耀宏，1987. 水稻泥中水直播防倒技术探讨——盆栽试验［J］. 上海农学院学报，5（2）：108，155-162.
黄年生，张洪熙，戴正元，2006. 我国水稻旱育抛秧技术的现状与发展［J］. 江苏农业科学（6）：18-20.
姜杰，1953. 国营汉沽机械农场 1952 年在盐碱荒地上水稻旱直播的试种经验［J］. 农业科学通讯（6）：236-238.
蒋观真，周福余，1987. 麦茬旱直播稻不同播期与播量对产量的影响［J］. 江苏农业科学（5）：9-10.
蒋人清，1963. 直播水稻的苗期管理［J］. 宁夏农林科技（6）：25-26.
纪月清，顾天竹，陈奕山，等，2017. 从地块层面看农业规模经营——基于流转租金与地块规模关系的讨论［J］. 管理世界（7）：65-73.
金澈，1984. 直播水稻苗期湿润灌溉壮苗栽培技术研究［J］. 黑龙江农业科学（5）：62-64.
金千瑜，1996. 我国水稻抛秧栽培技术的应用与发展［J］. 中国稻米（1）：10-13.
金千瑜，欧阳由男，陆永良，等，2001. 我国南方直播稻若干问题及其技术对策研究［J］. 中国农学通报，17（5）：44-48.
瞿廷广，许鸿鸽，沈志坚，2003. 水稻盘育带土小苗机插秧田播种量研究［J］. 安徽农业科学，31（1）：93-94.
劳天源，1987. 苗床式水稻直播高产特点及技术［J］. 作物杂志（2）：8-10.
李杰，2011. 不同种植方式水稻群体生产力与生态生理特征的研究［D］. 扬州：扬州大学.
李荣基，李家池，1959. 励志社早稻水直播栽培经验［J］. 广西农业科学（2）：23-24.
凌励，2005. 机插水稻分蘖发生特点及配套高产栽培技术改进的研究［J］. 江苏农业科学（3）：14-19，126.
凌启鸿，张洪程，蔡建中，等，1993. 水稻高产群体质量及其优化控制探讨［J］. 中国农业科学，26（6）：1-11.
凌启鸿，张洪程，丁艳锋，等，2005. 水稻高产技术的新发展——精确定量栽培［J］. 中国稻米（1）：3-7.
刘健华，1979. 新疆水稻栽培以插秧为主还是直播为主?［J］. 新疆农业科学（1）：35-36.
刘劲凡，1959. 邵东地区水稻直播调查报告［J］. 湖南农业大学学报（自然科学版）（2）：5-10.
卢信度，1982. 杂交水稻撒种直播栽培技术［J］. 广东农业科学（3）：9-10.
陆为农，2008. 水稻育插秧技术推广概述［J］. 农机科技推广（4）：8-10.
吕伟生，曾勇军，石庆华，等，2018. 双季机插稻叶龄模式参数及高产品种特征［J］. 作物学报，44（12）：1844-1857.

吕树权，韩阳杰，2005. 试析盘锦市发展水稻插秧机械化［J］. 农业机械（4）：66-67.
孟庆禄，1958. 直播水田的“深水灭稗”［J］. 中国农业科学（5）：275-276.
欧武，1989. 杂交水稻直播与移栽的性状变化［J］. 广东农业科学（1）：9-12.
钱银飞，张洪程，吴文革，等，2009. 机插穴苗数对不同穗型粳稻品种产量及品质的影响［J］. 作物学报，35（9）：1698-1707.
乔月，朱建强，吴启侠，等，2021. 氮肥运筹下不同种植方式水稻对氮素的吸收、转运和利用［J］. 中国土壤与肥料（6）：180-188.
任泽明，2003. 湖南水稻免耕直播、免耕抛秧技术的发展前景［J］. 作物研究，17（4）：174-175.
沈建辉，曹卫星，朱庆森，等，2003. 不同育秧方式对水稻机插秧苗素质的影响［J］. 南京农业大学学报，26（3）：7-9
沈锦骅，1956. 东北水稻旱直播调查［J］. 农业科学通讯（1）：31-32.
孙传芝，徐永谦，1997. 农业生产重大技术——水稻旱育稀植栽培技术［J］. 厦门科技（3）：14.
孙继洲，夏永龙，2006. 机插稻高效施氮技术初探［J］. 江苏农业科学（3）：30-33.
孙园园，张桥，孙永健，等，2021. 不同育秧方式下播种量和插秧机具对机插稻氮素利用和产量的影响［J］. 中国水稻科学，35（6）：595-605 .
唐永森，蔡启亭，1987. 水稻双季直播栽培经济效益及主要栽培技术措施［J］. 耕作与栽培（1）：35-36.
田莉，薛红志，2009. 新技术企业创业机会来源：基于技术属性与产业技术环境匹配的视角［J］. 科学学与科学技术管理（3）：61-68.
汪蒲仙，1955. 湖南湘乡早稻水直播经验介绍［J］. 湖北农业科学（3）：177-178.
汪植琼，1955. 在国营农场中进行水稻机械旱直播［J］. 生物学通报（9）：23-24.
王春超，2009. 中国农户就业决策行为的发生机制——基于农户家庭调查的理论与实证［J］. 管理世界（7）：93-102.
王春法，1998. 国家创新体系理论［J］. 经济管理（12）：51-52.
王丹英，章秀福，陆玉其，等，2010. 浙江省直播稻的产量差异分析和发展趋势探讨［J］. 中国稻米（1）：23-26.
王官远，1958. 湖北麻城县燎原四社早稻直播高产经验［J］. 湖北农业科学（5）：341-342，336.
王鹤云，孙东生，凌励，1986. 麦茬机械水直播稻高产栽培技术［J］. 江苏农业科学（5）：9-10.
王利之，王瑛，刘志明，等，1962 . 不同播种期和品种对旱直播水稻生长发育的影响［J］. 生物学通报（2）：8-9.
王世栋，全凤允，1978. 论水稻机械旱直播的优越性及技术应用［J］. 北方水稻（5）：52-54.
王学文，1979. 水稻机械化旱直播化学除草技术是扩大发展北方地区水田的重要途径之一［J］. 植物保护（5）：49.

王义发，陈水旺，1986. 杂交水稻母本撒直播制种技术探讨［J］. 江西农业科技（5）：5-7.
王智才，2006. 突破机械育插秧环节推进水稻生产机械化——江苏省发展水稻机插秧情况调查［C］//王忠群. 水稻生产机械化技术交流会论文集. 水稻生产机械化技术交流会，南京.
魏志邦，1958. 在易涝重碱地上直播旱稻［J］. 中国农业科学（4）：230.
吴公惠，刘志明，1964. 水稻机械化旱直播不同播期对各品种生长发育的影响和灭草的关系［J］. 中国农业科学（4）：36-41.
吴吉人，陈生令，1978. 因地制宜实行旱直播［J］. 新农业（Z1）：8-9.
吴吉人，史守仁，郝育魁，等，1965. 盐碱地水稻机械旱直播垄作栽培研究初报［J］. 辽宁农业科学（5）：34-37.
吴梁源，1987. 对水稻直播栽培的看法［J］. 宁夏农林科技（4）：16-18.
吴宪章，1957. 水稻机械旱直播出苗后灌水栽培经验［J］. 农业科学通讯（5）：271-272.
夏敬源，谢建华，2005. 我国水稻免耕抛秧技术的发展与展望［J］. 中国农技推广（9）：9-12.
夏书章，2008. 行政管理学［M］. 广州：中山大学出版社.
谢成林，王曙光，王汝利，等，2009. 不同类型粳稻品种机插产量表现及高产途径研究［J］. 江苏农业科学（3）：57-59.
徐迪新，徐翔，2006. 中国直播稻、移栽稻的演变及播种技术的发展［J］. 中国稻米（3）：6-9.
薛渝生，蔡意中，刘国英，等，1992. 直播水稻高产栽培的调控技术［J］. 上海农业学报，8（2）：51-54.
颜昌敬，1959. 水稻直播栽培技术调查报告［J］. 湖南农业大学学报（自然科学版）（2）：1-5.
杨成英，张运芳，杨济民，1989. 山区冷浸田水稻盖膜直播栽培技术［J］. 农业科技通讯（1）：7.
杨庚，苑荣等，1994. 水稻抛秧栽培技术［M］. 北京：中国农业出版社.
杨宗耀，仇焕广，纪月清，2020. 土地流转背景下农户经营规模与土地生产率关系再审视——来自固定粮农和地块的证据［J］. 农业经济问题（4）：37-48.
姚秉琦，何其乐，姚凌飞，等，1987. 稗草等对直播稻产量的影响及防除指标研究［J］. 江苏杂草科学（4）：7-9.
禹盛苗，许德海，林贤青，1998. 双季水稻不同栽培方式高产特性比较［J］. 西南农业学报（S3）：108-114.
袁隆平，2001. 水稻强化栽培体系［J］. 杂交水稻，16（4）：1-3.
臧少锋，2004. 水稻精密抛秧机振动输送机构的计算机仿真分析与试验研究［D］. 杭州：浙江大学.
曾雄生，2005. 直播稻的历史研究［J］. 中国农史（2）：3-16.
张汉夫，2010. 我国水稻育插秧机械化呈现加速发展势头［J］. 现代农业装备（21）：

95-96.
张洪程，黄以澄，戴其根，等，1988. 麦茬机械少（免）耕旱直播稻产量形成特性及高产栽培技术的研究 [J]．江苏农学院学报，9（4）：21-26.
张洪程，吴桂成，吴文革，等，2010. 水稻“精苗稳前、控蘖优中、大穗强后”超高产定量化栽培模式 [J]．中国农业科学，43（13）：2645-2660.
章秀福，朱德峰，1996. 中国直播稻生产现状与前景展望 [J]．中国稻米（5）：1-4.
赵洪，王兆纳，2008. 水稻双季机插双千斤栽培技术 [J]．上海农业科技（3）：40-41.
赵维双，2005. 技术创新扩散的环境与机制研究 [D]．长春：吉林大学.
郑有贵，2000. 1978年以来农业技术政策的演变及其对农业生产发展的影响 [J]．中国农史，19（1）：91-98.
周福溢，1983. 水稻直播化学除草经济效果的调查 [J]．农业技术经济（3）：41-44.
周建群，2009. 水稻栽培方式研究进展 [J]．湖南农业科学（2）：51-54.
Brown T J，1999. Antecedents of culturally significant tourist behavior [J]．Annals of Tourism research，26（3）：676-700.
Winter S G，1984. Schumpeterian competition in alternative technological regimes [J]．Journal of Economic Behavior and Organizations（5）：287-320.

第4章

不同稻作方式的时空扩散特征研究

稻作方式对水稻生产发展起着重要的推动作用，了解不同稻作方式的扩散趋势及扩散特征有利于把握稻作方式的发展方向，保障水稻的安全和稳定生产。江苏省水稻生产发展水平位居全国前列，2022年江苏省水稻种植面积221.92万hm^2，平均亩产596.2kg，总产1 984.6万t，单产、总产和种植面积位居全国前列。在经济发展和农村劳动力转移的推动下，江苏省稻作方式呈现多样化，形成了手栽稻、机插稻、直播稻以及抛秧稻等多种稻作方式并存的格局。本章以江苏省稻作方式发展为例，通过运用S形扩散曲线模型和空间自相关分析对江苏省主要稻作方式（手栽稻、直播稻、机插稻以及抛秧稻）的时间维扩散规律和空间维扩散特征进行了研究。由于稻作方式数据缺失①，在时间维扩散特征分析上，利用2000—2012年稻作方式数据对稻作方式早期的扩散进行分析，同时结合近期稻作方式面积讨论江苏省稻作方式的最新扩散情况。空间维部分主要利用2008—2012年江苏省市域稻作方式面积数据，选取相关模型对不同稻作方式早期空间扩散特征进行研究。

4.1 江苏省稻作方式发展概况

4.1.1 直播稻

早期直播稻只是在江苏省少数丘陵、干旱地区种植，或作为水稻生产灾后补救措施存在，面积很少。20世纪80年代，江苏省首先在苏中、苏南部分地区开展了直播稻种植试验，镇江于1984年开始水稻机械化直播种植技术的试验和探索，后将其作为重点项目进行推广（赵挺俊，2000）。南通市于1986年进行了直播稻示范种植，1995年便发展到50多万亩（章秀福等，1996），此外扬州、苏州等地也进行了机械水稻直播试验，随后直播稻种植面积在苏中、苏南地区不断增加。20世纪90年代后，随着农村劳动力的转移，直播稻等轻

① 因相关部门期间停止了稻作数据的收集工作，故而数据缺失。

简稻作方式在全省范围内迅速扩散开来。1998 年江苏省直播稻面积仅为 1.98 万 hm^2，此后直播稻的发展呈现逐年上升趋势，2002 年直播稻面积突破 8.93 万 hm^2后，以年均 39.26%的速度递增，2008 年直播稻面积已达 64.96 万 hm^2，近占江苏省水稻种植面积的 1/3。由于直播稻受气候条件影响较大，存在产量潜力小、生产风险大以及生态不友好等缺点，大面积生产会给水稻的安全生产带来隐患，为此 2009 年 3 月江苏省农林厅印发关于《直播稻生产技术指导意见》的通知，指出要切实控制直播稻盲目发展，积极引导农民选择机插稻、旱育稀植、抛秧稻等高产稳产稻作方式。2010 年 1 月江苏省农林厅再次印发《关于进一步加强直播稻压减工作的通知》，指出要把直播稻压减作为稳定发展粮食生产的重要工作来抓，要求完善机插秧高产配套技术，因地制宜推广抛秧等稻作方式，并且对各地区直播稻面积压减实行了量化指标。在政府部门的努力控制下直播稻的面积出现下降，2009 年直播稻面积下降至 53.13 万 hm^2，2011 年下降至 32.72 万 hm^2。虽然直播稻的面积总体出下降趋势，但在农民的自发选择下近期直播稻面积出现了反弹，2020 年的种植面积又重新上升到了 57.7 万 hm^2，经历 2021 年的小幅下降后，2022 年则再次上涨到 60 万 hm^2。2023 年 4 月，江苏省农业农村厅印发《关于加强直播稻控减发展机插稻社会化服务 全力提升稻作现代化水平的通知》，对直播稻控减工作作出全面部署，江苏各地也纷纷发布通知做好直播稻压减工作。

4.1.2 机插稻

机插稻是现代农业的重要组成部分，也是江苏省着力推广的稻作方式之一。早在 20 世纪 70 年代中期，江苏无锡、吴县等地就引进了日本机械和育秧设备进行试点试验，但由于成本投入较大未能推广应用。1987 年南京农业机械化研究所与镇江地区农业科学研究所共同成功研究出“露地小苗简易盘育秧技术”，由此机插水稻开始进入多点示范阶段。1987 年江苏省全省机插水稻 0.25 万 hm^2，1988 年发展至 0.51 万 hm^2，1990 年达 0.91 万 hm^2。由于我国农村以家庭经营为主、组织化程度低，且育秧成本过高、国外机具价格昂贵，农民难以承受，水稻插秧机械化的发展依然受到限制（褚楚，2006），机插稻面积出现下降。“九五”以来，尤其是从 1999 年起，江苏省引进日本、韩国及中国台湾等国家和地区的高性能插秧机进行试验示范和选型，按照农机与农艺结合、引进吸收与创新开发相结合的思路，初步开发出了性能稳定、价格低廉、适用性强的高性能插秧机，并基本形成了从育秧到机插操作到大田管理等的一整套水稻机插及其高产栽培技术。与此同时，在农民对省工、增效、高产、稳产的稻作技术的需求下，机插水稻得到了快速发展，2001—2005 年，江苏省机插稻的推广呈跳跃式发展，平均年增加插秧机近 2 500 台，近占全国总量的1/3，机插水平平均每年上升1.5个百分点，是全国的5倍。2003年全省水稻机插秧面积3.79万hm^2，2004年达7.93万hm^2，2005年江苏机插稻面积已达15.00万hm^2，水稻种植机械化水平超过16%。2006年江苏省机插稻推广有了突破性的进展，新增插秧机12 000台，机插水平达到13.1%。水稻机插技术推广县（市）、乡镇和村组的覆盖率分别达到100%、65%和25%（李政，2007）。在国家粮食丰产科技工程水稻项目的推动下，机插稻试验示范遍布全省70多个县（市、区），涉及750多个乡镇、农场及2 800多个村组，全省水稻机械化插秧大面积试验示范取得成功（褚楚，2006）。在围绕水稻种植机械化的发展方向，开发适应农民现阶段购买能力的高性能插秧机械为重点的同时，江苏省初步探索出了符合市场经济规律的机插秧运行机制和组织形式，2012年江苏省机插稻面积达112.74万hm^2，江苏水稻机械化插秧的示范经验辐射全国10多个省区。2020年机插稻增长至122万hm^2后出现小幅下降，2022年则再次增长至123万hm^2。

4.1.3 手栽稻

手栽稻是较为传统的稻作方式，其高产、稳产的生产特性与其相配套的高产栽培理论和技术的发展密切相关。1992年，江苏省引进旱育稀植技术，并在东海、宿迁、丹阳、吴江等8县（市）正式布点试验示范；1993年，试点县扩展到30多个，个别县步入推广阶段，总面积达到1.47万hm^2。江苏省在引进示范过程中，不断进行消化、吸收、改进和创新，逐步形成了与其耕作制度和栽培技术水平相适应的水稻肥床旱育稀植高产高效实用稻作新技术。1994年应用面积迅速扩大，全省推广面积达到8.80万hm^2，1995年达到43.33万hm^2，1996年起全省开始大面积推广应用至今，为江苏水稻生产持续稳定发展发挥了重要作用。1982年江苏农学院凌启鸿教授等提出水稻叶龄模式，1983年江苏省推广应用面积就达到39.66万hm^2，比常规栽培每亩增产11.96%。1986年江苏农学院曹显祖教授提出了水稻品种的源库类型及栽培对策，该项技术在江苏省应用面积占全省水稻面积的70%左右，实现亩均增产9%左右（褚楚，2006）。1990年凌启鸿等专家学者率先将水稻高产群体质量栽培技术应用于生产，获得了良好的增产效果。1992年推广应用面积达10.8万hm^2，1994年应用面积达65.4万hm^2，占江苏省水稻面积的30.20%。1992—1995年，累计应用面积达200万hm^2，平均亩产546kg，比常规栽培法增产65.6kg。1998年应用面积达186万hm^2，实现江苏省水稻产量连续4年突破7 500kg/万hm^2，成为全国第一个大面积水稻亩产达千斤的省份。此后，凌启鸿等提出的水稻精确定量栽培模式（凌启鸿，2005），连续多年在百亩连片方上实现了亩产800kg的超高产新纪录（张洪程等，2010）。

长期以来，手栽稻是江苏省最为主要的稻作方式，随着江苏省社会经济的快速发展，农村劳动力大量向城市转移，稻作方式轻简化的发展趋势下，手栽稻种植面积大幅减少。2000 年手栽稻面积为 170.20 万 hm^2，占江苏省水稻种植面积的 80%左右，2003 年下降至 143.47 万 hm^2。2004 年手栽稻面积有所上升，但此后一直呈现减少趋势，2006 年手栽稻面积再度下降至 144.60 万 hm^2。2007 年起手栽稻面积降幅进一步加大，2008 年种植面积减少至 88.36 万 hm^2，与 2000 年相比下降了 48.08%。2009 年手栽稻的种植面积出现小幅回升后再次进入下降阶段，2012 年，江苏省手栽稻面积已下降至 64.13 万 hm^2，占水稻种植面积的 28.45%。截至 2022 年，手栽稻的面积已下降至 27.5 万 hm^2。

4.1.4　抛秧稻

江苏省水稻抛秧始于 20 世纪 60～70 年代，发展于 80 年代，成熟于 90 年代中期。1992 年江苏省采取边示范边推广的方法，全省抛秧稻种植面积达 1.33 万 hm^2。1994 年，抛秧被列为江苏省“粮、棉、油单产增一成”的重大技术措施之一开始在全省大面积推广应用，当年抛秧被江苏省省政府列入为民办的 25 件实事之一进行目标考核，推广面积达 8.47 万 hm^2。1995 年，抛秧栽培推广面积发展至 18.30 万 hm^2，1999 年抛秧稻种植面积创历史最高纪录，达 51.2 万 hm^2。2000 年抛秧稻随着水稻面积调减而相应萎缩，2001 年种植面积下降至 31.27 万 hm^2，2004 年下降至 24.00 万 hm^2，此后，除 2008 年（面积为 14.73 万 hm^2）以外，抛秧稻面积稳定在 20 万 hm^2左右。目前，抛秧稻应用地区集中于南通、泰州、盐城、扬州四市（褚楚，2006），2012 年江苏省抛秧稻面积为 20.50 万 hm^2。此后，抛秧稻的播种面积持续减少，截至 2022 年已下降至 2.5 万 hm^2。

4.2　分析框架与数据来源

4.2.1　研究思路

Kuznets（1930）首次提出技术变革可能服从一条 S 形曲线后，1961 年 Mansfield 创造性地将“传染原理”和 Logistic 生长曲线运用于扩散研究中，提出了著名的 S 形扩散数量模型，开创了对扩散问题的宏观、定量分析传统，S 形扩散模型也成为此后研究技术扩散学者继承和发展的对象。一般认为，依据扩散的速度将技术扩散过程划分为三个阶段（图 4-1），分别为技术扩散初始发展阶段、快速增长阶段以及稳定推进阶段，表现为农业技术扩散先缓慢增长，而后技术采用人数和技术采用的耕地面积呈指数增长，并迅猛向周围地区扩散，最后技术的扩散在一定水平上保持稳定。但需要指出的是，不同的技术形成S形扩散曲线的周期不同；特别是集中竞争性的技术，在新的具有替代性的技术进入后，在一定的时间范围内，原先的技术并不一定严格地按照“S形曲线”进行扩散，或保持原先的扩散趋势和水平。因此，技术在一个完整的扩散周期内会呈现出“S形曲线”的扩散特征，而在较短或更长的扩散时间内，技术的扩散可能会呈现出部分“S形曲线”、倒“S形曲线”或含“S形曲线”特征的复合型曲线。李普峰（2010）在研究1986—2008年陕西省苹果种植技术扩散特征时发现，陕西省苹果种植面积随时间呈现一个“驼峰曲线”，总体上呈现一个波动上升的过程，1986—1996年呈现一个“S形曲线”，1996年之后，开始缓慢下降，在2002年达到一个低谷后，2003年又开始稳步上升。张建忠（2007）对小麦良种在关中地区的S形扩散分析发现，小堰22在关中地区的扩散过程表现出明显的等级效应和近邻效应，种植条件较好、示范强度大以及种植规模大的地区扩散速度较快，反之扩散较慢，且以政府为主导的联合驱动机制是其空间扩散的主要推动力。本章借助S形曲线扩散原理，对江苏省不同稻作方式时间维的扩散特征进行了研究。

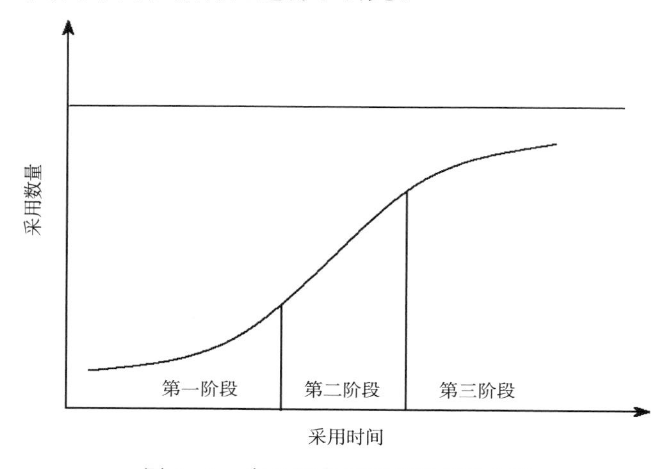

图4-1　农业技术创新S形扩散曲线

空间经济学（新经济地理学）主要通过对经济活动的空间分布规律的研究，解释空间集聚现象的原因，并对某一地区（或某一国家）的经济发展过程进行探讨。美国地理学家Tobler（1970）曾指出地理学第一定律：“任何东西与别的东西之间都是相关的，但近处的东西比远处的东西相关性更强。”空间自相关（spatial autocorrelation）是研究空间内某空间单元与其周围空间单元在某种特征值上的相互依赖性程度，以及这些空间单元在空间上的分布特性的方法。为了研究在二维或二维空间中分布的随机现象，Moran（1950）首先提出了度量空间自相关的方法。空间自相关分析方法通过定义空间权重矩阵，解决了区域之间的空间关系问题，为区域差异的定量分析提供了有力的支撑。目前，国内外已把空间自相关分析方法应用到物种分布（Carl et al.，2007；卞羽，2010）、人口变化（Ezoe et al.，2006；张昆等，2007）、植物学（吴春彭，2011）、区域经济（Rusinova，2007；Ertur，2006；谢海军，2008；潘竟虎等，2006；马晓冬等，2004）等方面。区域差异是区域经济发展过程中的一种普遍现象，技术的扩散过程同样存在基于内生的非均衡力量的区域差异性。本章试图利用空间自相关理论和方法对江苏省稻作方式的空间分布状态及其变化特征进行探讨。

4.2.2 数据来源

本研究中时间维部分将利用 2000—2012 年江苏省稻作方式的面积数据（表 4-1），选取相关模型对手栽稻、直播稻、机插稻、抛秧稻等 4 种主要稻作方式的时间维扩散进行分析；空间维部分主要利用 2008—2012 年江苏省市域稻作方式面积数据，选取相关模型对其空间扩散特征进行研究。相关数据来源于江苏省作物栽培技术指导站的统计资料①。

表 4-1　2000—2012 年江苏省稻作方式的发展情况

年份	手栽稻		直播稻		机插稻		抛秧稻	
	面积（万 hm^2）	比例（%）	面积（万 hm^2）	比例（%）	面积（万 hm^2）	比例（%）	面积（万 hm^2）	比例（%）
2000	170.20	77.25	3.13	1.42	0.33	0.15	46.67	21.18
2001	161.53	80.35	7.20	3.58	1.03	0.51	31.27	15.55
2002	159.07	80.26	8.93	4.51	2.40	1.21	27.80	14.03
2003	143.47	77.95	13.60	7.39	3.79	2.06	23.20	12.60
2004	159.27	75.39	20.06	9.50	7.93	3.75	24.00	11.36
2005	158.40	71.69	27.27	12.34	15.00	6.79	20.27	9.17
2006	144.60	64.71	33.47	14.98	24.07	10.77	21.33	9.54
2007	116.33	51.26	56.40	24.85	32.27	14.22	21.93	9.66
2008	88.36	43.62	64.96	32.07	34.51	17.04	14.73	7.27
2009	93.73	43.03	53.13	24.39	50.16	23.03	20.82	9.56
2010	79.95	37.97	41.42	19.67	69.82	33.16	19.37	9.20
2011	74.84	34.16	32.72	14.94	92.07	42.03	19.43	8.87
2012	64.13	28.54	27.30	12.15	112.74	50.18	20.50	9.12

* 原始数据来源于江苏省作栽站统计数据，下同。

① 关于数据的说明，2008 年江苏省开始控制直播稻并大力推广机插稻的发展，各地方上报数据有失真现象，但总体上能够反映出稻作方式的发展趋势。

4.3 不同稻作方式的时间维扩散特征

4.3.1 模型构建

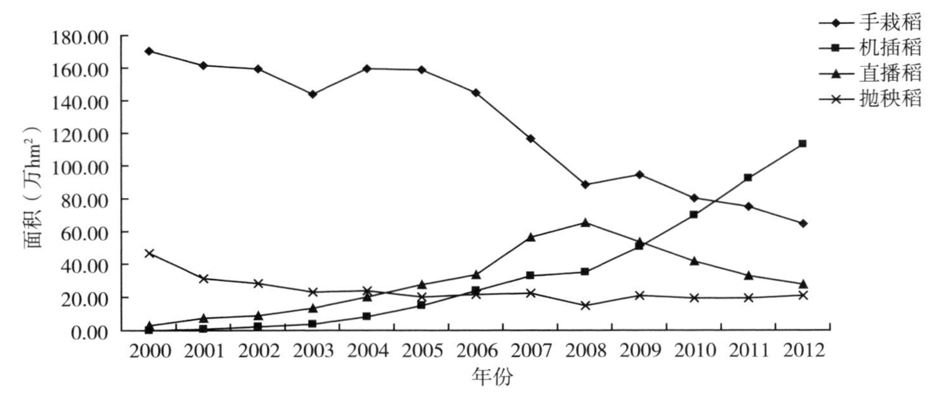

图 4-2 2000—2012 年江苏省不同稻作方式的面积

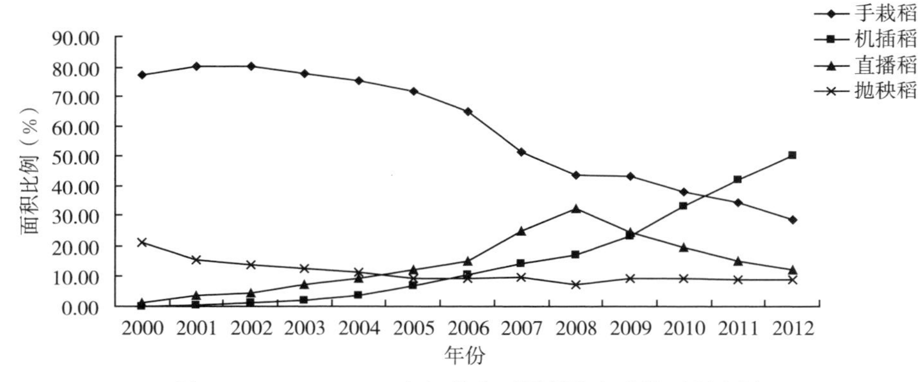

图 4-3 2000—2012 年江苏省不同稻作方式的面积比例

由图 4-2 和图 4-3 可见，2000—2012 年直播稻和机插稻的扩散曲线近似于S形曲线的特征，因此认为直播稻和机插稻的面积比例与推广年限之间的关系符合 S 形曲线的形式。借鉴 S 形曲线模型，以 y 为累计扩散面积，x 为扩散时间，则有：

$$y = \frac{1}{a + b\mathrm{e}^{-x}} \tag{4-1}$$

对其进行变形：

$$Y = F(t) = \frac{M}{1 + C\mathrm{e}^{-rt}} \tag{4-2}$$

公式4-2中，$F(t)$为在一定总体规模下，在时间t内稻作方式累计面积比例；M为$f(t)$的最大可能数，以水稻专家评估，结合稻作方式种植风险性原则，江苏地区水稻常年种植面积220万hm^2，机插稻最大可能种植比例约为65%，即$M_{机插稻}=65$。由图4-3可见，2000—2012年直播稻的发展已出现峰值，故M值将由模型模拟后给出。C、r为模型参数，其中C为基期的种植水平，在这里我们可以把它理解为扩散初始阶段的示范力度，r表示稻作方式扩散随时间调节的速度。根据该方程导出：

单位时间稻作方式新增加比例（扩散速率）：

$$Y=f(t)=\frac{rCM}{e^{rt}+2C+C^2e^{-rt}} \tag{4-3}$$

扩散速率达到最大的时间：

$$t_{\max}=\frac{\ln C}{r} \tag{4-4}$$

最大扩散速率：

$$Y=f(t)=\frac{rCM}{e^{rt_{\max}}+2C+C^2e^{-rt_{\max}}} \tag{4-5}$$

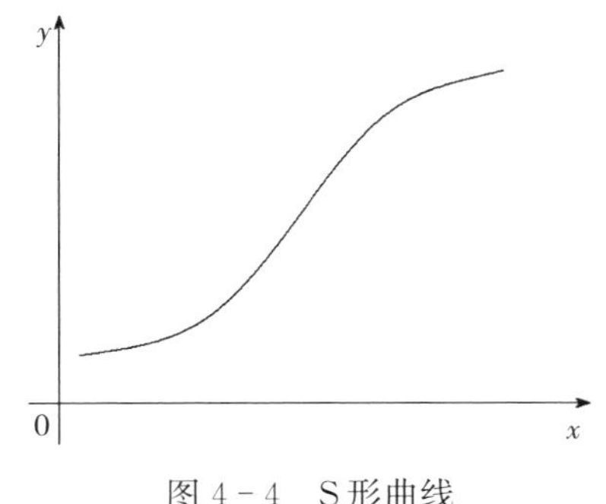

图4-4　S形曲线

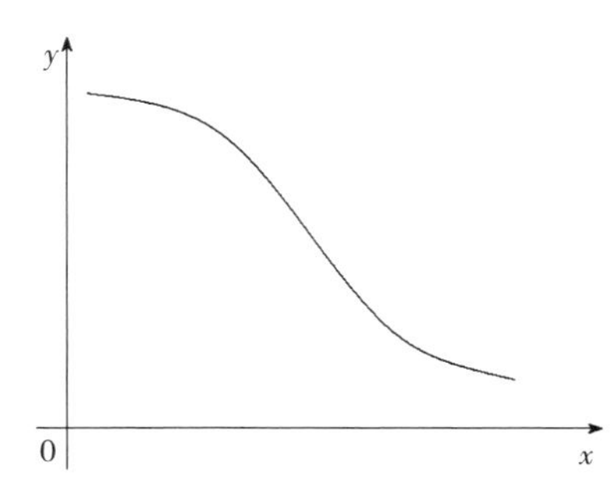

图4-5　倒S形曲线

由图4-2和图4-3可见，2000—2012年手栽稻和抛秧稻的扩散曲线近似于倒S形曲线的特征，倒S形曲线可由S形曲线进行变换得到（刘爱国等，1996），如图4-4和图4-5所示，因此，令$t=\frac{1}{x}(x>0)$，则有：

$$Y=F(x)=\frac{M}{1+Ce^{-\frac{r}{x}}} \tag{4-6}$$

公式4-6中，$F(x)$为在一定总体规模下，在时间x内稻作方式累计面积比例；M为$f(x)$的最大可能数，同样2000—2012年手栽稻和抛秧稻的发展已出现峰值，故M值将由模型模拟后给出。根据公式4-6导出：

单位时间稻作方式递减比例：

$$Y = f(x) = \frac{rCMx^{-2}}{e^{\frac{r}{x}} + 2C + C^2 e^{-\frac{r}{x}}} \tag{4-7}$$

最大递减速率：

$$Y = f(x) = \frac{rCMx^{-2}}{e^{\frac{r}{x_{\max}}} + 2C + C^2 e^{-\frac{r}{x_{\max}}}} \tag{4-8}$$

对曲线方程进行线性化处理，并令 $Y' = \ln\left(\frac{M-Y}{Y}\right)$ ，$C' = \ln C$ ，则公式 4-2，公式 4-6 变为：

$$Y'_{S} = -rt + C' \tag{4-9}$$

$$Y'_{倒S} = -\frac{r}{x} + C''(x > 0) \tag{4-10}$$

4.3.2 结果分析

4.3.2.1 不同稻作方式扩散模型的估计结果

利用 SPSS 16.0 软件，根据表 4-1 中的数据，对直播稻和机插稻进行 S 形曲线模型回归，对手栽稻和抛秧稻进行倒 S 形曲线模型回归，为了便于数据处理，采用 1，2，3……代替扩散年份，即 1 为 2000 年，2 为 2001 年，3 为 2002 年，等等，得到 2000—2012 年江苏省不同稻作方式扩散模型的估计结果。

（1）机插稻扩散模型的估计结果

表 4-2 机插稻扩散模型的拟合及参数估计

模型拟合	参数估计			
R^2	M	C	C'	r
0.993	65.000	208.302	5.339	0.492

机插稻的扩散曲线符合 S 形曲线的特征，Logistic 模型回归分析结果如表 4-2 所示：

由表 4-2 可见，模型的 R^2 值达到了 0.993，模型拟合效果非常好，因此根据表 4-2 中的参数对模型进行估计，则有：

$$Y'_{机插稻} = -0.492t + 5.339 \tag{4-11}$$

因此，机插稻面积随时间变化的趋势为：

$$Y'_{机插稻} = F(t) = \frac{65.000}{1 + e^{-0.492t + 5.339}} \tag{4-12}$$

扩散速率、达到最大扩散速率的时间及最大速率分别为：

$$y_{机插稻} = f(t) = \frac{6\,661.498}{e^{0.492t} + 416.604 + 43\,389.723e^{-0.492t}} \tag{4-13}$$

$$t_{(机插稻)\max}=\frac{5.339}{0.492}=10.9(年) \quad (4-14)$$

$$y_{(机插稻)\max}=\frac{6\,661.498}{e^{0.492t_{\max}}+416.604+43\,389.723e^{-0.492t_{\max}}}=7.98\ (\%/年) \quad (4-15)$$

由于 t 值取整的缘故，机插稻实际在第 11 年，即 2010 年达到最大扩散速率，为 7.98%。

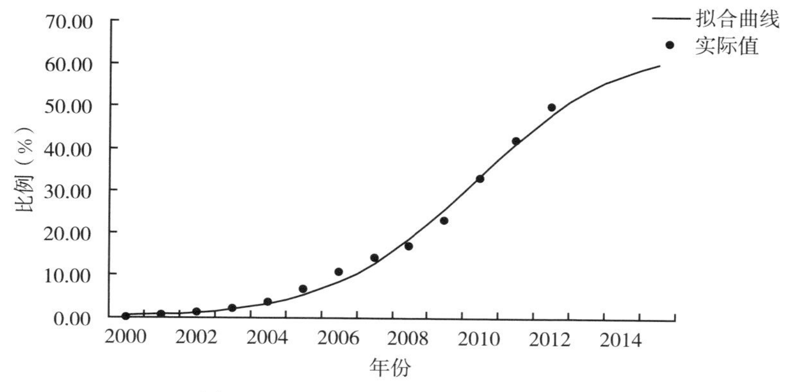

图 4－6　机插稻扩散模型的拟合情况

由机插稻的拟合情况（图 4－6）可见，2000—2012 年机插稻的扩散经历了初始发展阶段，并进入了快速增长阶段。进入 21 世纪，在农民对省工、增效、高产、稳产稻作技术的需求下，机插稻进入初始发展阶段，2001—2005 年，机插水平平均每年上升 1.5 个百分点，2005 年江苏省机插稻面积已达 15.00 万 hm^2，2006 年江苏省机插稻推广有了突破性的进展，水稻机插水平达到 13.1%。2008 年为控制直播稻的发展，江苏省进一步加大对机插稻的推广力度，由此机插稻进入快速发展阶段，并于 2010 年达到最大扩散速率。2012 年，江苏省机插稻面积达 112.74 万 hm^2，机插比例高达 50.18%。由图 4－6 可见，在现有发展环境不变的情况下，未来几年内机插稻的发展将逐渐步入稳定推进阶段。

（2）手栽稻扩散模型的估计结果

手栽稻的扩散曲线符合倒 S 形曲线的特征，模型回归分析结果如表 4－3 所示：

表 4－3　手栽稻扩散模型的拟合及参数估计

模型拟合	参数估计			
R^2	M	C	C'	r
0.989	79.597	14.462	2.672	27.600

由表 4－3 可见，模型的 R^2 值达到了 0.989，模型拟合效果较好，因此根

据表 4－3 中的参数对模型进行估计，则有：

$$Y''_{手栽稻}=-\frac{27.600}{x}+2.672 \tag{4-16}$$

因此，手栽稻面积随时间变化的趋势为：

$$Y''_{手栽稻}=F(x)=\frac{79.597}{1+e^{-\frac{27.600}{x}+2.672}} \tag{4-17}$$

递减速率、达到最大递减速率的时间及最大递减速率分别为：

$$y_{手栽稻}=f(x)=\frac{31\,771.238x^{-2}}{e^{\frac{27.600}{x}}+28.924+209.149e^{-\frac{27.600}{x}}} \tag{4-18}$$

$$x_{(手栽稻)\ max}=7.2(年) \tag{4-19}$$

$$y_{(手栽稻)\ max}=\frac{31\,771.238x^{-2}}{e^{\frac{27.600}{x_{max}}}+28.924+209.149e^{-\frac{27.600}{x_{max}}}}=7.67\ (\%/年) \tag{4-20}$$

由于 t 值取整的缘故，手栽稻实际在第 7 年，即 2006 年达到最大递减速率，为 7.67％。

由手栽稻的拟合情况（图 4－7）可见，2000—2012 年手栽稻的扩散经历了初始缓慢递减阶段和快速递减阶段，并开始进入稳定扩散阶段。21 世纪初，在农村劳动力向外转移的背景下，以及农民对省工、高效的稻作技术的需求下，手栽稻受其费工费时特点的影响，开始进入初始缓慢递减阶段。2004 后，农民对轻简稻作方式的需求进一步加大，直播稻、机插稻等轻简稻作方式得到迅速发展，手栽稻在这一背景下进入快速递减阶段，并于 2006 年达到最大递减速率。截止到 2012 年手栽稻的面积已下降至 64.13 万 hm^2。由图 4－7 可见，在现有发展环境不变的情况下，未来几年内手栽稻的发展将步入递减后的稳定扩散阶段。

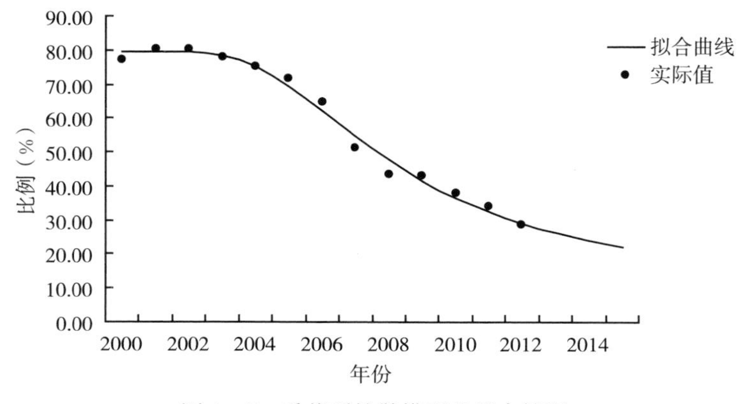

图 4－7　手栽稻扩散模型的拟合情况

（3）抛秧稻扩散模型的估计结果

抛秧稻的扩散曲线符合倒 S 形曲线的特征，模型回归分析结果如表 4－4 所示：

表 4－4　抛秧稻扩散模型的拟合及参数估计

模型拟合	参数估计			
R^2	M	C	C'	r
0.956	22.599	2.121	0.752	3.377

由表 4－4 可见，模型的 R^2 值达到了 0.953，模型拟合效果较好，因此根据表 4－4 中的参数对模型进行估计，则有：

$$Y''_{抛秧稻}=-\frac{3.377}{x}+0.752 \tag{4-21}$$

因此，抛秧稻面积随时间变化的趋势为：

$$Y''_{抛秧稻}=F(x)=\frac{22.599}{1+e^{-\frac{3.377}{x}+0.752}} \tag{4-22}$$

递减速率、达到最大递减速率的时间及最大递减速率分别为：

$$y_{抛秧稻}=f(x)=\frac{161.868x^{-2}}{e^{\frac{3.377}{x}}+4.242+4.499e^{-\frac{3.377}{x}}} \tag{4-23}$$

$$x_{(抛秧稻)\max}=1.3(年) \tag{4-24}$$

$$y_{(抛秧稻)\max}=\frac{161.868X^{-2}}{e^{\frac{3.377}{x_{\max}}}+4.242+4.499e^{-\frac{3.377}{x_{\max}}}}=4.81\ (\%/年) \tag{4-25}$$

同样由于 t 值取整的缘故，抛秧稻实际在第 1 年，即 2000 年达到扩散的最大递减速率，为 4.81%。

由抛秧稻的拟合情况（图 4－8）可见，2000—2012 年抛秧稻的扩散没有缓慢递减这一阶段，这主要是由于缺少前期数据，因此，这一时期抛秧稻扩散直接进入了快速递减阶段，并于 2005 年前后进入扩散的稳定推进阶段，扩散比例维持在 9%左右。由图 4－8 可见，在现有发展环境不变的情况下，未来几年内抛秧稻的发展仍将处于递减后的稳定扩散阶段。

（4）直播稻扩散模型的估计结果

直播稻的扩散曲线近似于 S 形曲线特征，经 Logistic 模型模拟，直播稻的整体拟合效果不理想，R^2 仅为 0.586。在借鉴前人研究的基础上（李普峰，2010），对直播稻的发展阶段进行分解分析，由图 4－3 可见，2000—

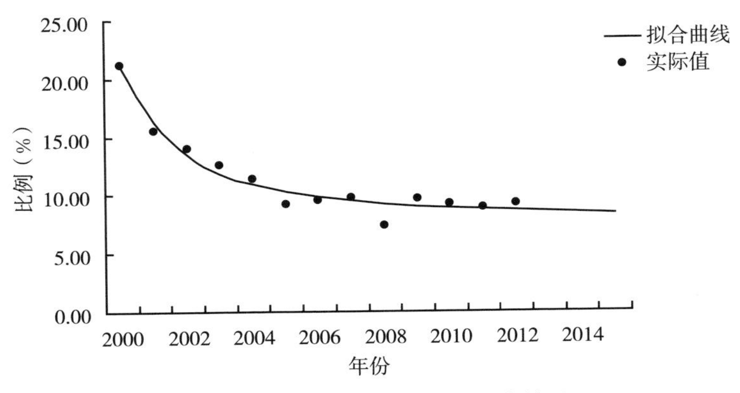

图 4－8　抛秧稻扩散模型的拟合情况

2008 年，直播稻的发展呈现了 S 形曲线的扩散特征；2008—2012 年，直播稻的发展又呈现了倒 S 形曲线的特征，因此将直播稻的发展分成两个阶段进行研究。需要说明的是，此时对直播稻扩散曲线的研究其目的并不在于对扩散曲线进行精确的模拟，而是结合其他稻作方式的发展对直播稻的扩散特征进行研究。

2000—2008 年直播稻扩散曲线回归分析结果如表 4－5 所示：

表 4－5　直播稻扩散模型的拟合及参数估计

模型拟合	参数估计			
R^2	M	C	C'	r
0.977	50.000	53.562	3.981	0.490

由表 4－5 可见，模型的 R^2 值达到了 0.977，模型拟合效果较好，因此根据表 4－5 中的参数对模型进行估计，则有：

$$Y'_{直播稻} = -0.490t + 3.981 \tag{4-26}$$

因此，直播稻面积随时间变化的趋势为：

$$Y'_{直播稻} = F(t) = \frac{50.000}{1 + e^{-0.490t+3.981}} \tag{4-27}$$

扩散速率、达到最大扩散速率的时间及最大速率分别为：

$$y_{直播稻} = f(t) = \frac{1\ 312.269}{e^{0.490t} + 107.124 + 2\ 868.888e^{-0.490t}} \tag{4-28}$$

$$t_{(直播稻)\max} = \frac{3.981}{0.490} = 8.1(年) \tag{4-29}$$

$$y_{(直播稻)\max} = \frac{1\ 312.269}{e^{0.540t_{\max}} + 107.124 + 2\ 868.888e^{-0.540t_{\max}}} = 6.12\ (\%/年) \tag{4-30}$$

由于 t 值取整的缘故，直播稻实际在第 8 年，即 2007 年达到最大扩散速率，为 6.12%。

2008—2012 年直播稻扩散曲线回归分析结果如表 4-6 所示：

表 4-6　直播稻扩散模型的拟合及参数估计

模型拟合	参数估计			
R^2	M	C	C'	r
0.992	32.511	4.683	1.544	5.518

由表 4-6 可见，模型的 R^2 值达到了 0.992，模型拟合效果较好，因此根据表 4-6 中的参数对模型进行估计，则有：

$$Y'_{直播稻} = -\frac{5.518}{x} + 1.544 \tag{4-31}$$

因此，直播稻面积随时间变化的趋势为：

$$Y'_{直播稻} = F(x) = \frac{32.511}{1 + e^{-\frac{5.518}{x} + 1.544}} \tag{4-32}$$

递减速率、达到最大递减速率的时间及最大速率分别为：

$$y_{直播稻} = f(t) = \frac{840.110x^{-2}}{e^{\frac{5.518}{x}} + 9.366 + 21.930e^{-\frac{5.518}{x}}} \tag{4-33}$$

$$t_{(直播稻)\max} = 1.8(年) \tag{4-34}$$

$$y_{(直播稻)\max} = \frac{840.110x^{-2}}{e^{\frac{5.518}{x}} + 9.366 + 21.930e^{-\frac{5.518}{x}}} = 7.94(\%/年) \tag{4-35}$$

由于 t 值取整的缘故，直播稻实际在第 2 年，即 2009 年达到最大递减速率，为 7.94%。

由直播稻的拟合情况（图 4-9）可见，2000—2008 年，在农民对轻简稻作方式的自发选择下，直播稻的扩散经历了初始发展阶段和快速增长阶段，并于 2007 年达到最大扩散速率。由于直播稻受气候条件影响较大，存在产量潜力小、生产风险大以及生态不友好等缺点，大面积生产会给水稻的安全生产带来隐患，2008 年开始，在江苏省农业部门的干预下，直播稻的发展快速下降，并于 2009 年达到最大递减速率。2012 年，直播稻的面积已下降至 27.30 万 hm^2。由图 4-9 可见，在现有发展环境不变的情况下，未来几年内直播稻的发展将步入递减后的稳定扩散阶段。

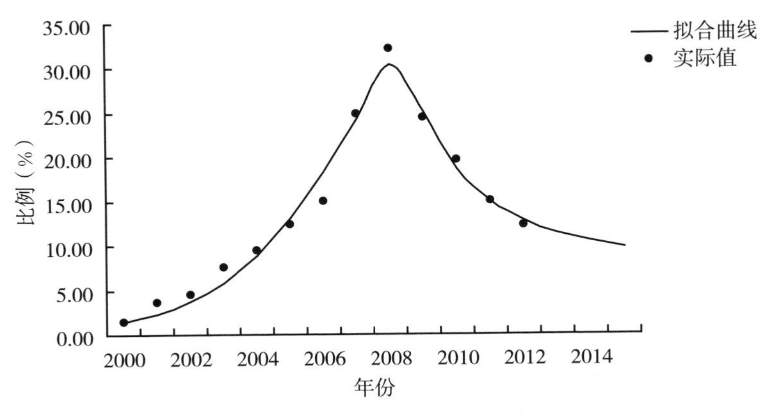

图 4－9　直播稻扩散模型的拟合情况

4.3.2.2　稻作方式的时间维扩散特征分析

稻作方式的扩散速率　由图 4－10 可见，2000—2015 年稻作方式的扩散大致分为两个阶段，第一阶段是 2000—2008 年直播稻（增）替代手栽稻扩散阶段，直播稻的扩散速率与手栽稻的递减速率总体以 X 轴为对称轴对称，直播稻的扩散速率峰值（6.12%）出现在 2007 年，手栽稻的递减峰值（7.67%）出现在 2006 年。进入新世纪后，在农村劳动力向外转移的背景下，农民对轻简稻作方式的需求不断加大，手栽稻虽然高产，但受其费工、费时特点的影响，农民逐渐放弃了对其的采用。手栽稻退出的同时，直播稻、机插稻等轻简稻作方式得到发展，其中直播稻在较强的省工省时优势下得到农民的自发采用，发展速度异常迅速。第二阶段是 2008—2015 年机插稻替代直播稻（减）扩散阶段，机插稻的扩散速率与直播稻的递减速率总体以 X 轴为对称轴对称，

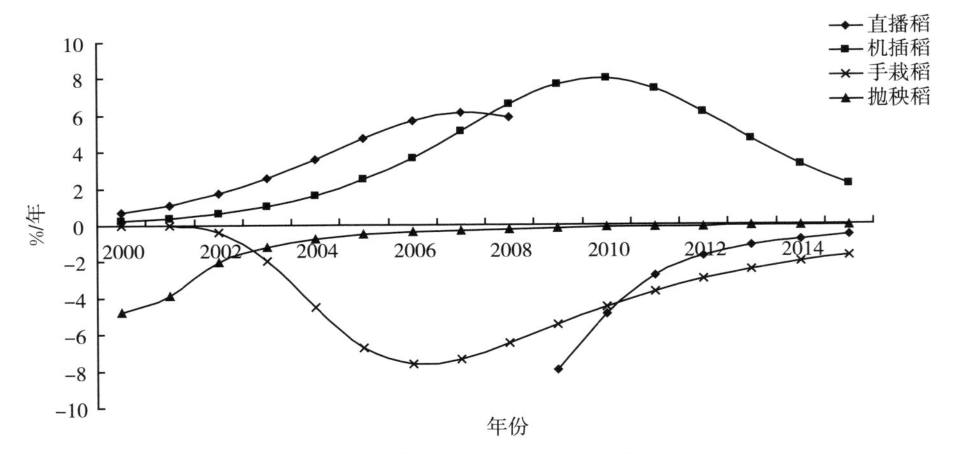

图 4－10　江苏省不同稻作方式的扩散速率

机插稻的扩散速率峰值（7.98%）出现在2010年，直播稻的递减峰值（7.94%）出现在2009年。由于直播稻具有不易高产和稳产等缺点，其大面积发展会给水稻的安全生产带来隐患，为此，2008年前后，江苏省各级农业部门开始重点控制直播稻的发展，采取了包括通过大力发展机插稻等先进轻简稻作方式的措施来控制直播稻的扩散，在各级政府和相关部门的共同努力下，这一阶段机插稻得到快速发展，直播稻得到一定的控制。

4.4 不同稻作方式的空间维扩散特征

4.4.1 模型构建

空间自相关分析分为全局空间自相关（global spatial autocorrelation）和局部空间自相关（local spatial autocorrelation）两种分析类型。全局空间自相关分析是用来分析在整个研究范围内指定的属性是否具有自相关性，局部空间自相关分析是用来分析在特定的局部地区指定的属性是否具有自相关性。以空间邻近位置属性的相似性为依据，空间格局与空间自相关性具有对应关系，空间格局的集聚、离散和随机三种类型分别对应于空间自相关的正值、负值和零值（刘仲刚等，2006）。当属性值与位置无关时，空间自相关为零；当位置相似的观测单元的属性倾向于相似时，存在正的空间自相关；当空间上紧密相连的观测单元的属性比更远的属性倾向于更加不相似时，存在负的空间自相关（Goodchild，1986）。

空间自相关指数是测度空间自相关程度的统计量，常用的度量全局空间自相关程度的指标是全局空间自相关指数（Global Moran's I指数），最常用的度量局部空间自相关程度的指标为LISA（local indicators of spatial association），LISA是一组指标，其中最常用的是Local Moran's I：

（1）全局Moran's I指数 检验空间相关性存在与否，实际应用研究中常常使用空间自相关指数Moran's I（柏延臣等，1999），其计算公式如下所示：

$$\text{Global Moran's I}=\frac{1}{\sum_{i=1}^{n}\sum_{j=1}^{n}w_{ij}}\times\frac{\sum_{i=1}^{n}\sum_{j=1}^{n}w_{ij}\ (x_i-\bar{x})\ (x_j-\bar{x})}{\frac{1}{n}\sum_{i=1}^{n}(x_i-\bar{x})^2} \tag{4-36}$$

公式4-36中，$\boldsymbol{W}_{ij}$是二元空间权重矩阵$\boldsymbol{W}$的元素，可以基于邻接标准或距离标准构建，反映空间目标的位置相似性；X_i与X_j表示地区i与j的属性值；$\bar{x}$为n个地区属性值的平均值；C_{ij}反应地区i与j的属性相似性，由（x_i—

$\bar{x})(x_j - \bar{x})$ 给出；n 为地区总数。

Moran's I 反映的是空间邻接或空间邻近的区域单元的属性值的相似程度。确定了位置邻近关系 W_{ij} 和属性相似性 C_{ij} 就可以计算出全局 Moran's I。其中分母中的方差项不能为零。只有当 $(x_i - \bar{x})(x_j - \bar{x})$ 等于零时，Moran's I 才等于零。为了获得 $W_{ij}C_{ij}$ 矩阵，只要注意与其相对应的 W_{ij} 值为 I 的 C_{ij} 值。必须注意的是，W_{ij} 矩阵中的每一行为原始数据矩阵中的每一个单元提供了所有的邻近信息，因此对于 $W_{ij}C_{ij}$ 值，只要关心那些与其 $W_{ij}=I$ 相对应的 C_{ij} 。与相关系数一样，Moran's I 的取值范围为［−1，+1］（Cliff et al.，1981），+1 表明随机现象之间存在强烈的正的空间自相关，0 意味着一个随机模式，随机现象的属性值在空间上是随机地、独立地排列，−1 则表明存在强烈的负的空间自相关（Getis et al.，1992）。

（2）局部 Moran's I 指数 用来揭示空间研究对象与其邻近的空间研究对象的属性特征值之间的相似性或相关性，区分空间集聚和空间离散，探测空间异质等（孟斌等，2005）。作为局部 LISA 的一个特例（Anselin，1995），观测单元 i 的局部 Moran 统计定义形式如下：

$$I_i = z_i \sum_{j=1}^{n} w_{ij} z_j \tag{4-37}$$

公式 4－37 中：z_i 和 z_j 是观测值与均值的偏差，即 $z_i = (x_i - \bar{x})$ ，$z_j = (x_j - \bar{x})$ ，w_{ij} 为空间权值矩阵，因此 I_i 是 z_i 与观测单元 i 的周围观测单元 j 的观测值加权平均的乘积。那么局部 Moran 之和为：

$$\sum_{i=1}^{n} I_i = \sum_{i=1}^{n} z_i \sum_{j=1}^{n} w_{ij} z_j \tag{4-38}$$

而 Moran's I 是

$$I = \frac{1}{\sum_{i=1}^{n}\sum_{j=1}^{n} w_{ij}} \times \frac{\sum_{i=1}^{n}\sum_{j=1}^{n} w_{ij} z_i z_j}{\sum_{i=1}^{n} z_i^2 / n} = (n/S) \times (\sum_{i=1}^{n} I_i / \sum_{i=1}^{n} z_i^2) = \sum_{i=1}^{n} I_i / (S/m) \tag{4-39}$$

公式 4－39 中：$S = \sum_{i=1}^{n}\sum_{j=1}^{n} w_{ij}$ ，$m = \sum_{i=1}^{n} z_i^2 / n$ ，因此，局部 Moran 之和与全局 Moran 的比例因子 γ 表示为：$\gamma = Sm$ 。比例因子 γ 表示全局和局部统计之间的关系，可以理解作为一个局部不平稳性指标的局部 Moran 的解释。因此根据 two-Sigma 原则，可以确定极端的贡献。必须注意的是，这种极端概念并不意味着相应的 I_i 是显著的，仅表示观测单元 i 在全局统计的确定中的重要性。

4.4.2　结果分析

以2008—2012年江苏省市域水稻种植面积为基础数据，共得到13个空间单元，空间单元分布见图4-11。利用上述空间分析方法及江苏省市域稻作方式的面积，通过GeoDa 0.9.5-i软件计算出2008—2012年江苏省不同稻作方式面积的Global Moran's I值；选取2008年、2012年，利用GeoDa 0.9.5-i软件，计算出江苏省市域稻作方式面积的LISA值，并根据计算结果对江苏省稻作方式扩散的空间特征进行分析。

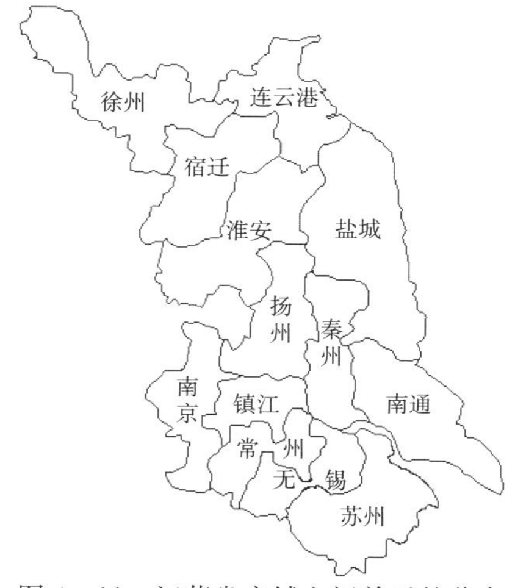

图4-11　江苏省市域空间单元的分布

4.4.2.1　江苏省市域单元稻作方式的全局自相关分析

（1）机插稻　由表4-7可见，2008—2012年，机插稻Global Moran's I指数有较大的变化，2008年和2009年机插稻Global Moran's I指数大于零，但不显著，说明2008年和2009年江苏省市域机插稻在空间扩散上存在集聚现象，但还没有产生明显的集聚效果；2010年机插稻Global Moran's I变为负数，但同样不显著；2011年和2012年Global Moran's I指数分别在10%和5%的水平下显著大于零，说明2011年后，江苏省市域间机插稻的发展并不是相互独立的，出现了明显的空间集聚现象。

表4-7　江苏省市域机插稻面积的Moran's I指数

年份	Moran's I指数	显著性水平
2008	0.106 0	
2009	0.118 7	
2010	−0.034 3	
2011	0.176 9	*
2012	0.264 6	**

注：*、**、***分别表示10%、5%、1%的显著性水平。下同。

（2）抛秧稻　由表4-8可见，2008—2012年，除2009年外，抛秧稻Global Moran's I指数在5%的水平下显著大于零，2009年则在10%的水平下显著大于零，说明江苏省市域抛秧稻的扩散存在较强的空间依赖性，抛秧稻扩散的空间集聚现象较为明显，并且各个区域抛秧稻的面积变化不是相互独立的。某个市域的抛秧稻扩散面积的变化不仅影响了本地区的抛秧稻布局，也会因为抛秧稻扩散产生的空间溢出效应影响到相邻的地区（市）抛秧稻的扩散。

表 4-8　江苏省市域抛秧稻面积的 Moran's I 指数

年份	Moran's I 指数	显著性水平
2008	0.284 1	**
2009	0.155 6	*
2010	0.324 7	**
2011	0.319 7	**
2012	0.288 9	**

（3）直播稻　由表 4-9 可见，2008—2012 年，直播稻 Global Moran's I 指数均为正值，说明 2008—2012 年江苏省市域直播稻在空间扩散上存在集聚现象，但从 2010 年开始集聚效果变的不明显；2008 年和 2009 年直播稻 Global Moran's I 指数分别在 5%和 10%的水平下显著大于零，说明 2008 年和 2009 年，江苏省市域间直播稻的发展并不是相互独立的，存在明显的空间集聚现象。

表 4-9　江苏省市域直播稻面积的 Moran's I 指数

年份	Moran's I 指数	显著性水平
2008	0.272 9	**
2009	0.197 3	*
2010	0.221 5	
2011	0.092 6	
2012	0.130 2	

（4）手栽稻　由表 4-10 可见，2008—2012 年，手栽稻的 Global Moran's I 指数在 1%的水平下极显著大于零，说明江苏省市域手栽稻的扩散存在较强的空间依赖性，手栽稻扩散的空间集聚现象极为明显，各个区域手栽稻的面积变化不是相互独立的。某个地区（市）手栽稻扩散面积的变化不仅影响本地区的手栽稻布局，也会因为手栽稻发展产生的空间溢出效应影响到相邻的地区（市）手栽稻的发展。但总体而言，2008—2012 年手栽稻 Global Moran's I 指

数有减小的趋势，说明在空间上的相关程度在变弱。

表4-10　江苏省市域手栽稻面积的 Moran's I 指数

年份	Moran's I 指数	显著性水平
2008	0.525 2	***
2009	0.720 5	***
2010	0.572 6	***
2011	0.485 8	***
2012	0.469 3	***

4.4.2.2　江苏省市域单元稻作方式的局部空间自相关分析

前文通过 Global Moran's I 指数分析了 2008—2012 年江苏省稻作方式市域空间相关性的整体特征，但是 Global Moran's I 指数不能对局部区域的空间特征进行分析（宋洁华等，2006），且如果部分市域的某一稻作方式发展存在正相关性而另一部分存在负的相关性，二者相互抵消后，Global Moran's I 指数可能显示没有空间相关性（潘竟虎等，2008）。为此，下面运用 Local Moran's I 指数散点图和 LISA 集聚图进一步阐释江苏省市域稻作方式扩散的区域空间相关性。

Local Moran's I 指数散点图由四个象限组成，落入右上（第一）象限（HH）或左下（第三）象限（LL）的观察值分别表示某地与其相邻地区的稻作方式扩散皆有较高（低）程度的集聚效应，因而相邻地区稻作方式的发展逐步趋向于一致。位于右下（第四）象限（HL）和左上（第二）象限（LH）的观察值分别表明稻作方式扩散较快（慢）的地区，其周边地区的稻作方式的发展却较慢（快），因而相邻地区的稻作方式发展存在不同程度的差异。

（1）机插稻　图 4-12 为 2008 年和 2012 年江苏省 13 市的机插稻发展的地理格局。左图（2008 年）中有 4 个市落入 HH 象限（第一象限），落入 LL 象限（第三象限）的有 3 个市，说明江苏省机插稻的扩散存在不同程度的空间集聚现象，集聚程度高的市与集聚较低的市数量相当。落入到 HH 和 LL 象限的点较为散落，说明机插稻扩散存在集聚现象的地区间差别较大，也就是说存在“异军突起”的现象，机插稻的扩散是在不同地区有区别地向前推进。另外，分别有 3 个市落入 LH 象限（第二象限）和 HL 象限（第四象限），说明在这些市中，稻作方式的扩散差距还是很明显的。对比左图，右图（2012 年）中落入 HH 和 LL 象限市的数量增加，分别达到 5 个和 4 个，而落入 LH 和

HL 象限市的数量减少，说明随着时间的推移，江苏省各市间的空间集聚现象加大，各市间的扩散差距不断缩小。

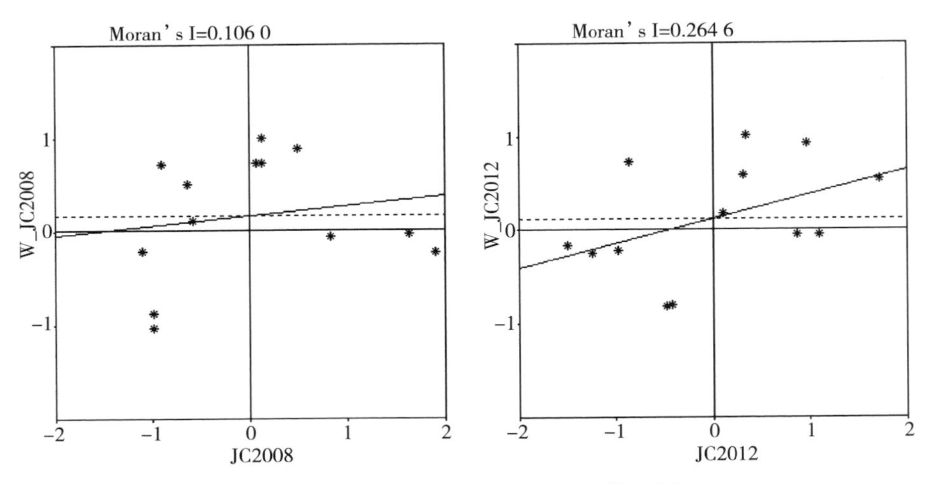

图 4-12　江苏省市域机插稻面积散点图

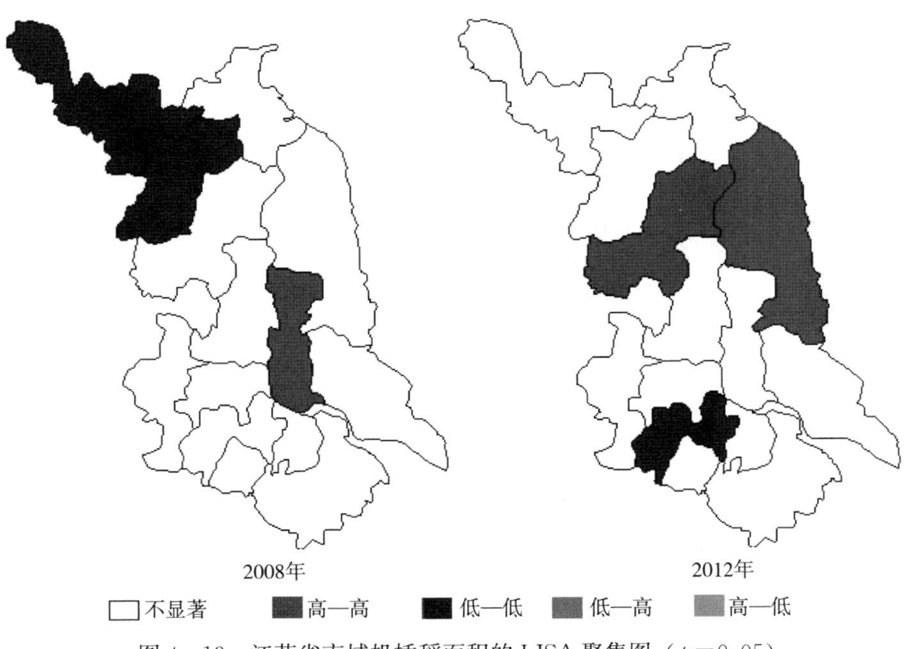

图 4-13　江苏省市域机插稻面积的 LISA 聚集图（p=0.05）

由图 4－13 可见，在显著性水平 $p=0.05$ 的水平下，2008 年（左图）江苏省机插稻 LISA 集聚图中位于 HH 象限（第一象限）的为泰州市，位于 LL 象限（第三象限）的为徐州和宿迁两市，说明泰州市机插稻的扩散与周围地区机插稻的扩散具有明显的空间集聚效果，徐州和宿迁两地机插稻的扩散与周围地区空间集聚程度较低；2012 年（右图）LISA 集聚图中位于 HH（第一象限）的有淮安市、盐城市，位于 LL（第三象限）的为常州市。其余市域的集聚效果未达到显著水平。

（2）抛秧稻　由图 4－14 左图可见，2008 年江苏省 13 市的抛秧稻地理格局中，有 3 个市落入 HH 象限（第一象限），落入 LL 象限（第三象限）的有 5 个市，说明江苏省抛秧稻的扩散存在不同程度空间集聚现象，但集聚程度较低的市比例较大。落入到 HH 象限的点较为散落，说明地区间抛秧稻扩散的差别较大，抛秧稻是在不同地区有区别地向前推进。另外，分别有 3 个和 1 个市落入 LH 象限（第二象限）和 HL 象限（第四象限），说明在这些市域中，稻作方式的发展差距还是很明显的。右图（2012 年）格局与左图差异不大，HH 象限分布相对较为分散。

由图 4－15 可见，在显著性水平 $p=0.05$ 的水平下，2008 年（左图）和 2012 年（右图）LISA 集聚图中只有盐城和南通两地位于 HH 象限（第一象限），说明盐城和南通两市与其周围地区具有显著的空间集聚现象，其余市域的集聚效果均未达到显著水平。

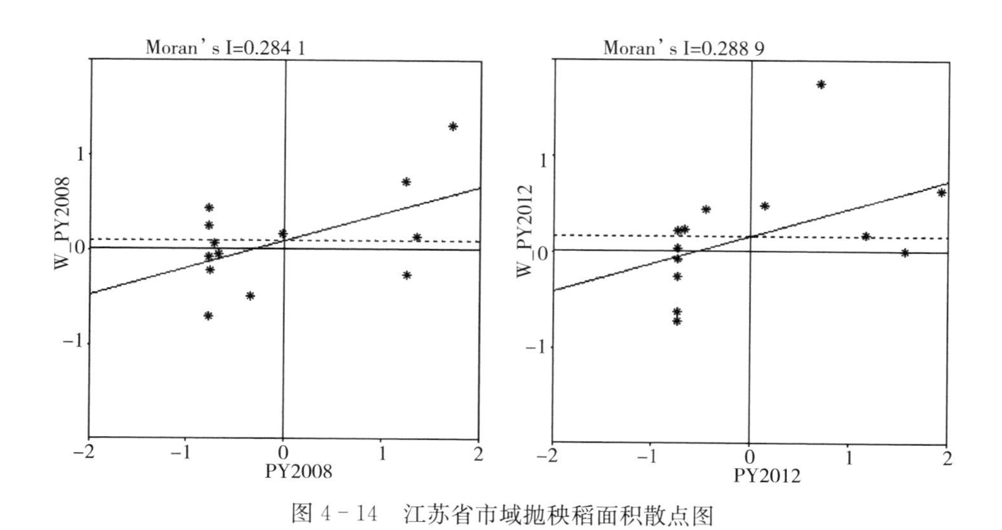

图 4－14　江苏省市域抛秧稻面积散点图

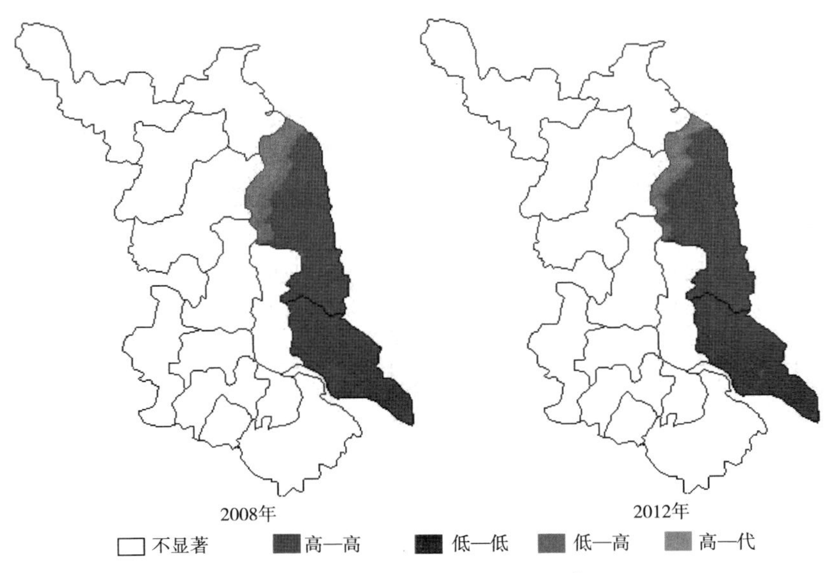

图 4-15　江苏省市域抛秧稻面积的 LISA 聚集图（$p=0.05$）

（3）直播稻　由图 4-16 可见，左图中落入 HH 象限（第一象限）的有 5 个市，落入 LL 象限（第三象限）的有 4 个市，说明 2008 年江苏省直播稻的扩散存在不同程度的空间集聚现象，集聚程度高的市多于集聚较低的市。落入到 HH 和 LL 象限的点较为散落，说明直播稻的发展地区差别较大。另外，有 4 个市落入 LH 象限（第二象限），说明在这些市中，稻作方式的扩散差距还是很明显的。对比左图，右图（2012 年）中各市的分布由较为分散向相对集中转变，说明直播稻的发展在不同地区逐渐趋于一致。

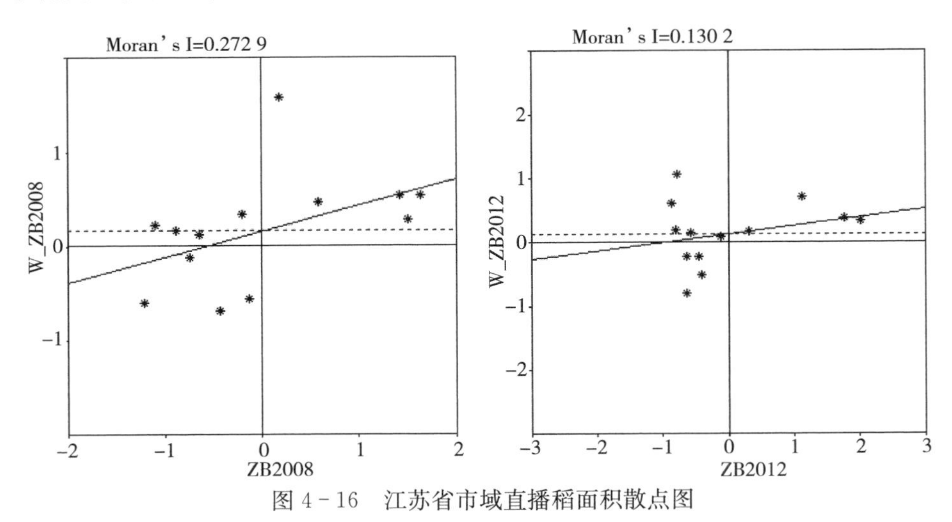

图 4-16　江苏省市域直播稻面积散点图

由图 4－17 可见，在显著性水平 $p=0.05$ 的水平下，2008 年（左图）直播稻 LISA 集聚图中位于 HH 象限（第一象限）的扬州、盐城和南通 3 市达到了显著水平，说明这 3 市的直播稻发展具有明显的集聚现象；2012 年（右图）LISA 集聚图中位于 HH（第一象限）的为扬州市，位于 LL（第三象限）的为徐州市，且均达到了显著水平。其余市域的集聚效果未达到显著水平。

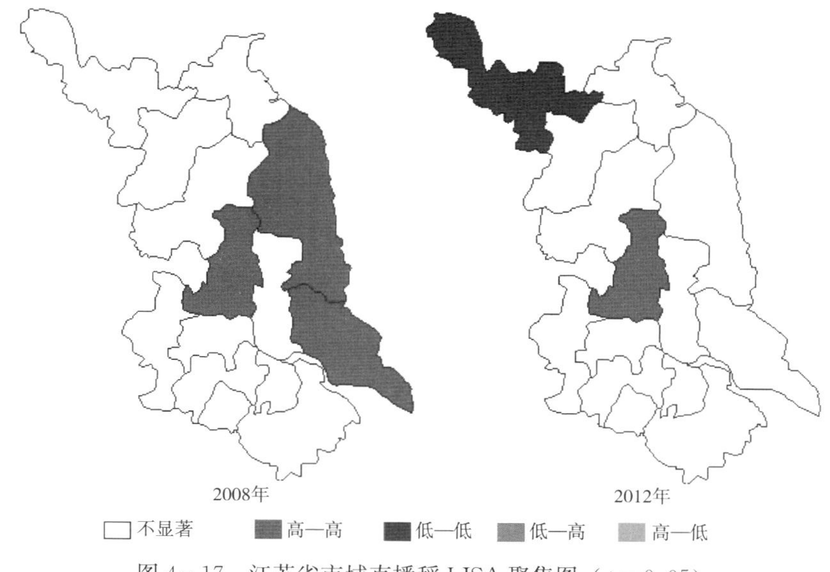

图 4－17　江苏省市域直播稻 LISA 聚集图（$p=0.05$）

（4）手栽稻　图 4－18 为 2008 和 2012 年江苏省 13 市的手栽稻发展的地理格局。左图（2008 年）中有 5 个市落入 HH 象限（第一象限），落入 LL 象

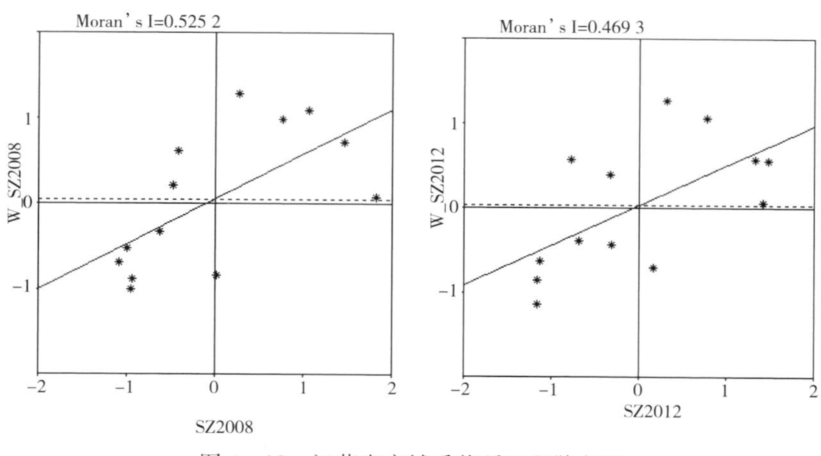

图 4－18　江苏省市域手栽稻面积散点图

限（第三象限）的也有5个市，说明江苏省绝大多数市域之间的机插稻存在显著的空间集聚现象，集聚程度高的市与集聚程度低的市的数量相当。落入到HH和LL象限的点较为散落，说明手栽稻的发展地区间差别较大。另外，有2个市落入LH象限（第二象限）。右图（2012年）与左图相差不大，原本位于象限坐标上的一个市落入HL象限（第四象限）。

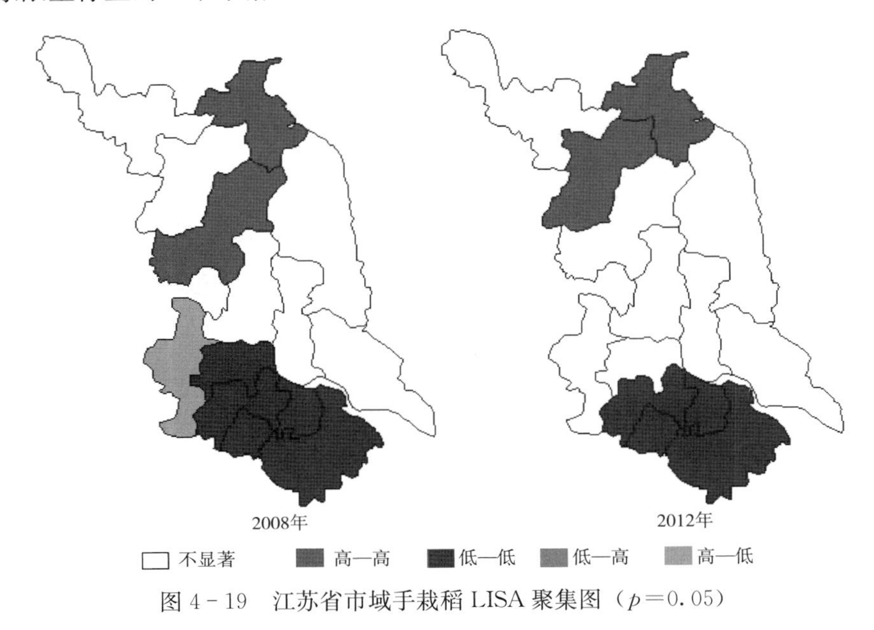

图4-19　江苏省市域手栽稻LISA聚集图（$p=0.05$）

由图4-19可见，在显著性水平$p=0.05$的水平下，2008年（左图）手栽稻LISA集聚图中位于HH象限（第一象限）的为连云港市和淮安市，位于LL（第三象限）的为镇江市、常州市、无锡市以及苏州市，位于HL象限（第四象限）的为南京市；2012年（右图）手栽稻LISA集聚图中位于HH（第一象限）的为宿迁市和连云港市，位于LL（第三象限）的为常州市、无锡市以及苏州市3市。其余市域的集聚效果未达到显著水平。

4.4.2.3　江苏省市域单元稻作方式的空间分布

Moran's I指数散点图只是定性描述稻作方式的集聚程度，并不能进一步揭示市域稻作方式空间自相关的类型，利用局部自相关系数（表4-11），对该系数的构成进行进一步的分析，可以识别出中心市域与其相邻市域之间可能存在的空间扩散关联类型。利用局部空间自相关指数I_i以及属性值X_i与平均值的偏差，可以得到不同的集聚组合：

①I_i显著地大于零，且X_i大于平均值，这类地区是一个“扩散中心”。它和周边地区的稻作方式的发展有显著的空间集聚效应，并且集聚水平达到了

相当的高度。该类地区对其周边地区的稻作方式的发展产生正的影响。按照增长极理论，核心地区稻作方式的快速发展，通过资本、技术和信息的扩散，带动周边地区同类稻作方式的共同发展。这就是所谓的“扩散作用”，中心向周边扩散和周边的快速发展而使整体区域稻作方式的差异呈缩小态势。

② I_i 显著地大于零，且 X_i 小于平均值，这类地区是一个“低速扩散中心”。尽管该类地区和周边地区的稻作方式的扩散都有显著的空间集聚效应，但它们还处于稻作方式发展的初级阶段。与“扩散中心”相比，该地区对周边地区的影响力要小得多，原因是它们的空间集聚水平都较低。

③ I_i 显著地小于零，且 X_i 大于平均值，这类地区是一个“极化中心”。该类地区稻作方式发展要快于周边地区，但具有极化效应。虽然它自身稻作方式的发展较快，但是它周围地区的发展却比较缓慢。为了维持它自身稻作方式的快速发展，从周边地区吸引劳动力、资金等生产要素，导致周边地区的稻作方式发展水平较低，使它与周边地区稻作方式发展的差距扩大。

④ I_i 显著地小于零，且 X_i 小于平均值，这类地区是稻作方式发展的“低洼地”。其稻作方式的发展慢于周边地区，具有离心效应区的特点。由于生产要素从该地区流向周边地区，因而它自身稻作方式的发展较为缓慢。与此同时，周边地区稻作方式却走上了快速发展的道路。这种情况也会增加它与周边地区稻作方式的发展差距。

⑤ I_i 等于零。地区 i 是一个无关区域，表明该地区稻作方式的发展与其周边地区发展无关。

表 4-11　江苏省市域稻作方式局部自相关指数

稻作方式	市名	2008 年	2012 年	稻作方式	市名	2008 年	2012 年
机插稻	徐州市	1.036 69	−0.611 96	抛秧稻	徐州市	−0.191 42	−0.147 82
	连云港市	0.253 50	0.186 39		连云港市	−0.336 31	0.193 98
	宿迁市	0.877 29	−0.068 78		宿迁市	0.069 43	−0.157 28
	盐城市	−0.070 23	0.908 53		盐城市	0.887 80	1.216 06
	淮安市	−0.056 14	0.351 58		淮安市	−0.332 80	0.065 06
	扬州市	−0.057 89	−0.050 14		扬州市	−0.001 71	−0.193 37
	泰州市	0.093 41	0.017 67		泰州市	0.180 64	−0.002 89
	南京市	−0.630 88	0.259 41		南京市	0.174 88	0.469 54
	南通市	0.436 84	0.896 82		南通市	2.238 43	1.245 45
	镇江市	−0.313 76	0.225 39		镇江市	−0.043 36	0.062 75
	常州市	−0.463 43	0.342 82		常州市	0.174 96	0.200 84
	苏州市	0.120 76	0.394 34		苏州市	0.550 61	0.540 46
	无锡市	0.046 18	0.323 52		无锡市	0.037 30	−0.025 58

（续）

稻作方式	市名	2008 年	2012 年	稻作方式	市名	2008 年	2012 年
直播稻	徐州市	0.743 33	0.522 26	手栽稻	徐州市	0.348 03	0.822 52
	连云港市	−0.239 04	−0.499 96		连云港市	1.159 57	0.409 38
	宿迁市	0.074 76	−0.138 72		宿迁市	1.035 90	0.817 04
	盐城市	0.853 05	0.645 10		盐城市	0.122 47	0.075 15
	淮安市	0.266 69	0.629 59		淮安市	0.747 28	0.738 99
	扬州市	0.752 13	0.771 82		扬州市	−0.094 39	−0.123 18
	泰州市	0.415 41	0.049 35		泰州市	0.211 35	0.134 95
	南京市	−0.139 44	−0.074 78		南京市	−0.019 74	−0.117 50
	南通市	0.295 44	−0.815 10		南通市	−0.247 61	−0.432 00
	镇江市	−0.067 04	−0.007 49		镇江市	0.531 74	0.270 97
	常州市	0.096 59	0.151 99		常州市	0.746 87	0.706 47
	苏州市	0.295 02	0.221 43		苏州市	0.944 85	1.325 10
	无锡市	−0.072 33	0.107 23		无锡市	0.815 76	1.004 21

由表 4－12 可见，2008 年，苏州、无锡、泰州和南通 4 市机插稻的扩散处于能够产生集聚作用的“扩散中心”，这些地市位于苏中和苏南两地，自然资源良好，交通发达，且社会经济发展水平高；徐州、连云港和宿迁 3 市位于“低速扩散区”，这些市位于江苏省苏北地区，其社会经济发展水平等相对较低；盐城、扬州和常州 3 市位于“极化中心区”，说明这些地区机插稻的发展和周边大部分区域呈负相关关系，阻碍了稻作方式空间集聚现象的发生；淮安、南京与镇江 3 市的机插稻发展属于“低洼地”。2012 年机插稻扩散的地理格局有较大变化，连云港、盐城、淮安 3 市替代苏州、无锡进入“扩散中心区”；南京、镇江、常州、苏州与无锡等市加入“低速扩散区”；宿迁市替代盐城、常州等市进入“极化中心区”；徐州市演变成机插稻发展的“低洼地”。苏南地区在资源禀赋以及较好的社会经济条件的支撑下首先进入机插稻的发展行列，随着江苏省对机插稻发展的推广力度不断加大，各地加大了机插稻的推广，从而导致机插稻扩散的空间格局出现了较大的变化。总体而言，机插稻的扩散正由苏南地区向苏中、苏北地区推进。

表4-12　2008—2012年江苏省市域稻作方式地理分布格局

稻作方式	地区类型	年份	地区
机插稻	扩散中心区	2008	泰州、南通、苏州、无锡
		2012	连云港、盐城、淮安、泰州、南通
	低速扩散区	2008	徐州、连云港、宿迁
		2012	南京、镇江、常州、苏州、无锡
	极化中心区	2008	盐城、扬州、常州
		2012	宿迁、扬州
	低洼地地区	2008	淮安、南京、镇江
		2012	徐州
抛秧稻	扩散中心区	2008	盐城、泰州、南通
		2012	连云港、盐城、淮安、南通
	低速扩散区	2008	宿迁、南京、常州、苏州、无锡
		2012	南京、镇江、常州、苏州
	极化中心区	2008	连云港
		2012	泰州
	低洼地地区	2008	徐州、淮安、扬州、镇江
		2012	徐州、宿迁、扬州、无锡
直播稻	扩散中心区	2008	盐城、淮安、扬州、泰州、南通
		2012	盐城、淮安、扬州、泰州
	低速扩散区	2008	徐州、宿迁、常州、苏州
		2012	徐州、常州、苏州、无锡
	极化中心区	2008	—
		2012	—
	低洼地地区	2008	连云港、南京、镇江、无锡
		2012	连云港、宿迁、南京、南通、镇江
手栽稻	扩散中心区	2008	徐州、连云港、宿迁、盐城、淮安
		2012	徐州、连云港、宿迁、盐城、淮安
	低速扩散区	2008	泰州、镇江、常州、苏州、无锡
		2012	泰州、镇江、常州、苏州、无锡
	极化中心区	2008	南京
		2012	南京
	低洼地地区	2008	扬州、南通
		2012	扬州、南通

2008年，抛秧稻的扩散能够产生集聚作用的“扩散中心”为盐城、泰州和南通3市，主要是因为江苏省抛秧稻首先在南通等地进行推广种植，并取得成功；位于“低速扩散区”的为宿迁、南京、常州、苏州与无锡5市，说明这些地区抛秧稻并非其主要的稻作方式，只是在周边地区的影响下有所发展；位于“极化中心区”的为连云港市；处于抛秧稻发展“低洼地”的为徐州、淮安、扬州与镇江4市。2012年，抛秧稻扩散的地理格局也有较大的变化，连云港、盐城和淮安等市取代了盐城和泰州进入“扩散中心区”；宿迁市和无锡市退出“低速扩散区”，取而代之的是镇江市；2012年抛秧稻的“极化中心区”由连云港市变为泰州市；宿迁市和无锡市取代了淮安市和镇江市进入“低洼地地区”。总体而言抛秧稻的扩散正由苏中向苏北地区转移。

由表4-12可见，2008年，直播稻扩散中能够产生集聚作用的“扩散中心”为盐城、淮安、扬州、泰州和南通5市；位于“低速扩散区”的为徐州、宿迁、常州与苏州等市；直播稻的发展未出现“极化中心区”，处于“低洼地地区”的为连云港、南京、镇江和无锡等市。2012年，直播稻扩散的地理格局有所变化，南通市退出“扩散中心区”并演变成直播稻“低洼地地区”，无锡市替代宿迁市进入到直播稻“低速扩散区”，2012年直播稻的发展同样未有“极化中心区”出现，宿迁市、南通市替代无锡市进入直播稻发展的“低洼地”。直播稻空间自相关地理格局的演变主要和江苏省稻作方式发展的政策导向有关，2008年开始，江苏省各级农业部门对其扩散进行了控制，虽然其发展速度和方向出现较大的变化，但与机插稻和抛秧稻相比，其空间扩散地理格局的变化不大。

由表4-12可见，2008年与2012年手栽稻扩散的市域地理格局没有变化，绝大部分市位于“扩散中心区”和“低速扩散区”，这与手栽稻的传统地位有关，虽然近年来手栽稻面积出现大幅下降，但各地区仍有保留手栽稻的种植，特别是苏北5市；南京位于“极化中心区”，扬州市和南通市位于“低洼地地区”。

表4-13　2008—2012年江苏省市域稻作方式空间作用类型变化

稻作方式	变化类型	市名
机插稻	A变化到B	苏州、无锡
	B变化到A	连云港
	B变化到C	宿迁
	B变化到D	徐州
	C变化到A	盐城
	C变化到B	常州
	D变化到A	淮安
	D变化到B	南京、镇江

（续）

稻作方式	变化类型	市名
抛秧稻	A 变化到 C	泰州
	B 变化到 D	宿迁、无锡
	C 变化到 A	连云港
	D 变化到 A	淮安
	D 变化到 B	镇江
直播稻	A 变化到 D	南通
	B 变化到 D	宿迁
	D 变化到 B	无锡

注：A 为扩散中心区，B 为低速扩散区，C 为极化中心区，D 低洼地地区。

将 2008 年和 2012 年江苏省市域稻作方式发展空间相关性分析结果进行对比，可发现江苏省稻作方式发展的空间格局变化（表 4－13）。总体而言，2008 年和 2012 年间不同稻作方式扩散的空间聚集程度既有变化也有相似之处，主要表现在以下几方面：

①扩散区的变化。与 2008 年相比，2012 年机插稻的扩散中心区和低速扩散区各增加 1 个，极化中心区和低洼地地区各减少 1 个；抛秧稻的扩散中心区增加 1 个，低速扩散区减少 1 个；直播稻的扩散中心区减少 1 个；手栽稻扩散中心区和低速扩散区的数量维持不变。

②极化区的变化。与 2008 年相比，2012 年机插稻极化中心区减少 1 个，抛秧稻、直播稻以及手栽稻的极化区数量维持不变。

③低洼地地区的变化。与 2008 年相比，2012 年机插稻低洼地由 3 个缩减到 1 个，直播稻低洼地增加 1 个，抛秧稻和手栽稻的数量维持不变。

4.5　关于近期稻作方式扩散的讨论

江苏省相关部门于 2020 年再次开展了稻作方式的收集工作，一方面说明稻作方式的结构发生了新的变化，另一方面这一变化对粮食生产可能产生的影响再一次引起了相关部门的关注。由表 4－14 可见，手栽稻无论是播种面积还是占比均呈现下降趋势；直播稻的种植面积再次上升到 50 万 hm^2 以上的水平，虽然在 2021 年出现小幅下降，但占比却在不断上升，从 26%上升至 28%；机插稻播种面积总体稳定在 60 万 hm^2 左右，从占比上看有小幅提升；抛秧稻的播种面积及占比在 2020—2022 年均出现了下降趋势，且目前的种植面积远低于 2012 年 20.5 万 hm^2 的水平。从近期不同稻作方式的发展情况看，虽然机插稻的播种面积相对稳定，手栽稻和抛秧稻种植面积不断萎缩，但直播稻的抬头对水稻生产的影响不容忽视。

表 4-14　2020—2022 年江苏省稻作方式的发展情况

年份	手栽稻		直播稻		机插稻		抛秧稻	
	面积（万 hm^2）	比例（%）	面积（万 hm^2）	比例（%）	面积（万 hm^2）	比例（%）	面积（万 hm^2）	比例（%）
2020	33.38	15.29	57.75	26.46	122.43	56.10	4.68	2.14
2021	30.52	14.51	57.01	27.11	119.25	56.70	3.54	1.68
2022	27.54	12.89	60.03	28.11	123.45	57.81	2.54	1.19

* 原始数据来源于江苏省作栽站统计数据，下同。

4.6　本章小结

本章运用S形曲线和空间自相关分析方法，从时间和空间两个维度对江苏省不同稻作方式的扩散特征和规律进行了研究。基于时间维分析，对不同稻作方式扩散进行了模型模拟，计算出不同年份稻作方式的扩散速率以及达到最大扩散速率的时间，并对未来 3 年稻作方式的发展进行了预测。基于空间维分析，结合稻作方式的全局自相关分析和局部空间自相关分析对江苏省全局以及市域不同稻作方式的空间集聚特征进行了研究。

稻作方式的时间维扩散研究结果如下：

①2000—2012 年，机插稻的扩散符合 S 形扩散曲线特征，其扩散速率峰值（7.98%）出现在 2010 年；抛秧稻和手栽稻的扩散符合倒 S 形曲线扩散特征，手栽稻的递减峰值（7.67%）出现在 2006 年，抛秧稻的递减峰值（4.81%）出现在 2000 年；直播稻的扩散不符合 S 形扩散曲线特征，经分解分析，直播稻面积递增阶段的扩散速率峰值（6.12%）出现在 2007 年，递减阶段的峰值（7.94%）出现在 2009 年。

②2000—2015 年稻作方式的扩散大致分为两个阶段，第一阶段是 2000—2008 年直播稻（增）替代手栽稻扩散阶段；第二阶段是 2008—2015 年机插稻替代直播稻（减）扩散阶段。

③从近期不同稻作方式的发展情况看，机插稻目前是江苏省最主要的稻作形式，面积占比总体保持在近 60%的水平，手栽稻和抛秧稻种植面积不断萎缩，而直播稻占比再次接近 30%的水平。

稻作方式的空间维扩散研究结果如下：

①2008—2012 年江苏省机插稻空间集聚现象随着时间的推移不断加强，直播稻的空间集聚现象则不断减弱；抛秧稻和手栽稻的发展存在明显的空间集

聚现象，其中手栽稻的空间集聚效果有减弱趋势。

②2008 年江苏省各市间机插稻的扩散存在一定的空间集聚现象，但发展差距较大；2012 年各市间机插稻的空间集聚现象加大，发展差距缩小。2008—2012 年江苏省抛秧稻的扩散集聚程度较低，地区差距较大。2008 年江苏省大部分市域间直播稻的扩散存在明显的空间集聚现象，2012 年空间集聚现象减弱，不同地区间的发展逐渐趋于一致。2008 年和 2012 年手栽稻的空间集聚现象明显且无明显变化。

③2008—2012 年江苏省稻作方式扩散的地理格局有较大变化，机插稻“扩散中心区”由苏南地区向苏中、苏北地区转移，苏南地区演变成“低速扩散区”；抛秧稻“扩散中心区”中的苏北市域增加，苏南地区（除无锡市外）成为抛秧稻的“低速扩散区”；直播稻的“扩散中心区”主要位于苏中和苏北地区，“低速扩散区”主要位于苏南地区，直播稻的发展未有“极化中心区”的出现；2008—2012 年手栽稻扩散的市域地理格局没有变化，苏北地区仍然为“扩散中心区”，“低速扩散区”主要位于苏南地区。

上述结果表明，由于不同地区的自然资源、区位条件、社会经济发展水平及政策环境等的不同，即便是同一种稻作方式在江苏省不同地区的发展也存在着较大的差异。在现实生产中，技术的扩散很大程度上是以乡镇为单位进行的技术推广活动，那么在区域内不同稻作方式是如何扩散的，乡镇规模下的技术的进入与退出机制以及运行模式又是什么，下一章将围绕上述问题进行研究。

◆ 参考文献

柏延臣，李新，冯学智，1999. 空间数据分析与空间模型［J］. 地理研究，18（2）：18-23.

卞羽，2010. 福建省森林资源生态足迹及其空间特征研究［D］. 福建：福建农林大学.

褚楚，2006. 建国 50 年来江苏水稻生产技术进步研究［D］. 南京：南京农业大学.

李普峰，李同昇，满明俊，等，2010. 农业技术扩散的时间过程及空间特征分析——以陕西省苹果种植技术为例［J］. 经济地理，30（4）：647-651.

李政，2007. 徐州市水稻机械化插秧进程探讨［D］. 南京：南京农业大学.

凌启鸿，张洪程，丁艳锋，等，2005. 水稻高产技术的新发展——精确定量栽培［J］. 中国稻米（1）：3-7.

刘爱国，崔宜兰，1996. 倒 S 型曲线模型的研究［J］. 工科数学（2）：21-24.

刘仲刚，李满春，2006. 面向离散点的空间权重矩阵生成算法与实证研究［J］. 地理与地理信息科学（3）：53-56.

马晓冬，马荣华，徐建刚，2004. 基于 ESDA-GIS 的城镇群体空间结构［J］. 地理学报，

59（6）：1048-1057.

孟斌，王劲峰，张文忠，等，2005. 基于空间分析方法的中国区域差异研究［J］. 地理科学，25（8）：393-400.

潘竞虎，冯兆东，董晓峰，2008. 甘肃省区域经济差异时空格局的 ESDA-GIS［J］. 兰州大学学报，44（4）：45-50.

潘竞虎，张佳龙，张勇，2006. 甘肃省区域经济空间差异的 ESDA-GIS 分析［J］. 西北师范大学学报（自然科学版）6：83-91.

宋洁华，李建松，2006. 空间自相关在区域经济统计分析中的应用［J］. 测绘信息与工程，12（6）：24-34.

吴春彭，2011. 长江流域油菜生产布局演变与影响因素分析［D］. 武汉：华中农业大学.

谢海军，2008. 辽宁省农村经济的空间分布及增长因素研究［D］. 沈阳：沈阳农业大学.

张洪程，吴桂成，吴文革，等，2010. 水稻“精苗稳前、控蘖优中、大穗强后”超高产定量化栽培模式［J］. 中国农业科学，43（13）：2645-2660.

张建忠，2007. 农业科技园技术创新扩散理论与实证研究——以杨凌示范区为例［D］. 西安：西北大学.

张昆，张松林，2007. 美国马萨诸塞州华人空间分布自相关研究［J］. 世界地理研究，16（1）：52-57.

章秀福，朱德峰，1996. 中国直播稻生产现状与前景展望［J］. 中国稻米（5）：1-4.

赵挺俊，2000. 镇江市 1997—1999 年水稻机械化直播技术推广应用效果［J］. 江苏农机化（2）：17-18.

Anselin L，1995. Local indicators of spatial association—LISA［J］. Geographical Analysis，27（2）：93-116.

Carl G，Kùhn I，2007. Analyzing spatial autocorrelation in speciesdistributions using Gaussian and logit models［J］. Ecological Modeling，207（2-4）：159-170.

Cliff A D，Ord J K，1981. Spatial processes：models and applications［M］. London：Pion，1981：8-17.

Ertur C，Koch W，2006. Regional disparities in the European Union and the enlargement process：an exploratory spatial data analysis，1995-2000［J］. Ann Reg Sci，40（4）：723-765.

Ezoe H，Nakanura S，2006. Size distribution and spatial autocorrelation of subpopulations in a size structured metapopulation model［J］. Ecological Modeling，198（3-4）：293-300.

Getis A，Ord J K，1992. The analysis of spatial association by the use of distance statistics［J］. Geographical Analysis（24）：189-206.

Goodchild M F，1986. Spatial Autocorrelatiln［M］. Norwich：Geobooks.

Kuznets S S，1930. Secular movements in production and prices［M］. Boston：Houghton Mifflin Company.

Moran P A P，1950. Atest for the serial independence of residuals［J］. Biometrika（37）：178-181.

Rusinova D，2007. Groowth in transition：Reexamining the roles of factor inputs and geography [J] . Economic Systems，31 (3)：233-255.

Tobler W，1970. A computer movie simulating urban growth in the Detroit region [J] . Economic Geography，46 (2)：234-240.

第5章

稻作方式扩散的案例分析
——以常熟市尚湖镇为例

上一章的研究结果表明，近年来江苏省稻作方式整体格局已发生了较大的变化，并对江苏省粮食稳定生产产生了重要影响。那么稻作方式是如何扩散的？其发生与扩散机制是什么？围绕上述问题本章以江苏省常熟市尚湖镇为例，通过实地调查，试图采用社会学定性分析的研究方法，阐述和剖析早期稻作方式在区域内的扩散。

选择常熟市尚湖镇作为案例，主要基于以下方面：首先，尚湖镇稻作方式的发展经历了包括手栽稻、抛秧稻、直播稻以及机插稻在内的多种稻作方式发展，并最终走上了机插稻的道路，这对于推广机插稻的地区来说不失为一个可供参考的案例；其次，虽然相对其他地区而言尚湖镇的机插稻发展走在了苏州市乃至全省的前列，但其扩散的过程中同样也曾存在或正在经历着其他发展机插稻地区正在面临或亟须解决的问题，那么在借鉴的同时通过对尚湖镇机插稻扩散的剖析可深化对问题的认识，并有利于解决问题视角的形成；再次，尚湖镇处于江苏省苏南地区，苏南地区不论是经济发展还是技术发展都走在全省的前列，并对其他地区有着一定的辐射和样板作用；最后，尚湖镇稻作方式的发展虽然不能代表整个江苏省稻作方式的发展，其发展模式也不能作为一个放之四海而皆准的真理，但尚湖镇可以作为江苏省稻作方式发展的一个剪影，折射出江苏省稻作方式发展的历程，也可为研究稻作方式的扩散提供一个切入口。

社会学研究方法中的定量研究侧重于且较多地依赖于对事物的测量和计算，在结果上具有概括性和精确性，但对社会生活的理解缺乏深度。定性研究则侧重和依赖于对事物的含义、特征、象征的描述和理解，可以获得深入理解社会生活的丰富、细致的资料，但难以推及整体的社会运行状况。以上是社会学研究的两种途径，发挥着不同的作用。在调查过程中发现，很多情况下农户行为的主观意志性以及社会现象的复杂性，使得影响农户行为的因素很难用变量的形式进行描述统计。而部分研究学者扎身于村庄调查，采用定性的研究方法取得了很好的效果（Hopper，1957；徐振宇，2011）。受到启发，本章试图采用定性的研究方法对尚湖镇稻作方式的扩散进行研究，与其他定量分析的章节在研究方法上形成互补，以尽量弥补研究方法带来的不足。

5.1　调查基本情况

在正式调查之前，为了便于样本地调研工作的顺利开展，首先对尚湖镇进行了预调研工作，主要包括两个方面，一方面，与当地政府部门联系，了解当地水稻生产及稻作方式发展基本情况；另一方面，于 2012 年 7 月初进入调查样本地了解实际情况，结合样本地的实际情况对调研的内容和方向进行及时修正，并安排好调研日程。为便于较为准确地获取调研信息，在调查之前首先对相关调研人员进行了调研方法和技巧的集中培训，再对调研人员进行了调研背景、目的、内容以及样本地基本情况的解说。2012 年 7 月中旬，课题组调查人员进入常熟市尚湖镇，进行为期近一个月的深入调研，调查范围涉及尚湖镇福寿村、东桥村、张村村、家鑫村、大河村、平湖村、新和村、常兴村、罗墩村和练南村等，其中重点调查了家鑫村、新和村、常兴村、罗墩村和练南村。调查对象为尚湖镇稻农，包括当地农户与外地农户、水稻种植小户与大户、一般农户与村组干部在内的 89 户农户，以及农业技术推广服务中心的农业技术推广人员和政府部门的负责人等。调查样本农户中（表 5 - 1），80.90％的农户采用了机插稻，16.85％的农户采用了直播稻，只有 2.25％的农户采用手栽稻，样本分布情况与实际情况总体一致。

表 5 - 1　农户稻作方式选择情况

样本数	直播稻		机插稻		手栽稻	
	样本数	比例（％）	样本数	比例（％）	样本数	比例（％）
89	15	16.85	72	80.90	2	2.25

资料来源：实地调查统计资料。

5.2　尚湖镇水稻生产及稻作方式发展概况

5.2.1　尚湖镇基本情况与经济发展

尚湖镇位于常熟市西部，地处常熟、无锡、江阴、张家港四市交界，依虞山，傍尚湖，区位优越，是苏州市四个重点中心镇之一，也是全国综合发展千强镇。全镇总面积 112.5 平方公里，下辖 2 个办事处、1 个水产养殖场、23 个行政村和 3 个社区居委会，人口 14 万。尚湖镇毗邻国家生态湿地公园——尚湖风景区，万亩稻米基地、现代农业示范区、南湖荡湿地、官塘湿地坐拥其间，绿色食品“王庄西瓜”“沙家浜大米”久负盛名，是全国环境优美镇、国家卫生镇。2012 年前后，尚湖镇制造业发展具有一定优势，全镇初步形成以装备制造、机械冶金为主，有色金属、轻纺服装、货架箱包等为辅的鲜明产业特色，是中国货架模特儿生产基地，全国磁性材料、输变电铁塔、印刷板材等的重要生产基地。尚湖镇历史悠久，是良渚文化的发源地之一，也是锡剧发源地之一，是全国民间文化艺术之乡、省级文明镇、苏州市历史文化名镇。2011 年，尚湖镇实现地区生产总值 82.7 亿元，财政总收入 7.83 亿元，工业总产值 193 亿元，全镇农民人均纯收入 1.85 万元。

5.2.2 尚湖镇水稻生产基本情况

尚湖镇工业化发展水平较高，但这并没有影响其农业生产大镇的地位，尚湖镇位于东经 120°33′～121°03′，北纬 31°33′～31°50′，亚热带湿润性气候，四季分明；镇内气候温和，雨量充沛，为其水稻生产奠定了良好的温光资源基础。虽然在种植结构的调整下，西瓜、葡萄等经济作物有所发展，但并没有影响水稻在尚湖镇粮食生产中的主体地位。在“一稳定”即稳定水稻种植面积、“二扩大”即扩大水稻等常规作物规模经济、扩大林果类经济作物规模经营、“三调优”即调优水稻品种、调优水产品品质、调优农机具结构、“四提高”即提高农业服务队伍、提高农业标准化生产水平、提高农业科技含量、提高农业基础建设的发展原则下，水稻种植面积常年稳定在 5.8 万亩左右，全镇水稻良种覆盖率达 98%以上。2011 年完成土地规模化流转 1.2 万亩，累计实现土地流转 4.5 万亩。农业机械化覆盖率达 95%，实现农业增加值 2 亿元。围绕建设高产、优质、高标准的水稻生产基地，尚湖镇着力推动水稻科技示范园和现代农业示范区建设。目前，镇内拥有“金王莊”和“沙家浜”两个绿色大米品牌，其中“金王莊”牌王庄大米种植基地集中连片达 1 万多亩，“沙家浜”牌常熟大米种植面积也达到 1.5 万亩。此外，尚湖镇还拥有“尚湖牌”和“湖桥牌”无公害大米品牌两个，种植面积均在 0.2 万亩以上。2012 年，尚湖镇与扬州大学农学院签订全面合作协议，扎实推进罗墩现代农业示范区的建设。目前，尚湖镇农村社区股份经济合作社实现全覆盖，现有农民专业合作经济组织 10 家、农村置业投资公司 5 家、土地股份合作社 14 家。

5.2.3 尚湖镇稻作方式发展概况

2006 年，尚湖镇开始推广机插稻、直播稻等轻简稻作方式，稻作方式向工序简化、省工、节本的方向发展。2007 年，全镇新购进 100 多台新型水稻插秧机，机插稻面积达 2.5 万亩，旱育秧新农艺种植 0.55 万亩，直播稻 0.2

万亩，推广轻简稻作方式面积共计3.25万亩，占全镇水稻总面积的56%，实现农民增收462.1万元。2008年，在政府部门的大力推动下，全镇机插秧面积达到4.6万亩，占水稻总面积的80.2%，被评为苏州市水稻机插秧先进镇和常熟市水稻种植机械化示范镇。2009年，尚湖镇进一步加大农业机械化宣传推广力度，镇财政投入40万元用于补贴广大农户购买各类农机具，全镇新增插秧机116台，插秧机保有量达到455台，在苏州市各乡镇中位居第一。2012年，尚湖镇全面推动水稻规模化和机械化生产，形成50亩规模以上的机插水稻种植大户144户，拥有手扶式插秧机301台，乘坐式插秧机107台，机插面积占水稻总面积的86%。2011—2012年尚湖镇稻作方式具体发展情况见表5-2。

表5-2　2011—2012年尚湖镇稻作方式发展情况

村名	水稻种植面积（亩）		机插秧（亩）		直播稻（亩）		手栽稻（亩）	
	2011年	2012年	2011年	2012年	2011年	2012年	2011年	2012年
河金村	3 082	3 300	2 680	2 900	236	280	166	120
车路坝村	2 586	2 586	2 340	2 420	246	166	—	—
福寿村	4 132	4 132	3 500	3 500	632	632	—	—
东桥村	1 924	1 924	1 600	1 600	324	324	—	—
张村村	1 920	2 005	1 700	1 700	220	305	—	—
家鑫村	3 823	3 850	3 400	3 530	423	320	—	—
南村坝村	990	990	950	960	40	30	—	—
山鑫村	1 308	1 400	1 250	1 350	58	50	—	—
大河村	2 677	2 900	2 400	2 700	277	200	—	—
平湖村	1 860	1 860	1 500	1 500	110	240	250	120
新和村	2 268	2 268	1 900	1 900	368	368	—	—
新鑫村	3 745	3 745	3 200	3 200	545	545	—	—
新巷村	988	987	850	900	138	87	—	—
下庄村	1 712	1 712	1 400	1 400	162	162	150	150
蒋巷镇村	1 742	1 742	1 500	1 500	132	132	110	110
新裕村	4 302	4 302	3 650	3 800	652	502	—	—
常兴村	2 140	2 140	1 850	2 000	290	140	—	—
鸳鸯桥村	1 286	1 290	1 120	1 130	166	160	—	—
吉桥村	3 725	3 725	3 100	3 100	625	625	—	—

（续）

村名	水稻种植面积（亩）		机插秧（亩）		直播稻（亩）		手栽稻（亩）	
	2011年	2012年	2011年	2012年	2011年	2012年	2011年	2012年
罗墩村	4 281	4 385	3 600	3 650	681	735	—	—
练南村	2 127	2 127	1 880	2 000	247	127	—	—
建华村	—	—	—	—	—	—	—	—
颜巷村	844	900	720	750	—	50	124	100
翁家庄村	4 830	4 830	4 160	4 160	670	670	—	—
全镇	58 292	59 100	50 250	51 650	7 242	6 850	800	600

资料来源：尚湖镇农业服务中心生产统计资料。

5.3　尚湖镇稻作方式的发生与演化

尚湖镇稻作方式发展的历程详见图 5－1。

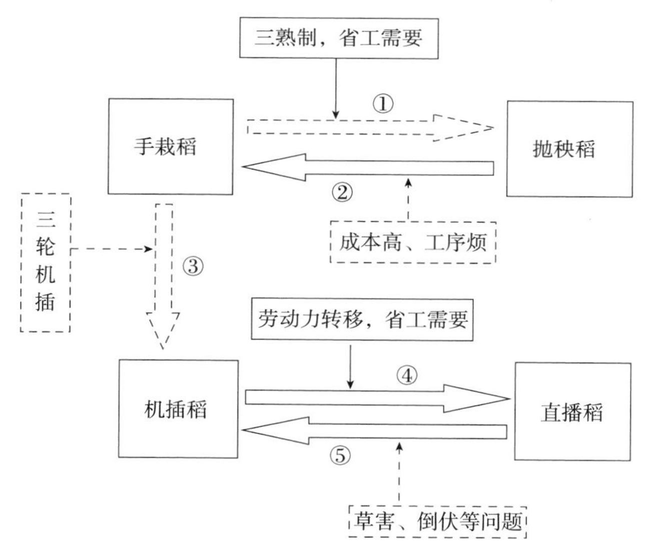

图 5－1　尚湖镇稻作方式发展的历程

（1）尝试抛秧　新中国成立后很长一段时间，尚湖镇的水稻栽插一直沿用传统手栽的形式。直至 20 世纪 70 年代，在“以粮为纲”的政策导向下，江苏省农作制度进行了调整，尚湖镇的熟制相应的由双熟改为三熟，水稻由单季改为双季。原本水稻生产就带有劳动密集型特点，单改双使得水稻生产劳动力投入量大增，农民苦不堪言。某农户 ZGH 对开展双季稻的生产记忆犹新，他回忆：

上面号召嘛，说是可以搞，也增产的，公社也就搞了。那个苦啊！种田比打仗还忙，又要收割、脱粒，又要播种、育秧，又要耕田、施肥，期间还要治虫、除草，正常上季稻还没忙结束就要接着下季稻忙，当时还有句口号叫“早上地里一片黄，中午地里一片白，晚上地里一片绿”。大夏天里，全公社的人早上天不亮就下田，忙到天黑才回来，有时候还要忙到夜里，有病都不能请假，孕妇还要下田干活。那个忙，是要人命的。到最后，两季稻加起来和一季差不了多少嘛，就是那个后来说的“三三得九不如二五一十”的。

该农户的说法在镇农业技术推广服务中心S主任那里获得了印证。为了减轻双季稻生产中的劳动力投入，减轻农民负担，1976—1978年尚湖镇曾尝试过推广抛秧稻。而此时我国的抛秧稻还处于引进发展阶段的初期，除去技术本身不成熟外，抛秧技术对于当时的农民来说更多的是一种概念性的水稻种植方法。当时尚湖镇试验抛秧的做法只是将秧池中的水稻秧苗拔起后，直接抛扔进秧田中，这样的抛秧技术自然不会有很好的产量，最终这项技术推广了一年便宣告失败。党的十一届三中全会后，水稻生产由双季改为单季，稻作方式回归到传统手栽稻。

20世纪80年代末至90年代初，抛秧技术逐渐发展成熟，在农村劳动力逐步向第二、三产业转移的情况下，水稻抛栽技术省工、节本等优势凸显（夏敬源，2005），由农业部农技推广总站统一牵头，对抛秧稻进行了自上而下的试验示范和推广。这一形势下，1987—1988年尚湖镇重新启动了抛秧试验，然而一年下来试验结果并没有到达预计中的效果。首先是出苗问题，由于当时采用的是钵体塑盘育秧，需要在2～3cm^{2}的方格内播种，播种质量要求高，稻谷播种深浅对出苗率有一定的影响；其次是育秧工序烦琐，仅播种就有填土、播种、覆土三道程序，且与手栽稻相比，对播种的精度要求高（每孔2～4粒稻谷）；再次是成本问题，塑料软盘的采用增加了农户的经济负担；最后，也是最为主要的，当年的试验结果中抛秧稻的产量并不比手栽稻高。至此，抛秧稻在尚湖镇再一次宣告失败。当时时任村主任的农民SYY讲述了抛秧稻试验的经历。

1987年在政策的号召下，我带头种了抛秧稻，手栽稻育秧播得密一点稀一点没关系，抛秧稻的活就比较细，每个塑料盘的每一个孔都要播上稻种，不能多播，也不能少播，当时老伴为了播种均匀拨弄了半天。出苗时，赶上好天气还好些，我家播种后赶上的天气不好，烂了不少秧。抛秧的时候水层还要控制得好，太浅了太阳一出来苗就容易烧死，太深了苗又立不住。周围的一些农户抛栽后遇到风大一点的天气，抛好的秧苗被吹到一起，又再花工布苗，还不如直接手栽。一年下来，我家抛秧产量不比之前的手栽高，周围抛秧的邻居也这么反应。

(2) 探索机插 随着经济的发展，农村劳动力大量流入第二、三产业，经济发达的苏南地区尤其明显，具有劳动力投入量大特征的手栽稻已不能适应农民的需要，稻作方式轻简化成为苏南地区不可逆转的发展方向。这一背景下，2002年，尚湖镇开始了机插稻的推广，起初推广的插秧机机型为手扶三轮式，这一机型在栽插过程中需要三个人协作共管一台机才能完成栽插工作。通过推广试验发现，这种三轮式插秧机不仅效率低，且使用劳动强度大；加上栽插技术也处于摸索阶段，漏秧时有发生，额外的补秧环节也增加了劳动力的投入。同时，农户也不看好机插稻的发展，主要是因为高密度栽插观念下的农民难以接受30cm的水稻行距，一些农户怕影响产量甚至自行补秧。此外，由于机插稻采用小苗机插，水稻早期长相较差，也影响了农户对其采用，尚湖镇机插稻的发展一度受阻。

(3) 直播兴起 2005—2010年，尚湖镇机插稻发展出现停滞不前的同时，农民纷纷自发采用直播稻。由于省工特征明显，一时间直播稻的面积迅速扩大，曾一度达到水稻种植面积的80%以上。然而直播稻存在产量潜力小、生产风险大等缺陷，在整个江苏省直播稻迅速扩散的背景下，2009年3月江苏省农林厅印发关于《直播稻生产技术指导意见》的通知，指出要切实控制直播稻盲目发展，积极引导农民选择机插稻、旱育稀植、抛秧稻等高产稳产稻作方式。2010年1月，江苏省农林厅再次印发《关于进一步加强直播稻压减工作的通知》，指出要把直播稻压减作为稳定发展粮食生产的重要工作来抓，要求完善机插稻高产配套技术，因地制宜推广抛秧等稻作方式，并且对各地区直播稻面积压减实行了量化指标。尚湖镇稻作方式推广工作重心发生转移。

关于尚湖镇直播稻发展源起的追溯

苏南地区高速发展的经济背景与相对低效的大宗作物生产本身是矛盾的，加之尚湖镇良好的工业发展背景，农户进厂、外出打工较为普遍。在没有进行大规模土地流转之前，更多的农户为了不影响上班放弃手栽稻改用直播稻。调查人员一直试图探明尚湖镇农户采用直播稻的源起，或找到最先开始采用直播的农户，了解其采用行为发生的触发点。令人诧异的是，在较早进行直播的农户中，一些农户说是向苏北农民学的，而据我们所知，较早进行直播的是苏南地区。且早期江苏省直播稻只是在少数丘陵、干旱地区种植，或者作为水稻生产灾后的补救措施存在，面积很少，也不太可能形成扩散的气候。另一些农户则说镇里以前推广过直播稻，虽然政府部门工作人员在访谈中对这一说法不置可否，但这一点还是较为可信的。因为通过对直播稻相关文献的查阅发现，江苏省镇江、南通等地早在20世纪80年代就曾大力推广过直播稻，说明江苏省农业部门在直播稻早年的发展上是有作为的。而在某政府官方网站上①对尚湖镇种植业的发展有这样一段表述，“向土地要效益，大力推广轻型栽培方式，向工序更简化、省工、节本的方向发展，全镇推广轻型栽培面积达32 500亩，……，直播稻2 000亩，全镇轻型栽培技术可增加农民收入462.1万元。”也从另一个侧面说明，当时的政府部门对直播稻的态度某种程度上是肯定的，至少不是反对的。

(4) 机插复出 江苏省直播稻生产相关意见出台后，尚湖镇稻作方式推广工作重心再次发生转变，机插稻再次成为力推对象。此外，在直播稻“不推自广”的同时，连续多年直播后，尚湖镇稻田杂草、杂稻问题日益突出。且夏季台风过境后，直播稻的倒伏问题让农户头疼不已。而此时插秧机的机型不断革新，机插技术也在不断进步，借此尚湖镇农业推广部门一方面加大对直播稻危害的宣传，另一方面加大对机插稻的宣传推广力度，加强财政投入，提高机插稻专业化服务水平，并通过推动规模经营等方式和途径促进机插稻的发展。在多方举措下，尚湖镇直播稻种植面积大幅缩减，机插稻得到了快速发展，并成为尚湖镇最主要的稻作方式。

尚湖镇土地流转促进了机插稻的快速发展，而土地的大规模流转和机插稻本身的发展离不开政府大力度的财政补贴。一台10万元的高速插秧机，经过国家、市、镇三级补贴后，农户只需要花费2.2万元即可买到。经过各级政府补贴后尚湖镇农户承包土地的费用比苏北地区还要低。尚湖镇规定，承包者以750元/亩的价格（300～350kg稻谷/亩的市价，因村而异）从农户手里流转出土地。在谁种田谁拿补贴的原则下，承包者可享受各级补贴总计约350余元/亩，也就是说在尚湖镇承包土地的费用仅为750元/亩－350元/亩＝400元/亩。而对于承包面积大于100亩的农户，其享有的补贴优惠更大，包括国家各项补贴总计170元/亩、市财政补贴270元/亩、镇财政补贴130元/亩，750元/亩的流转成本下，实际成本仅为180元/亩。在这样的补贴力度下，既促成了大面积的土地流转，更促进了“超级大户”的形成。如家鑫村3 800亩水稻，流转2 855亩，由21户大户承包，平均每户流转规模超过100亩。练南村2 127亩土地，流转面积近2 000亩，由7个大户承包，最大一户承包面积达640亩。

5.4 尚湖镇稻作方式的扩散系统与扩散模式

5.4.1 稻作方式的扩散系统

5.4.1.1 宏观扩散环境

稻作方式的扩散是在政策环境、技术环境、市场环境和资源环境的支撑和

① http://www.shanghu.gov.cn/zwgk-show1.php?Id=65

相互作用下形成的。尚湖镇的宏观扩散环境特征如下：

（1）政策环境 尚湖镇稻作方式的扩散政策环境总体上是有利于机插稻的发展的，并且为了控制直播稻的扩散，尚湖镇在家庭联产承包责任制的基础上，通过稻作方式发展的政策导向和行政干预保障稻作技术有效扩散，同时通过推动土地流转和加强补贴等激励农户对机插稻技术的采用，从扩散源和扩散汇两个层面保障和促进稻作方式的推广。

（2）技术环境 就尚湖镇的稻作方式发展历程来看，其稻作方式一直处于不断地创新和探索中，因此其技术环境属于创新型技术环境。而根据创新型技术环境的特征，已有稻作方式采用会随着新技术的进入和技术优势的削弱而改变（Winter，1984；田莉等，2009），这使得尚湖镇机插稻的快速发展成为可能，但同时也是对机插稻发展的一种更高要求，因为创新型技术环境中机插稻的任何技术缺陷都可能导致其他稻作方式成为新的采用机会。

（3）市场环境 尚湖镇稻作技术市场属于非完全竞争的市场结构，需进一步培育职业型农民企业家成为市场结构转换的主体；在农户对轻简技术的需求下，尚湖镇机插稻市场需求总体上保持平衡，局部地区还存在供需矛盾；此外，在政府部门的补贴下，土地、技术本身等生产要素价格是有利于机插稻发展的。

（4）资源环境 尚湖镇的自然资源环境较好，充足的温、光、水资源不仅对水稻生产的发展，也为稻作方式的扩散提供了良好的基础。尚湖镇位于苏南地区，经济条件的优越为稻作方式扩散的顺利进行提供了重要的支撑资源。与扬州大学农学院等高校、研究机构的合作，为促进稻作技术的有效扩散提供了动力来源。在稻作方式的创新与扩散过程中研发技术人才、农技推广人员、基层干部以及农村能人等的加入为稻作方式的扩散起到了重要的推动作用。信息资源方面，尚湖镇稻作方式的技术信息目前主要由政府推广部门提供，但市场信息方面的建设显得较为薄弱。

5.4.1.2 中观扩散系统

在宏观扩散环境下，尚湖镇稻作方式扩散系统主要由技术创新的技术供给者、中介平台和技术需求者三部分组成，这三部分之间相互联系也相互作用（张建忠，2007）。技术供给者包括科研院校和机构、相关推广组织、农民自主创新三部分；中介平台包括镇内的相关经营企业、农民专业合作组织、农民培训以及现场会等；技术的需求者包括农户本身、涉农企业和地方政府等。稻作方式的采用者将需求信息以信息流的形式通过中介平台传送给政府部门和稻作技术供给部门，稻作技术供给部门对收到的相关信息分析处理后，将研究成果以技术流的形式通过中介平台推广到农民手中。在信息和技术扩散的同时，必然涉及资金的流动，即资金流。对于稻作技术来说，其既有公益性的一面，又有经营性的特征，因此，农户既是受益者又是利益的创造者。资金流动的方向有两个回路，即政府→技术供给者→中介平台→技术需求者，以及技术需求者→中介平台→技术供给者→政府。信息流、技术流和资金流共同流动促使整个扩散系统有机运转，如图5-2所示。

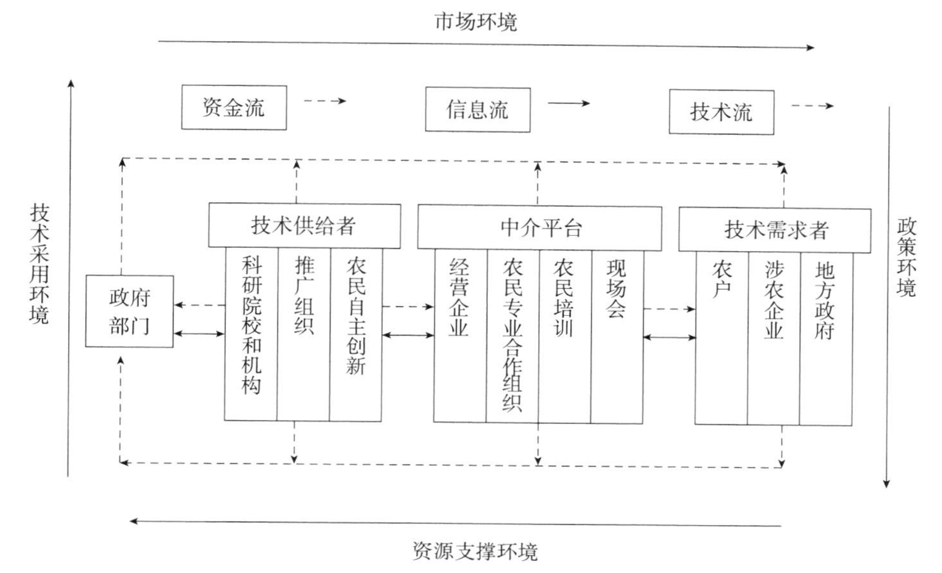

图5-2　尚湖镇稻作方式的扩散系统

5.4.1.3　微观扩散方式

微观农户层面稻作方式的扩散主要通过人与人之间的联系，以及人与媒体之间的接触进行。从实地调查情况来看，由图5-3可见农户获知直播稻的方式中，46.67%的农户是看到了附近地区农户的采用，由村民、邻居及亲戚推荐的农户比例为33.33%，在外地看到别人采用的比例为13.33%，农技人员宣传推广的比例占6.67%。农户直播稻技术获取途径中（图5-4），55.06%的农户靠自己摸索，39.33%的农户向邻居、村民或亲朋好友学习，只有5.62%的农户是通过政府部门的培训获得。

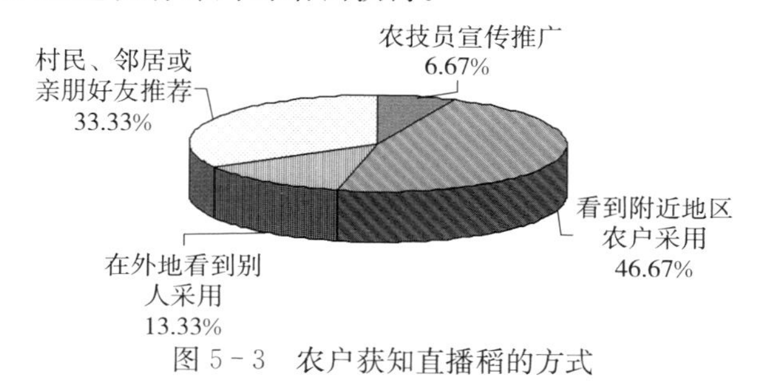

图5-3　农户获知直播稻的方式

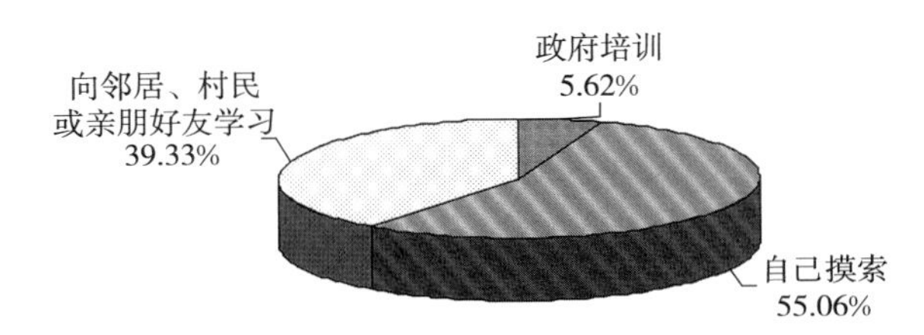

图 5-4　农户获取直播稻技术的途径

机插稻在农户间的扩散方式与直播稻不同，由图 5-5 可见 56.94%的农户是通过农技员的宣传推广获知机插稻，27.78%的农户由村民、邻居或亲朋好友推荐，受到附近地区农户采用影响的农户占 12.50%，在外地看到别人采用的比例为 2.78%。农户获取机插稻技术的途径中（图 5-6），58.33%的农户由政府培训获得，相对于直播稻而言，机插稻的技术性较强，为促进机插稻的发展，尚湖镇政府部门通过对农户进行培训、开现场会的形式将稻作技术信息传递给机插稻采用农户，因此通过政府部门培训获得稻作技术信息的农户比例较高。机插稻农户中，22.22%的农户由机手直接提供稻作技术信息，这是因为，一部分农户采用机插稻由机手直接提供服务，对于这部分农户而言无需掌握机插稻栽插技术便可进行机插稻种植。此外，向邻居、村民或亲朋好友学习的农户比例为 16.67%，自己摸索的农户比例较少，为 2.78%。

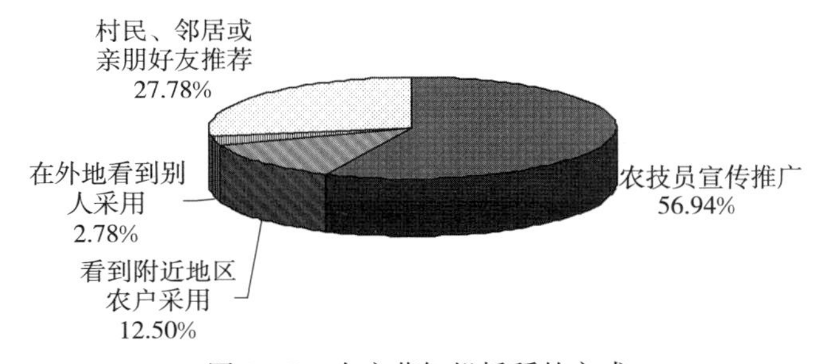

图 5-5　农户获知机插稻的方式

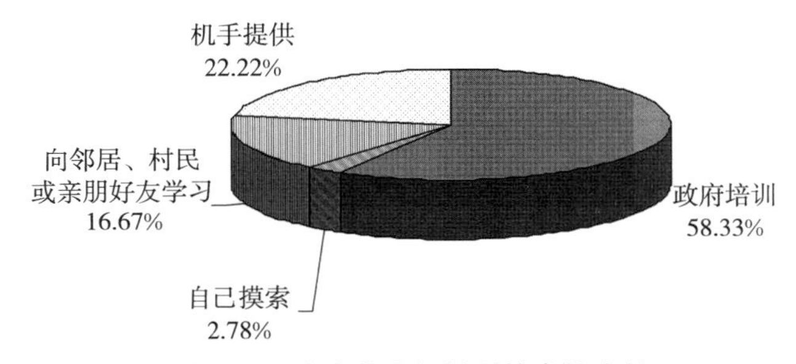

图 5-6　农户获取机插稻技术的途径

5.4.2　机插稻的扩散模式

（1）政府投入+示范区建设+农业培训+现场会+能人示范的综合推广模式　为推进机插稻的发展，尚湖镇政府加大财政扶持力度，每年用于插秧机等的财政专项补贴在 40 万元至 50 万元之间。为不影响农户提货使用，政府保证农户在购买插秧机时，单机自付金额基本不变的前提下，对补贴数量不作限制，并保证补贴资金足额、及时到位。在购进新型水稻插秧机后，一方面，尚湖镇积极开展机插秧、农机维修保养等实用技术培训，近年来，累计培训各类学员 1 700 多人次。同时尚湖镇农业部门以送教上门的形式，把自编的《实用技术培训教材》《实用技术小报》等送到村、农科教示范基地和众多农户手中，提高技术培训的覆盖率。另一方面，尚湖镇通过举办现场会，扩大机插稻的影响。现场会一般由镇农业服务中心组织，农林局协办，邀请镇、村分管农业领导及种田大户、意向用户参加，向他们介绍机插大户的典型事例、机插成本情况、营利能力、育秧流程、各种插秧机主要技术参数、机插要领等。发放宣传资料，备查备用。并由农技、农机行家现场答疑，加大宣传，扩大影响。此外，尚湖镇通过常兴万亩现代农业示范区的建设来推进机插稻的发展，通过村领导干部、能人、大户等的示范作用带动机插稻的发展。

（2）"大户经营""规模化经营""农场式经营""股份合作经营"等多样化经营管理模式　为实现水稻生产"布局区域化、种植规模化、生产专业化、服务社会化、管理企业化、经销产业化"的生产发展目标，在规范土地依法、自愿、有偿流转的基础上，尚湖镇村集体经济组织将农民流转出的土地分成股份，组建合作社，以村委会为发包主体，实行"公开承包、定额上交、规模生产、超减产奖赔、米业运作"的做法。在依法流转的基础上，着力建设一批土地集中连片、资质农民适度规模经营、农田基础设施完善的高产、优质、高效、生态的水稻产业化基地。在以土地入股完成耕地集中经营的同时，一些村部组建股份制合作农场，采用工厂化的管理模式自我经营。然而不论是何种经营模式，尚湖镇镇政府规定，承包方或经营主体都需协议采用机插稻。一方面，规模经营有利于机插稻优势的发挥，增加产量和效益；另一方面，将机插稻与不同的经营模式捆绑发展的方式，对机插稻的发展起到了巨大的推动作用。截至 2012 年，尚湖镇形成 50 亩规模以上的机插水稻种植大户 144 户，成立农民专业合作经济组织 10 家，此外，农村社区股份经济合作社实现了全覆盖，并组建和成立了 5 家农村置业投资公司、14 家土地股份合作社。

（3）农机推广部门+农业服务中心+高校科研机构的综合服务型模式　水稻生产季节，一般由农机推广部门提前做好农忙前的插秧机操作、驾驶培训工作，对新插秧机用户进行初次下田指导。在搞好育秧培训的同时，尚湖镇农技服务人员在育秧阶段会同村农业干部，对农户育秧全程进行规范、细致的技术指导。目前，常熟市农机部门已向全市公示插秧机维修、调度值班电话及各区域维修人员联系电话。农忙期间实行24小时值班制度，为农户尽快地排除各类插秧机故障，减少损失。尚湖镇农业技术推广服务中心除协同农机推广部门的工作外，农忙季节组织部门数名农技人员深入田头，与市农机推广站工程师一起，全过程跟踪服务全镇200多位插秧机手，确保随叫随到，确保水稻移栽工作的顺利完成。季后农业服务中心会协同农机推广部门，对农户进行插秧机保养培训及上门保养工作，以确保来年使用。2012年尚湖镇与扬州大学农学院签订科技结对、系村共建合作项目，围绕打造包括优质绿色水稻高效生产与示范区在内的高效生态农业科技示范基地，对机插稻的发展起到了一定的推动作用。

5.5 尚湖镇稻作方式的扩散机制

任何系统的运转都需要动力，稻作方式扩散系统的运转同样要发挥动力机制的作用。稻作方式的扩散过程也必然同时受到动力和阻力两方面的作用，且只有当动力大于阻力时，扩散才会发生，系统才能正常运转（刘笑明，2008）。

5.5.1 稻作方式扩散的动力机制

从社会科学角度分析，稻作技术的研发者、推动者以及采用者对利润、政绩以及声誉的追求是其扩散发生的源动力；而资源的稀缺程度、市场供求关系、政策的调整等外部条件的变化会导致用户对技术需求的改变（常向阳等，2003；薛小荣，2007；蒋瑛，2003）。具体到特定的稻作方式，其扩散的源动力来源于技术供给者、技术扩散中介和技术需求者对利益的追求；而技术供给主体的最佳利益在市场条件下，又受到技术需求者的制约。因此，将稻作方式扩散的驱动力分解为三种力量：拉力、推力和耦合力（张建忠，2007）。

5.5.1.1 内在动力机制——市场的拉力

市场的拉力即来源于技术需求方的动力，表现为稻农和农机企业对经济效益的追求。市场机制以经济利益为驱动，可最大限度地调动稻作技术的研发、中介平台和技术需求者的积极性，有效调节农业技术的供需矛盾（张建忠等，2006）。于稻作方式主要表现在：

①稻作方式的价值以技术发挥的实际效益，包括经济效益、社会效益和生态效益等来衡量，市场是衡量稻作方式价值的唯一标准。这使得相关科研院校、农技推广部门、农机推广部门等技术供给主体以市场为导向进行技术研发，并将研究成果最大限度地应用于实际生产中；

②经营性企业、农民专业合作组织的收益以及农民培训、召开现场会的价值体现与推广稻作方式的规模和效果有关，经济利益的驱动使得中介服务机构与稻农、涉农企业等技术需求主体密切联系，从而提高扩散效率；

③对经济利益的追逐同样适用于农户，适宜的稻作技术能有效地提高采用农户的收入，预期收益越大，农户采用稻作技术的需求越大。

5.5.1.2　外在动力机制——政府的推动力

推力来源于政府对社会效益、生态效益、社会目标的追求。与一般的农业技术性质相同，稻作技术具有公共物品或准公共物品的性质。因此稻作方式的扩散离不开政府的大力支持。政府主要通过财政直接投入和制定法律法规来影响稻作方式的扩散（蒋瑛，2003），主要表现在：

①稻作方式发展相关规划一般由当地相关政府部门制定，并且在与稻作方式发展相关的基础设施的修建中，政府部门具有重要的地位和作用，如直接投资修建机耕路、农机具集中放置厂房等；

②政府补贴对于稻作方式的发展来说是最为直接的外在动力之一，尚湖镇政府对机插稻的补贴力度也是机插稻发展的重要推动力量之一。此外，政府拨款是稻作方式推广部门以及科研院所工作开展及研究经费的主要来源；

③政府通过各种法律法规的制定，为稻作技术的扩散营造良好的环境。如发布稻作方式发展的相关政策意见，给予稻作方式发展较好地区的奖励性政策，给予发展落后地区的扶持性政策，以及对筹建相关经济合作组织给予扶持和项目支持等；

④通过形式多样的推广活动，如开展农业科技入户、举办农民培训和召开现场会等，直接参与到稻作方式的扩散过程中。

5.5.1.3　耦合动力机制——交互作用力

在市场的拉力与政府的推动力之外，还存在着一种耦合力，即创新农业技术与待扩散区域的自然、经济、人文条件的相适应性，弥合供需双方之间的技术差距的外部条件，也是决定技术扩散的重要条件。技术的扩散受多方面、多因素以及各种条件的共同影响和制约，其扩散过程的实现也是多方面作用耦合的结果（刘辉等，2006；方维慰等，2006），稻作方式的扩散同样如此，主要表现在：

①稻作方式供给主体与需求主体之间的耦合。稻作方式的需求与供给的相关关系促进了供给主体对稻作技术的开发和应用，两者之间的一致性是稻作方式创新扩散的必要前提；

②稻作方式自身属性与尚湖镇自然条件之间的耦合。只有稻作方式与接受区域的自然条件、资源状况和社会基础等相适应，才能使得稻作方式在相应的空间和一定的时间内得到扩散；

③稻作方式发展目标与政府意愿之间的耦合。稻作方式扩散的外部宏观环境受政府的影响较大，与政府当前指导方向一致将有利于稻作方式更好地扩散。

5.5.2 稻作方式扩散的阻力因素

5.5.2.1 技术障碍

（1）关于技术的优势 一般情况而言，技术满足一定的相对优势、兼容性好、可试验性好，并且操作简单的条件下，就具备了快速扩散的可能（罗杰斯，2002）。但是，对于农业技术而言，仅仅具备以上属性是远远不够的，现实中技术扩散的形成要复杂得多，技术的相对优势并不一定促成其扩散。马亚明等（2003）在研究技术扩散视角下技术优势与企业对外投资中认为，企业的对外直接投资行为不仅在于利用和发展原有的优势，还在于保持和寻求新的优势。对于技术而言，其扩散一方面在于利用和发展原有的优势，而扩散的深层次推进也同样在于保持和寻求新的优势。此外，技术的相对优势在面临风险性、选择主体意志的差异性等时往往变得很脆弱，因此，技术的扩散仅仅有相对优势是不够的。

同一环境下不同的农户对同一种稻作方式的优点与缺点的理解不尽相同，采用机插稻的农户认为，直播稻并不省工，因为其后期打药除草花工较多。而一些采用直播稻的农户则认为虽然直播稻后期的管理较手栽稻烦琐，但前期移栽省工，且生长后期农户能够利用上班的空闲时间进行田间除草等管理工作，这样的时间和强度配置使得农民觉得直播稻种植要较手栽稻轻松。机插稻虽然具有省工的特点，但相对直播稻并没有绝对的省工优势，而在农户所看重的优势没有得到很好呈现的情况下，稻作方式的相对优势可能不会引发农户行为的改变。更何况农户对技术创新的相对优势的感知更多的是该创新被认知到的比它的替代对象更好的程度（Rogers，1995），是它被农户认知到的情况，而不是它实际上如何（关锦勇、周荫强，2007），这更加剧了技术相对优势的脆弱性。

（2）技术的优点与缺陷 在社会进步的过程中，要素的稀缺使得人们对于技术的要求在不断地变化，技术的优缺点也随之发生着变换。新中国成立后很长一段时间内，产量是稻作方式存在的根本，手栽稻的高劳动力投入并没有成为手栽稻的致命缺陷。直播稻杂草问题在化控技术得到发展的同时也被弱化。抛秧稻是在相对手栽稻省工的优势上发展起来的，而相对直播稻劳动力投入的劣势又成为抛秧稻发展的阻碍。机插稻技术本身则是在高产和省工的愿景下不断寻求突破，机插稻综合优势的不明显是制约其发展的重要因素。稻作方式优点与缺点的转化过程也是稻作方式的扩散过程。

（3）技术与技术之间　通常农户A购买Ⅰ型拖拉机对于农户B购买Ⅱ型拖拉机几乎不会有影响，而农户采用技术和购买农用商品不同，有时候个别农户的特殊采用行为可能对整个村庄农户的技术采用产生影响，这也使得稻作方式在区域内的扩散变得复杂。

案例1：WGF，男，1953年出生，初中未毕业，1994年开始担任所在村（练南村）管水员，家中原有3亩地，2009年，在采用了一年机插稻后，以换社保的形式将3亩地流转了出去，现每月拿166元社保，另外还负责本村的打水事宜。访谈中老W抱怨中带着委屈“以前的水好管，现在的管水是得罪人的事，这个差事快干不下去了”。原来今年练南村2 127亩水稻田中有1 880亩机插，还有247亩直播，机插稻和直播稻的需水时间不同，灌水量也不同，而直播稻田大多与机插稻田交织在一起，常常是机插稻需水时，直播稻农户坚决抗议；直播稻需水时，机插稻农户又反对。今年，一种稻大户需水，协调不成，镇里强制放水，一旁的直播稻农户与老W出现争执并升级成冲突，后经农业技术推广服务中心领导出面协调才化解了此事。调查中，涉及这一事件的一些机插农户表示，如果那些采用直播稻的农户明年还是直播的话，他们的一些田块也将被迫采用直播。

不仅仅是同质技术之间，非同质技术之间也存在着不可避免的矛盾。近年来江苏省秸秆禁烧作为考核项目纳入基层干部工作中，每到小麦收割季节，村干部都会镇守农田，而秸秆禁烧与稻作方式发展之间的矛盾使得村干部和农业推广人员的工作也变得复杂。秸秆禁烧、秸秆还田不到位影响了稻田秧苗的存活，对机插稻秧苗的影响更大。机手的反应尤为强烈，“让我们保证机插质量，秸秆又不给烧，死苗后老百姓还来找我们”，而一些机手也直接明示农户，田间有秸秆死苗的不要找他们。

（4）技术的成本　成本是农户采用稻作方式的重要影响因素，影响农户采用稻作方式的成本主要是物质成本，而农户对物质成本的感知又可分为经济成本和会计成本。调查过程中发现，经营机插稻的农户在进行集中育秧过程中，需要大量购置生产资料和雇佣劳动力，这部分投入会被计入会计成本中。虽然直播稻生长后期的除杂相对花工较多，但大多农户能够利用闲暇时间和自家闲散劳动力除草，不产生会计成本，这部分劳动投入大多也不会作为成本进入核算内容（滕延福，2012）。由于大多直播稻农户对稻作方式的成本感知多为会计成本，而非经济成本，因此，从直播稻农户的角度看，采用机插稻成本投入要高于直播稻。

影响农户采用稻作方式的成本除了物质成本外还有心理成本。李继先（2003）提出心理成本和心理收益理论后，心理成本多指顾客购买产品时，在精神方面的耗费与支出（张向峰，2008）。农户采用新技术的过程也是消费者购买技术产品的过程，是一个从产生需求、寻找信息、判断选择、决定采用到实施采用行为，以及采用后感受的复杂过程。以农户采用机插稻为例，农户在采用新技术之前为了保障自己的选择是最优的，总是要“货比三家”，尽可能地搜集、比较、判断、选择有关稻作技术的信息；在采用机插稻的过程中，还要为安排栽插时间、寻找机手而操心，如遇机手态度不好，很有可能机插的质量得不到保障。所有这一切，都增加了农户采用机插稻的心理成本，也降低了农户作为顾客的让渡价值。农户采用稻作方式的心理成本包括风险成本、转换成本和情境成本等 3 个方面。风险成本是指农户可能由于决策失误而引致的成本损失。如农户为了省工采用直播稻，却没有预料到草害问题。转换成本是指农户在采用某种技术后要转而采用另一技术的难度和成本。如农户在投入大量资金购入插秧机后不久，又想改用其他稻作方式，此时即使是转卖机器设备，也会产生贬值。情境成本是指农户在采用稻作方式的过程中由于受到不可预知的环境因素的影响而造成的损失。如农户采用直播稻后，由于当年的低温提前来临，直播稻未能安全齐穗，给水稻产量带来严重损失。

5.5.2.2 外部环境困境

（1）技术市场障碍

①市场供求　尚湖镇机插稻市场总体上供求均衡，但局部供求矛盾仍然存在。由于机插稻的经营主体多为大户，通常情况下，一个大户拥有 1～2 台插秧机服务于自家的流转地，周边一些没有购买插秧机的机插小户则要依赖于大户，而农忙季节秧苗栽插时间比较集中（一般在 15～20 天内），兼业的农户都想尽早栽插，并且生育期的缩短意味着产量的减少（夏科，2007）。而一些大户忙于自己的流转地，无法顾及周边的小户，一些农户田间甚至长出了草也还没等来插秧机，由此带来的二次耕田、除草让他们烦恼不堪。一些原本想机插但又不想等的小户无奈之下只有直播，这便是尚湖镇局部地区机插稻有效供给不足的一面。另外一方面，一些购买了插秧机但自己水稻种植面积较小的农户则需要开拓市场，提高插秧机的有效使用率，由于没有专门的中介机构，他们需要通过农村熟人社会中的各种渠道和关系联系分散的农户市场，这样一来交易费用大增。

在农村社会，市场的形成较多依赖于熟人，这种在熟人社会基础上建立起来的市场，在相对稳定中掺杂着众多不稳定的因素（张晓兰，2011）。一般情况下机插稻经营农户通过熟人关系网络建立起市场，并根据市场的容量对机插稻的育秧进行预测。在尚湖镇机插稻发展的早期，对市场需求的估计是在与农户口头约定的基础上产生的，在没有第三方的见证下，口头预约本身就存在着不稳定性，况且即使有第三方，农户之间也不会因为毁约而撕破脸皮，因为任何一个农户都可能成为来年的潜在客户，这同时又是熟人社会的稳定性一面。农户的毁约直接导致机插稻经营户育成的秧苗卖不出去，给其带来较大的损失，后来机插稻经营农户吸取教训，采用交定金的方式进行预约，这样一来即使一些农户毁约也不至于带来较大的损失。

案例2：以大户ZJZ为例，除去自己承包的250亩地外，还服务了周边300亩约100户农户的机插稻。服务对象中既有变动户又有铁杆户，其中铁杆户仅为22户，变动户近78户，可想而知，一旦这一庞大变动户群体的选择行为出现其他情况时，大户ZJZ的收益将会受到很大的影响。如何保证服务对象的稳定性，建立有效的信息网络不仅仅是ZJZ也是其他大户发展机插稻业务面临的重要问题之一。

② 经营方式　尚湖镇机插稻经营农户与采用农户之间主要是以秧田的单位面积作为单价，根据实际栽插的田亩数进行结算。栽插方式分为带苗机插（140元/亩）和不带苗机插（100元/亩）两种，至于秧田面积的大小，由农户说了算，而农户报出的稻田面积和实际面积往往存在差距，稻田实际面积小于1亩则已，大于1亩的往往也按照1亩算。由于机手栽插时每亩固定秧盘数为18～20盘，对于实际面积大于1亩的田块，栽插密度就会降低，从而栽插质量得不到保证。此外，由于是按照田亩数计算，为减少成本，机手们能少插就少插，一些农户每亩机插稻的用秧量甚至只有15盘，基本苗不足严重影响了机插稻的产量。针对上述问题，尚湖镇一些农户和机手之间开始实施新的机插稻收费标准，实行不论田块大小，根据农户对栽插密度的需求供应秧盘数，以每盘5元为收费标准，自然稻田面积大的需要的秧苗量就多。这一收费方式以更为容易量化的标准取代实际操作过程中难以量化的标准，杜绝了秧田登记面积与实际面积存在差异这一现象，也减少了机手偷工减料的问题，在保证机插稻栽插质量的同时也保障了机手的利益。

（2）要素市场障碍

① 土地市场　受比较效益的影响，家庭联产承包责任制下的小规模农作经营，使得农户从事农业生产和采用新技术的积极性不断下降，在此种情况下，如果采用新技术不能给自身带来明显的经济收入，那么农户对新技术的采用将更加缺乏动力。解决这一问题除了通过提高技术的相对优势外，通过规模效益提升农户从事农业生产和采用高效新技术的积极性是较为有效的方法（许庆等，2010）。因此这几年来尚湖镇积极推动土地流转，促进水稻规模经营，对机插稻的发展起到了重要的推动作用。除了规模经营的限制外，当地土地的零碎化对机插稻的发展有较大的阻碍。尚湖镇插秧机正在从手扶式向乘坐式过渡，乘坐式插秧机在小规模、零碎化土地上的作业效率受到了一定的限制，发

挥不出其原本生产力上的优势。

以所调查的样本为例，尚湖镇田块面积户均 1.96 亩/田块，最低仅 0.34 亩/田块，这里的田块包括连片的相邻田块，如按照田埂折算则更少。西方发达国家实现农业现代化的道路上，土地的规模化是前提，而今在中国农村，土地零碎化的现状一时还不可改变，因此，由机械化带来的劳动生产率的提高是否能够显现值得关注。中国农业的发展已经历或正在经历通过土地生产率的提高及劳动生产率的提高来实现农业快速发展的阶段，不论未来将通过什么样的发展方式实现中国农业的现代化，发展条件的成熟是基础。土地零碎化是农业机械化进程中的一个阻力，也是影响农业现代化的重要方面（Simons，1987；Wan et al.，2001；苏旭霞等，2002），在机插稻发展过程中体现出的矛盾，也只有在土地规模化、规整化后方能实现。

调查发现，一些水稻规模经营大户在机插过程中部分退回了直播稻，原因是规模太大，所承包的田地来不及机插，并且即便雇佣工人也不会对其边际收益带来提高，用大户的话说就是“赚回来的钱大多也跟着工人走了，自己还跟着操心，不划算”。在水稻生产由小户经营向规模化经营转变的过程中，为了规模化目标而忽视超规模经营带来的规模不经济，这便是机插稻的适度规模经营问题。此外，土地使用权的稳定性给尚湖镇稻作方式的发展带来了一定的阻碍。对于大多数农户来说想要实现种植收益的提高，必须对土地和稻作技术进行投入，土地使用权的稳定性又是农户投入的前提（陈佑启等，1998），而通常尚湖镇承包大户的承包期限在 5 年左右，因此在相对较短的承包期限下，一些农户不倾向于采用投入较高的稻作方式，这对尚湖镇机插稻的发展产生了一定的影响。

② 劳动力市场　水稻是劳动高度密集的粮食作物，对劳动需求的季节性非常强，尚湖镇劳动力的转移使得手栽稻退出历史舞台的同时，对机插稻甚至是水稻生产的影响也逐步显现，主要表现在机插稻季节性用工瓶颈方面。农村家庭有效劳动力的分配特点决定了机手的组成及流动情况。受外出务工的比较收益影响，非农忙季节大多青壮年机手都在外打工，即便农忙季节也少有机手回乡参加农忙。非农忙季节，村里的机手还能够满足生产需要，一旦到了农忙季节，便呈现“一人难求”的状态。此外尚湖镇机手年龄大多在 45 岁以上，年龄结构偏大，年轻机手缺乏，年龄结构上出现断层，机手队伍亟须有新鲜血液的注入。据一些大户反应，前几年农忙季节还可以雇佣外地农民，这几年到本地打工的外地农民越来越少，佣金也越来越高。目前，尚湖镇种稻大户雇佣工多为当地 60～70 岁之间的老年人，大户 ZJZ 感慨，“现在农村里是白发人种田、黑发人上班，再等 10 年，白发人都过去了，又有谁来种田”。

③ 资本市场　早期较高的资本投入是影响尚湖镇机插稻发展的重要因素。

发展机插稻经营的初期需要大量的初始投入，对于经营机插稻的农户来说，一台插秧机即使经过政府的补贴（补贴后几千到上万元不等）也是一笔较大的费用。在早期信贷缺失的情况下，高资本投入无疑对机插稻的发展形成了阻碍。近年来，涉农信贷政策不断完善，不少机插稻经营农户从信用社（现为农村商业银行）获取过贷款，这对他们从事机插稻经营起到了一定的促进作用。

（3）服务发展困境　尚湖镇现有农民专业合作经济组织10家，其中与水稻生产有关的专业经济合作组织4家，分别为常熟市尚湖镇大河农机专业合作社、常熟市尚湖镇常兴农机专业合作社、常熟市河金农机专业合作社、常熟市车路坝农机专业合作社。一般意义上，合作社是在农民自愿参加的基础上，以农户经营为基础，以某一产业或产品为纽带，以增加成员收入为目的，实行资金、技术、生产、购销、加工等互助合作的经济组织。对于处于发展初始阶段的尚湖镇合作经济组织来说，其成立很大程度上是一位或几位机插稻经营大户，为争取更多的政策支持，在政府相关部门的推动下（有时候更多的是政府行为）产生的。在这一基础上发展起来的经济合作组织，其本身在资金、技术、生产、购销、加工等互助合作上就存在较大的障碍，更谈不上大户间业务上的往来与合作。

除去合作服务组织的发展问题外，机手的老龄化和新机手的培养问题是机插稻服务本身不可逾越的发展障碍。2011年，尚湖镇机手平均年龄50岁以上，年龄最大的机手为66岁。机手不同于一般的驾驶员，一个好的机手同时也是一个“多面手”，横向业务上要求会使用插秧机等农机，纵向业务上要求既有农机修理知识，又要有作物栽培的知识。据农业技术推广服务中心S主任介绍，一个成熟的机手培养需要3～5年时间，而2011年尚湖镇尚没有拥有农机职业技能鉴定证书的机手。因此，未来尚湖镇机插稻发展的关键在于机手队伍的充实，而机手队伍业务素质的提高又是机插稻栽插质量提升的关键。

在机插稻市场不断扩大的同时，机手的成长成为制约机插稻发展的重要方面，这里机手的成长一方面指机手总体数量的增加，另一方面指机手技术素质的提高，对于前者，通过机手的自我发展和政府部门的推动，短时间内机手群体数量可以得到迅速扩大。而相对于机手数量的发展，机手素质的提高显得困难许多，从新机手到技术成熟的机手之间，除了机手本人对技术的钻研态度外，时间和经验的累积也是重要方面。一些地区在紧凑的水稻栽插季节中出现了农户宁可排队等老机手，也不要空闲的新机手栽插的现象，某些地区还出现了农户拒绝年轻机手下田作业的案例。新机手的发展在机插稻扩张前期固然起重要作用，但从机插稻的长远发展来看，机手群体质量的提高才是关键，而期间政府对机手的技术能力的培训显得尤为重要。

（4）政策困境　补贴对农业生产的发展有着重要的支撑作用，就我国农业补贴政策的现状而言还有一定的局限性（穆月英，2010；刘权政，2009；彭丽，2012）。在高额的补贴政策下，尚湖镇的机插稻同样存在着补贴困境，即农户对机插稻的采用取决于补贴的实施，用农民的话说“补了就搞，不补不搞”，可想而知，在撤去补贴政策后机插稻的发展又将会如何。补贴是机插稻起步发展的重要推动力，在这股动力的影响下，尚湖镇机插稻得到了长足的发展。但在此过程中也不难发现，部分机插农户在补贴撤离的情况下，将可能出现放弃机插的行为。这便涉及补贴在机插稻发展过程中应该何时进入的问题，是在发展的起步阶段进入，还是在具有一定发展基础的情况下进入；起什么样的作用，是“诱导剂”的作用，还是“催化剂”的作用。补贴的愿景是对目前具有发展机插稻动力，而暂不具备发展能力的农户起推动作用，对于那些连发展动力都没有的农户，补贴只是促使了机插稻的“被发展”和农户的“被选择”，这样的发展是不具备稳定性的，随时可能因为补贴的撤离或外界环境条件的改变而发生变化。

如前文所述，机插稻发展的根本不仅在于利用和发展原有的优势，还在于保持和寻求新的优势。特别在直播稻和机插稻的发展进入相持阶段后，对于机插稻而言，接下来的竞争中，在褪去其身上所附着的政策方面的优势后，还不能凸显其自身优势的话，那么很有可能其发展将在“最后一公里”处戛然而止，甚至退出。此外，对插秧机的一次性补贴政府尚且可以承担，而为了促进土地规模经营，对大户的年度性补贴则是需要财政大力度且长期支持的，这对于政府部门来说是一项沉重的负担，对于经济欠发达地区也不可效仿。

除了补贴政策的“补与不补”的问题外，补贴政策还存在“补给谁”的问题。尚湖镇“谁种田谁拿补贴”的规定解决了补贴的基本对象问题，但在这些“种田人”中既有当地大户又有外地大户，当地大户和外地大户享受的补贴政策是有差别的，外地大户通常拿不到当地大户的全额补贴。这是因为按照规定，外地大户是不可以直接从镇里或村里拿到土地的，正常是一些当地大户从村里流转出土地，再以发包人的身份将地转包给外地大户，并从中赚取差额，抽取补贴份额，一些外地大户明知吃亏但也只能接受。

案例 3：XLY，男，1962 年出生，安徽安庆人，来到尚湖镇 20 多年，跟别人打过工，做过煤球生意。如今从当地大户手中承包了 135 亩地（2011 年度尚湖镇种粮大户信息表中没有 XLY 本人），今年已是承包的第 3 年。据 XLY 本人计算，与当地大户相比，其种田是要少赚一些的，因为有一部分补贴拿不到，承包费用相对当地大户要高出约 150 元，当然如果在没有补贴的情况下，XLY 表示种田还不如打工赚钱，也就不会承包了。

5.5.2.3　农户自身阻力因素

农户作为稻作方式的最终受体，在稻作方式采用方面还存在着内在和外在的阻力因素，主要表现在以下几个方面：

（1）农户兼业对其采用机插稻积极性的影响　受比较利益的影响，尚湖镇农户兼业程度较高，农业已不再是农户收入的主要来源。在此种情况下，如果采用机插稻不能给其带来明显的经济收入的话，那么农户就更加缺乏采用机插稻的动力。

案例4：户主YJL，尚湖镇家鑫村人，67岁，自己是木工，儿子和儿媳在厂里上班，家有6亩地。周围人大多采用机插，自己采用直播，原因是田少，哪个省工用哪个，省得麻烦，产量无所谓，不指望这几亩田赚钱。且产量似乎也没低到哪里，自家吃，够吃、好吃就行，吃自己种的粮食也安心。

（2）农户的类型对稻作方式发展的影响　①大户与小户。不同种植规模的农户对稻作方式的采用行为有所不同，水稻种植面积较大的农户容易受到规模经济的影响（林毅夫，1994），倾向于采用具有高产特性的稻作方式；对于水稻种植面积较小的农户来说，在一定的产量范围内，产出上的差异不足以抵消采用复杂技术上的交易成本和采用新技术的心理成本，可能越倾向于采用原先的或省工、易操作的稻作方式。②经济理性型农户与价值理性型农户。经济理性型农户注重将家庭劳动力配置于能发挥较大实际效益的非农领域，农户在农业技术的选择上必须围绕家庭效用最大化和家庭整体劳动分工结构进行，因此这类农户更加倾向于选择具有省时、省工和高效特点的直播稻。价值理性型农户在对生活质量和自我价值实现的追求上有更高的要求，为了持续保持效用的较高水平，这类农户家庭需要将其成员的劳动、雇佣劳动与其资本相结合以更好地获取收入（王春超，2009）。在稻作方式的发展过程中，这类农户是最有可能首先采用机插稻的群体。③年轻人与老年人。就户主年龄而言，年龄越大的农民可能习惯于传统的稻作方式（Adesina et al.，1993），但受体力影响也有可能采用劳动力节约型稻作方式。尚湖镇一些年轻人开始进入种田行列，但与那些种田“老把式”相比，年轻人对效益更为看重，而老把式们则更倾向于把田种好，因此，代际间稻作观的不同对稻作方式的发展也有一定的影响。④当地大户与外地大户。受政策对象、所拥有的人力资本以及信息资源的影响，本地农户与外来农户的稻作观也将会有所不同。

案例5： GZL，35岁，本地大户，也是调查中最年轻的大户。在外面打工的他听说村里搞土地规模经营，不少人赚了钱，2009年便转行加入规模经营行列，由于直播稻成本低，转入第一年的40亩地全部采用了直播稻，直播后村里便来人毁田，后因赶不上季节没毁成。此后在村里的压力下GZL购买了1台插秧机，1台拖拉机，共投入十几万元，第二年开始采用机插稻，但据其测产，机插和直播的产量差异不大，都在每亩500kg左右。GZL表示如让其自主选择，则更愿意采用效益较高的直播稻。

案例6： 案例3中外来大户XLY，2008年流转了135亩地，第一年，一部分田地在采用机插稻失败的情况下改为直播，后发现相对机插稻直播成本要低100元/亩，此后便不再采用机插，当地农业技术推广服务中心工作人员多次与其交流做工作，但始终没能改变其行为，也因此XLY与当地农业技术推广服务中心之间形成了矛盾。2013年承包合同将到期，据说农业技术推广服务中心将不再允许当地大户与其续签合同。

（3）农户的技术路径依赖对稻作方式扩散的影响 “路径依赖”（path-dependence）是技术变迁的自我强化、自我积累的性质（David，1985；Arthur，1989）。Arthur认为，新技术的采用往往具有报酬递增的性质，而首先发展起来的技术通常可以凭借其占先的优势地位，利用巨大的规模降低单位成本，利用普遍流行导致的学习效应以及众多行为者采用相同技术产生的协调效应，促使它在市场上越来越流行，人们也就相信它会更加流行，从而实现不断自我增强的良性循环。相反，一种具有相较其他技术更为优良的技术却有可能由于迟到一步，没有获得足够多的跟随者，进而陷入恶性循环，甚至“锁定”在某种被动状态之下，难以自拔（马海涛，2010；熊鸿军等，2009）。以尚湖镇手栽稻、直播稻和机插稻的发展为例，直播稻和机插稻都具有省工的优点，直播稻凭借在栽插环节的省工优势首先被农户采用，并迅速扩散开来，而随后登场的机插稻，即便在产量上较直播稻有优势，但“路径依赖”下的农户改变其直播稻采用行为已不是易事。一旦进入了锁定状态，农户稻作方式采用行为的改变往往需要借助外部效应，引入外生变量或依靠政权的力量，才能实现对原有方向的扭转，这也是尚湖镇机插稻和土地流转补贴力度如此之大的重要原因。

5.6 本章小结

由前文分析可见，尚湖镇稻作方式早期发展在经历了手栽稻、抛秧稻和直播稻后最终走上了机插稻的道路，机插稻的发展与尚湖镇的政策环境、技术环境、市场环境和资源环境密切相关，主要表现在政策导向与行政干预相结合，通过土地流转推动机插稻规模经营；营造创新型技术环境，为机插稻的快速发展提供条件；通过大力度的补贴政策，降低土地、技术等生产要素价格，从而降低农户机插稻技术采用门槛；充分利用自然资源和社会资源，为机插稻的扩散提供动力。技术供给主体、中介平台以及技术需求者之间的良性互动是尚湖镇机插稻扩散系统运行的前提。稻作方式微观扩散体系中，农技员的宣传推广和政府部门的培训工作对机插稻的扩散起到了重要的作用。政府投入、示范区建设、农业培训、现场会、能人示范相结合的综合推广模式，大户经营、规模化经营、农场式经营、股份合作经营等多样化的经营管理模式以及农机推广部门、农业服务中心、高校科研机构相结合的综合服务型模式构成了尚湖镇机插稻的扩散模式。

市场的拉力、政府的推动力以及交互作用力是机插稻扩散的主要动力机制。其中农户以及其他相关利益主体对机插稻的经济效益的追求是市场拉力的来源，政府对社会效益及社会目标的追求是其大力推动机插稻发展的动力来源，机插稻与农户需求之间的耦合、与尚湖镇自然资源之间的耦合以及与政府发展意愿之间的耦合是决定技术扩散的重要条件。总体而言尚湖镇机插稻扩散的运行机制实际上是以围绕机插稻生产的经济效益，集成了政府和市场两方面力量，发挥了各方积极性的一种政府驱动机制与市场驱动机制相结合的联合驱动机制，从而保证了机插稻的有效扩散。

在实际发展过程中，机插稻也面临着一定的阻力因素。从技术本身来看，现阶段机插稻的相对优势不明显，栽插质量是其进一步发展的主要技术障碍，秸秆还田不到位等影响了机插稻的栽插质量。外部环境方面，虽然尚湖镇机插稻市场总体上供求均衡，但局部供求矛盾仍然存在；机插稻超规模经营不利于机插稻的发展，土地零碎化则影响了机插效率的提高；专业化服务组织发展成熟度低，劳动力市场的老龄化以及年轻机手的缺乏是尚湖镇机插稻进一步发展要解决的问题。农户方面，农户的兼业性影响了其对机插稻的采用；不同类型的农户对机插稻的采用情况不同；农户对稻作方式核算方式不同造成的成本感知错位、技术转换中的心理成本以及农户对技术的路径依赖影响了其对机插稻的采用。

由尚湖镇稻作方式的发展历程和经验可见，发展机插稻首先必须有与之相耦合的自然资源条件；其次要具备与机插稻发展相匹配的社会经济发展水平；再次，机插稻的发展还需要强有力的政策支持，这既包括土地流转等辅助性支持政策，还包括大力度的补贴政策等；最后相关部门的有效运作和相互配合是保证机插稻顺利推广的重要条件。在具备了上述条件的基础上，机插稻的扩散才有可能顺利进行。

本章以常熟市尚湖镇稻作方式的发展为例，对稻作方式的扩散机制进行了研究。而在影响稻作方式扩散的众多因素中，相关利益方利益诉求的不一致是影响稻作方式扩散的根本，那么稻作方式扩散中的相关利益方对稻作方式的发展有着什么样的利益诉求，对不同稻作方式又有着什么样的认知，下一章将围绕以上内容展开研究。

◆ 参考文献

埃弗雷特.M. 罗杰斯，2002. 创新的扩散［M］. 辛欣，译. 北京：中央编译出版社.

常向阳，戴国海，2003. 技术创新扩散的机制及其本质探讨［J］. 技术经济与管理研究（5）：101-102.

陈佑启，唐华俊，1998. 我国农户土地利用行为可持续性的影响因素分析［J］. 中国软科学（9）：93-96.

方维慰，李同升，2006. 农业技术空间扩散环境的分析与评价［J］. 科技进步与对策（ll）：48-50.

蒋瑛，2003. 农业科技园区发展的动力机制初探［J］. 四川大学学报（哲学社会科学版）（2）：130-134.

李继先，2003. 心理成本和心理收益初探——一个解释人类行为的新视角［J］. 商丘职业技术学院学报，2（5）：14-17.

林毅夫，1994. 制度、技术与中国农业发展［M］. 上海：上海人民出版社.

刘辉，李小芹，李同升，2006. 农业技术扩散的因素和动力机制分析——以杨凌农业示范区为例［J］. 农业现代化研究，27（3）：178-181.

刘权政，2009. 农民经济利益视角下农业补贴政策的思考［J］. 华中农业大学学报（社会科学版）（3）：1-4.

刘笑明，2008. 农业科技园区技术扩散研究——以杨凌农业示范区为例［D］. 西安：西北大学.

马海涛，2010. 地方生产网络演化研究——以潮汕地区纺织服装行业为例［D］. 广州：中山大学.

马亚明，张岩贵，2003. 技术优势与对外直接投资：一个关于技术扩散的分析框架［J］. 南开经济研究（4）：10-14，19.

穆月英，2011. 关于农业补贴政策的作用和局限性的思考［J］. 理论探讨（1）：87-91.

彭丽，2012. 财政农业补贴效用分析及改革研究［D］. 北京：首都经济贸易大学.

苏旭霞，王秀清，2002. 农用地细碎化与农户粮食生产［J］. 中国农村经济（4）：22-28.

滕延福，2012. 小规模农作条件下水稻生产专业化服务发展的研究——基于对江苏省如东县、楚州区与邗江区的调研［D］. 扬州：扬州大学.

田莉，薛红志，2009. 新技术企业创业机会来源：基于技术属性与产业技术环境匹配的视角［J］. 科学与科学技术管理（3）：61-68.

王春超，2009. 中国农户就业决策行为的发生机制——基于农户家庭调查的理论与实证

[J]. 管理世界 (7): 93-102.

夏敬源，谢建华，2005. 我国水稻免耕抛秧技术的发展与展望 [J]. 中国农技推广 (9): 9-12.

夏科，2007. 粳稻不同类型品种产量演化特点及高产特征研究 [D]. 扬州：扬州大学.

熊鸿军，戴昌钧，2009. 技术变迁中的路径依赖与锁定及其政策含义 [J]. 科技进步与对策，26 (11): 94-97.

许庆，尹荣梁，2010. 中国农地适度规模经营问题研究综述 [J]. 中国土地科学，24 (4): 75-80.

薛小荣，2007. 陕西农业科技推广的制约因素分析和模式创新 [J]. 安徽农业科学，35 (7): 2145-2147.

张建忠，李同升，李慧栋，2006. 我国农业科技园的发展现状及其动力机制 [J]. 农村经济 (12): 56-59.

张建忠，2007. 农业科技园技术创新扩散理论与实证研究——以杨凌示范区为例 [D]. 西安：西北大学.

张向峰，2008. 试论消费心理成本及其价值分析 [J]. 西安文理学院学报（社会科学版），11 (1): 91-93.

张晓兰，2011. 熟人社会与陌生人社会的信任——一种人际关系的视角 [J]. 和田师范专科学校学报，30 (4): 108-110.

赵挺俊，2000. 镇江市1997—1999年水稻机械化直播技术推广应用效果 [J]. 江苏农机化 (2): 17-18.

Adesina A, Zinnah M, 1993. Technology characteristics, farmers' perceptions and adoption decisions: a tobit model application in Sierra Leone [J]. Agricultural Economics (9): 297-311.

Arthur W B, 1989. Competing technologies, increasing returns and lock-in by historical events [J]. The Economic Journal (99): 116-131.

David P A, 1985. Clio and the economics of QWERTY [J]. American Economic Review (75): 332-337.

Simons S, 1987. Land fragmentation and consolidation: a theoretical model of land configuration with an empirical analysis of fragmentation in Thailand [D]. University of Maryland, College Park.

Wan G H, Cheng E, 2001. Effects of land fragmentation and returns to scale in the Chinese farming sector [J]. Applied Economics, 33 (2): 183-194.

Winter S G, 1984. Schumpeterian competition in alternative technological regimes [J]. Journal of Economic Behavior and Organizations (5): 287-320.

第6章

相关利益方对稻作方式发展的认知分析

2008年后，江苏省稻作方式结构发生快速转变，对水稻生产产生的影响引起了包括专家学者、政府部门、基层农技推广人员以及农户在内的相关利益群体的广泛关注。一时间基于不同利益群体视角的有关稻作方式发展趋势的研究和讨论成为继江苏省20世纪70年代“双季稻与单季稻之争”以及20世纪90年代“籼稻与粳稻之争”之后的又一次关于水稻生产重大技术问题的争论。那么相关利益群体就各自视角对稻作方式有着什么样的认知，其认知下稻作方式的发展趋势和方向又是如何，本章围绕上述问题，就不同利益群体视角下稻作方式的发展方向及影响因素问题进行了探讨。

6.1 分析框架与研究方法

6.1.1 分析框架

技术的推广活动是由利益相对一致的多个相关利益方共同参与而形成地拥有一定资源并保持某种权、责、利结构关系的群体活动（图6-1）。在中国，技术的推广与扩散过程除了有广大普通农户参与外，还有政府部门的参与，专家学者的参与，以及第一线的农技推广人员的参与。他们既存在利益的一致性，例如相关利益方对某一稻作方式的发展规模和效益的关注形成了稻作方式发展的初始动力，但同时相关利益方也存在着利益的分歧，例如，政府关注技术的社会效益，而农户关注家庭生计的改善，这使得相关利益方在参与组织活动中需求、期望和目标的异化，导致活动发展的内在动力不足、协调成本过高（孙亚范，2010）。利益的相对一致性是组织运行良好的前提和基础。利益相关者理论有助于从总体上理解关于稻作方式认知的发展和分化。

随着时间的推移和历史的变迁，技术发展过程中的相关利益方各自所拥有的资源以及面临的社会和制度环境也在变化，这种变化既会影响农户对技术目标的认同，也会影响相关利益方对农民技术选择目标的认同。如果相关利益方不能够对农户在技术不同发展阶段的需求做出快速反应时，农户与相关利益

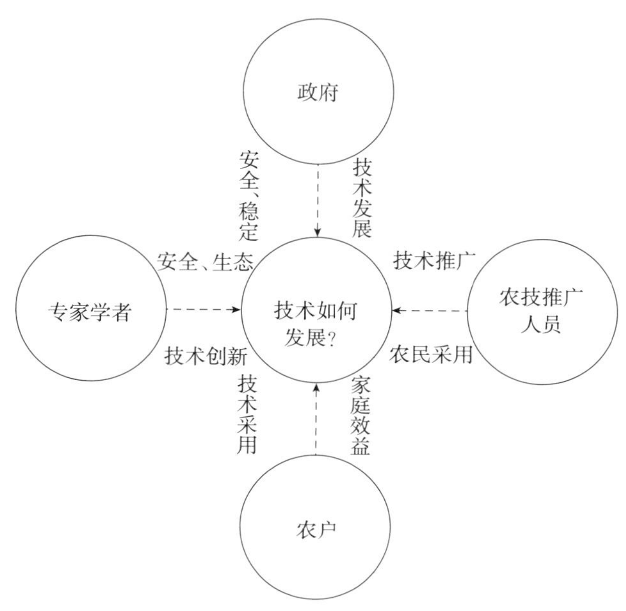

图 6－1　技术推广活动的相关利益方示意

方对于技术发展目标的认同就会受到影响，当这种认同的差异越来越大时，技术的扩散便会受到严重影响。上述过程可以由社会认知理论来解释。Bandura（1986）提出了“三方互惠决定论”，认为行为、认知和环境三者之间构成了动态的交互决定关系，一方面人们的所思所想影响着他们的行为方式，另一方面行为的内部反馈和外部结果反过来又部分决定其思想信念和情感反应；环境作为行为的对象或现实条件，决定行为的方向和强度，但行为也改变环境从而适应人的需要。由此可见，认知对个体行为产生重要影响，但同时也会受到行为结果的作用，认知与行为同时需要得到环境的支持或制约。周晓虹（1997）认为，认知是人类社会行为的基础，直接涉及个体如何主动创造自己行动的框架。Leeuwis（2004）进一步指出，认知是影响个体农民行为的重要因素。因此，技术发展过程中，各相关利益方对技术目标的认知是其决策行为的基础，只有理解了相关利益方对农民技术的认知和认知过程，才能理解其技术采用的意愿和行为。

关于农户认知行为，前人已积累了大量的文献资料，温仲明等（2003）就安塞县退耕还林（草）试点工作，采用参与性农村评估（participatory rural appraisal，PRA）的调查方法，对农户退耕还林（草）的认识、接受、期望以及退耕还林（草）对农户家庭的影响等进行了调查分析，认为农户对退耕还林（草）的认识与参与直接影响到退耕还林（草）的顺利开展，了解农户对退耕还林（草）的认识，是制定切合实际的政策的重要基础。刘鹏凌等（2005）依据安徽省农户抽样调查资料，对农民关于现行土地承包制度、未来农地制度改革方案以及失地农民保障措施的认知情况进行了分析。汲生才等（2007）通过对山东省临沂地区农村抽样调查，从农民对2006年“一号文件”的认知看其传播效果，发现大众传媒在政策传播的认知阶段的作用远远超过组织传播和人际传播。陈莹等（2007）在农民对农地功能及征地政策的认知分析中认为，农民对农地价值的认识不可能像学者那样全面把握农地价值的内涵和构成，他们考虑的是农地流转与自身利益息息相关的那部分价值，主要是农地的经济价值。万俊毅等（2009）以赣南脐橙产业为例对农户产业化联盟的认知进行了分析，调查表明，大多数农户已基本接受公司与农户的合作模式，与企业合作的农户数量较多，农民合作意识较强，然而，农民对公司与农户联盟的产业化模式的交易情境、治理机制、联盟绩效的认知上还存在一些不容忽视的问题。侯博等（2010）在对农户农药残留认知及其对施药行为的影响的研究中认为，大多数农户的认知水平较低，且农户对农药残留的认知影响着农户的施药行为。

基于前人的研究，本章就稻作方式扩散过程中主要的利益方——政府、专家学者、农技推广人员以及农户等视角下稻作方式的发展问题进行探讨，并就不同利益群体间的认知基础及认知差异进行研究，试图从认知层面探寻稻作方式发展的症结。

6.1.2 研究方法

本章从农户、农技推广人员、专家以及政府四个不同的视角对稻作方式的认知情况进行研究，所采用的研究方法分别是：农户视角和农技员视角采用问卷调查的方法，不同的是农户调查采用访谈结合实地问卷调查的方法，调查由调查员口头提问，并记录受访者回答内容完成问卷的填写。这一方法的优点在于问卷的回收率高，问卷完成质量高，调查员在面对面的访问中能够进行一些重要的观察活动，且调查员与被访者之间的互动有利于获得一些重要的调查信息。农技员调查采用自填式问卷调查法，自填式问卷调查法具有经济、快捷、样本获取量大的特点，尤其是对于一些敏感性问题比较有效，但是自填式问卷会出现受访者跳答题、漏答题以及对题目理解不到位的现象，且问卷回收率低。

专家视角主要采用层次分析法（analytic hierarchy process，AHP），AHP法是由美国运筹学家T. L. Saaty教授于20世纪70年代初期提出的，是对定性问题进行定量分析的一种简便、灵活而又实用的多准则决策方法。它把复杂问题中的各种因素划分为相互联系的有序层次，并根据对特定客观现实的主观判断结构（主要是两两比较）将专家意见和分析者的客观判断结果直接而有效地结合起来，将每一层次元素两两比较的重要性进行定量描述。而后，利用数学方法计算反映每一层次元素的相对重要性次序的权值，通过所有层次之间的总排序计算所有元素的相对权重并进行排序。它具有系统性、实用性和间接性的优点，但同时具有囿旧、粗略、主观方面的局限。本文中将 AHP 法与德尔菲法相结合，对专家视角下的稻作方式的认知情况进行研究。

政府视角主要采用文献研究法，这一研究方法是在前人和他人劳动成果基础上进行的调查，超越了时间、空间限制，通过对文献进行调查研究，研究目标对象的相关情况，是获取知识的捷径，也是一种高效率的调查方法。

6.2　数据、资料来源与调查内容

6.2.1　样本收集与数据来源

农户部分的数据资料主要来源于课题组 2010 年 5—8 月、2011 年 5—8 月、2012 年 5—8 月对江苏省苏南、苏中和苏北地区的调查。调查范围涉及苏州常熟、无锡江阴、扬州邗江、南通海安以及淮安楚州等 5 个县市（表 6－1），调查采用入户访谈的形式，共发放和调查农户 820 户，去掉部分数据缺失的无效问卷 65 份，最后共取得有效样本量 755 个，样本有效率达到 92.07%。

表 6－1　农户样本分布情况

地区	县市	乡镇	样本数（户）	
苏南	苏州	常熟	尚湖镇	89
	无锡	江阴	徐霞客镇	67
苏中	扬州	邗江	杨寿镇	86
			沙头镇	78
	南通	海安	城东镇	91
苏北	淮安	楚州	上河镇	113
			仇桥镇	117
			溪河镇	114
合计				755

资料来源：根据调查数据整理，下同。

农技推广人员部分的数据资料主要利用 2011 年 8 月、2012 年 2 月、2012 年 3 月、2012 年 5 月江苏省农技推广人员集中培训的机会，分别对 10 批来自江苏省各地方的农技人员进行的问卷调查，共发放问卷 600 份，收回有效问卷 437 份，样本有效率为 72.83%。具体分布如表 6－2 所示。

表 6-2　农技员样本分布情况

地区	县（市、区）	样本数（人）
苏南	南京：高淳、溧水	37
	苏州：太仓	1
	无锡：宜兴、惠山	19
	常州：金坛、溧阳	33
	镇江：丹阳	23
苏中	南通：如皋	75
	泰州：靖江、泰兴、兴化	13
	扬州：邗江、仪征、宝应、高邮	14
苏北	徐州：沛县、睢宁、邳州、铜山	84
	淮安：楚州、金湖、洪泽	4
	盐城：大丰、东台、亭湖、盐都、响水、建湖	120
	连云港：灌南、赣榆、东海	10
	宿迁：宿城、沭阳、泗阳	4
总计		437

专家部分的资料收集采用德尔菲法（delphi method）也称专家调查法，首先联系所在学院 5 位研究水稻生产及稻作技术推广方面的专家，采用通讯的方式分别将所需解决的问题单独发送到各个专家手中，征询意见，然后汇总 5 位专家的意见，并整理出综合意见。随后将该综合意见和相关问题再分别反馈给专家，再次征询意见，各专家依据综合意见修改自己原有的意见，然后再汇总。整个过程采用匿名发表意见的方式，经过反复征询、归纳、修改，最后汇总成专家基本一致的看法，作为最终的结果。

政府视角的资料收集主要利用图书馆的馆藏文献、电子文献检索系统，搜集与本研究相关的中、英文资料。另外，结合相关政府网站上的信息以及政府公文等资料，通过阅读、整理、归纳这些研究成果和资料，对政府视角下稻作方式发展的认知进行研究。

6.2.2　问卷设计与调查内容

本调查研究旨在对稻作方式发展过程中的相关利益方的认知情况进行研究，了解其之间的认知差异，并就不同相关利益方视角的稻作方式发展问题进行探讨。基于以上分析和本研究的方案设计，调查对象包括农户、农技推广人员以及专家学者等。

农户调查内容及问卷设计包括 4 部分，分别是农户基本情况、农户水稻生产基本情况、农户稻作方式采用情况以及对稻作方式的认知、评价等。农技推广人员调查内容及问卷设计包括3部分，分别是：农技人员基本情况、工作所在地水稻生产情况以及农技人员对稻作方式的认知、评价等。专家调查主要分为两个过程：一是确定稻作方式的主要影响因素，二是对确定的同一层次的影响因素间进行两两比较，进行定量描述。

6.3　基于农户视角的稻作方式的发展及影响因素

6.3.1　农户稻作方式的认知基础

（1）小户视角下稻作方式的选择　小农户是农户中的主体和中坚力量，其对稻作方式的选择具有特定时代背景下的特点。现阶段，我国人多地少的现状依然不可调和，但随着农村劳动力大量向外转移，使得从事农业生产的劳动力资源变得稀缺，劳动节约型稻作方式，如直播稻、机插稻、抛秧稻等成为农户选择方向。与此同时，从事农业生产的农户的兼业化使得农户应用轻简技术的概率越来越大（李争等，2010），在对稻作方式的选择上同样表现为对轻简稻作方式的采用。此外，从农户层面来看，农户兼业化带来的家庭收入组成的改变（王图展等，2005），使得农户在水稻种植收益和家庭总收益上，表现为对后者的追求。在农户对家庭收益最大化的追求下，农户稻作方式选择的目标是效益的最大化而非产量的最大化，农户这一理性“经济人”行为，使得手栽稻、机插稻等在产量上具有优势的稻作方式被放弃，而直播稻则凭借其在效益上的优势成为大多农户的最终选择。

（2）大户视角下稻作方式的选择　就大户本身而言，家庭经营以农业生产为主，兼业行为较少，大户对农业生产的重视程度要高，其对产量的追求便是对效益的追求，因而种稻收益最大化成为家庭经济效益最大化的体现。在生产风险的影响下，农户更加重视具有高产、稳产特征的稻作方式，因此机插稻等稻作方式成为大户的首选。此外，大户一般是规模经营，而规模经营不一定形成规模经济，规模经济也不等于都有规模效益（李山寨，2011），因此，大户对稻作方式的选择又会有两方面的呈现，一方面，由规模经营带来规模经济，并且在规模经济的带动下产生规模效益，这一情况下，农户水稻生产最终实现的是产量和效益双重目标，此时具有高产特性的机插稻和手栽稻等是农户的首选。另一方面，有时规模经营会有规模不经济的情况，此时产量和效益之间是矛盾的，而农户追求效益的一面便会呈现。在具体稻作方式选择中表现为，在一定的水稻种植规模下，规模效益使得农户较为重视水稻生产，具有省工、高产特征的稻作方式成为农户首选，如机插稻等；而随着规模的不断扩大，在劳动力投入、资本投入等因素的影响下，规模不经济的情况将会显现，此时农户又会倾向于选择轻简的稻作方式，如直播稻等。

水稻生产中，农户从土地上获得收益，无论是小户还是大户，无论是对产量的关注还是对效益的重视，都是农户基于家庭收益最大化的理性“经济人”行为。在稻作方式采用方面，不论农户如何选择，其行为都可以理解为农民在特定条件和环境下为了达到整个家庭收益最大化目标而进行的生产方式上的调整，也恰好是农民经济理性的体现。

6.3.2 农户对稻作方式发展的认知

6.3.2.1 对稻作方式的认知

由表6-3可见，所调查的样本农户中，农户对直播稻和机插稻的知晓率较高，超过97%的农户知道直播稻或机插稻，其中90%以上的农户见到过直播稻或机插稻。而在提及“你了解该稻作方式的操作规程吗?”有81.88%的农户表示了解直播稻的操作规程，只有61.52%的农户表示了解机插稻的操作规程。这是因为采用机插稻的农户中有相当一部分是由机手提供机插服务，有的机手甚至提供从育秧到机插的“一条龙”服务，农户无需了解机插稻操作规程便可直接采用，因此农户对机插稻操作规程的了解程度要低于直播稻。与直播稻和机插稻相比，知晓抛秧稻农户的比例相对较低，比例为89.54%，知道并见到过抛秧稻的农户比例为47.19%，而了解抛秧稻操作规程的农户比例仅为35.65%。农户对稻作方式的实际采用情况中，39.03%的农户采用了直播稻，36.40%的农户采用了机插稻，11.30%的农户采用了抛秧稻。由此可见，稻作方式较高的采用率与其较高的知晓程度有关，抛秧稻的发展则可以通过提高农户对其知晓的程度来促进其扩散。需要说明的是，由于手栽稻是较为传统的稻作方式，农户对其知晓率较高，因此没有将其列入表内统计。

表6-3 农户对稻作方式的认知

问题	选项	直播稻		机插稻		抛秧稻	
		人数	比例(%)	人数	比例(%)	人数	比例(%)
你是否知道该稻作方式?	知道	745	98.68	738	97.75	676	89.54
	不知道	10	1.32	17	2.25	79	10.46
你见到过该稻作方式吗?	见过	695	93.29	681	90.20	319	47.19
	没见过	50	6.71	74	9.80	357	52.81
你了解该稻作方式的操作规程吗?	了解	610	81.88	454	61.52	241	35.65
	不了解	135	18.12	284	38.48	435	64.35
你采用的稻作方式是?		297	39.03	277	36.40	86	11.30

6.3.2.2　对不同稻作方式生产特性的认知

农户对稻作方式的采用除了要知晓稻作方式外，更多的是建立在对稻作方式生产特性认知的基础上。表 6-4 中选取了直播稻、机插稻、手栽稻以及抛秧稻四种稻作方式，并就农户较为关心的相关生产特性进行了调查。所调查农户中，认为手栽稻产量高的农户比例高达 52.05%，认为直播稻产量高的农户比例较少，为 17.58%；而在对机插稻和抛秧稻的认知中，认为其产量一般的农户比例较高，分为 49.86%和 54.73%。对稻作方式投入的认知中，45.10%的农户认为直播稻的投入少，认为抛秧稻投入少的农户也达到了 39.20%；与此同时，52.03%农户认为机插稻的投入较多，41.72%的农户认为手栽稻的投入较多。稻作方式的用工方面，70.34%的农户认为直播稻用工少，76.29%的农户认为手栽稻用工多；农户对机插稻和抛秧稻的认知中，认为其省工的比例相对较高，分别为 45.26%和 56.80%。稻作方式综合效益的认知评价中，60.94%的农户认为直播稻的综合效益高，52.37%的农户认为抛秧稻的综合效益高；认为机插稻综合效益一般的农户达 35.23%，认为其综合效益低的农户也达到了 36.72%；农户对手栽稻综合效益的认知情况与机插稻相似，认为手栽稻综合效益一般和低的农户分别达 35.63%和 41.59%。

表 6-4　农户对稻作方式生产特性的认知

项目	选项	直播稻		机插稻		手栽稻		抛秧稻	
		人数	比例（%）	人数	比例（%）	人数	比例（%）	人数	比例（%）
产量	高	131	17.58	266	36.04	393	52.05	197	29.14
	一般	342	45.91	368	49.86	309	40.93	370	54.73
	低	272	36.51	104	14.09	53	7.02	109	16.12
投入	多	134	17.99	384	52.03	315	41.72	181	26.78
	相当	275	36.91	192	26.02	191	25.30	230	34.02
	少	336	45.10	162	21.95	249	32.98	265	39.20
用工	多	113	15.17	163	22.09	576	76.29	129	19.08
	相当	108	14.50	241	32.66	130	17.22	163	24.11
	少	524	70.34	334	45.26	49	6.49	384	56.80
综合效益	高	454	60.94	207	28.05	172	22.78	354	52.37
	一般	119	15.97	260	35.23	269	35.63	177	26.18
	低	172	23.09	271	36.72	314	41.59	145	21.45

6.3.2.3　对稻作方式发展方向的认知

由表 6-5 可见，45.17%的农户认为稻作方式将向着轻简特征的方向发展，认为稻作方式应该向高效方向发展的农户比例为23.58%，认为未来稻作方式应该具有高产特征的农户占21.06%，选择具有稳产特征的稻作方式的农户比例相对较小，为10.20%。说明现阶段的农户在种粮比较效益的影响下，产量已不再是农户最为关心的特征，反而在农户兼业程度不断提高的背景下，轻简特征成为农户选择稻作方式首要考虑的因素。此外，相对产量特征，农户更为关心的是稻作方式的效益特征，说明对于大多数已突破生存理性的农户而言，经济理性成为其技术选择的重要农户特征。由表6-6可见，具体到特定的稻作方式，52.19%的农户认为机插稻未来最有可能得到发展，这是因为大多数农民认为虽然现阶段机插稻的发展还存在一定的问题，但总体而言农业机械化是今后的发展方向。与此同时有37.75%的农户认为直播稻也有较好的发展空间，相对于机插稻和直播稻而言，选择抛秧稻和手栽稻的农户比例较低，分别为7.81%和2.25%。

表6-5 农户对稻作方式发展方向的认知

问题	高产稻作方式		高效稻作方式		轻简稻作方式		稳产稻作方式	
	人数	比例（%）	人数	比例（%）	人数	比例（%）	人数	比例（%）
你认为稻作方式发展的方向是？	159	21.06	178	23.58	341	45.17	77	10.20

表6-6 农户对不同稻作方式发展的认知

问题	直播稻		机插稻		手栽稻		抛秧稻	
	人数	比例（%）	人数	比例（%）	人数	比例（%）	人数	比例（%）
你认为近期哪种稻作方式最有可能得到发展？	285	37.75	394	52.19	17	2.25	59	7.81

6.3.3 农户视角下稻作方式发展的影响因素

6.3.3.1 稻作方式发展的关键影响因素

由表6-7可见，影响稻作方式发展的因素排序中，“省时省工”特征排在第一位，选择的农户达93.11%，排在前三位的还有“综合效益高”和“投入少、成本低”这两个特征，选择农户比例分别达到了83.18%和79.60%。“单产高”和“产量稳定”这两个特征分别排在了第四和第五位，选择农户比例分别为72.19%和63.44%；排在第六和第七位的稻作方式特征分别是“病、虫、草害轻”和“技术风险低”，选择农户达到了48.61%和41.85%；排在影响因素最后两位的分别是“技术简单易操作”和“便于田间管理”两个特征，比例分别为36.82%和32.45%。

表6-7　影响稻作方式发展的关键因素排序

排序	影响因素	人数	比例（%）
1	省工省时	703	93.11
2	综合效益高	628	83.18
3	投入少、成本低	601	79.60
4	单产高	545	72.19
5	产量稳定	479	63.44
6	病、虫、草害轻	367	48.61
7	技术风险低	316	41.85
8	技术简单易操作	278	36.82
9	便于田间管理	245	32.45

6.3.3.2　稻作方式发展的制约因素

由图6-2所示，45.30%的农户认为稻作方式自身的缺点是其发展的制约因素，20.66%的农户认为农户间的认知差异影响了稻作方式的发展，认为稻作方式发展动力不足是由于政府宣传推广力度不够的农户占15.63%，认为稻作方式受自然条件影响的农户比例为14.04%。说明在大多数农户的认知中，稻作方式自身特征是影响他们选择的主要方面，农户的认知差异对其选择稻作方式有重要影响，政府推广行为和自然条件在一定程度上影响了农户对稻作方式的认知。

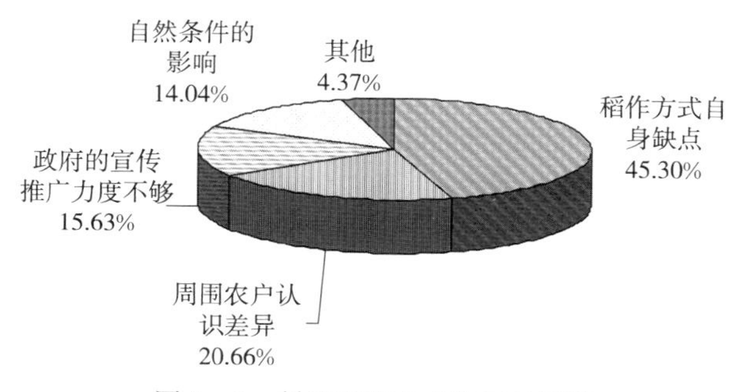

图6-2　制约稻作方式发展的因素

6.3.3.3　不同稻作方式发展的影响因素

具体到特定的稻作方式，农户认为影响直播稻发展的关键因素中（表6-8），优势因素排在前三位的是“省工省时”“投入少、成本低”以及“综合效益高”，选择的农户比例分别为86.44%、67.25%、49.80%；影响直播稻发展的劣势因素排在前三位主要是“草害重”“田间管理不方便”以及“产量不稳定”，选择的农户比例分别为72.34%、62.91%、43.36%。直播稻田间管理不方便主要是因为直播稻多为人工撒播，种植密度较高，且不成行成排，不利于施肥、除草等田间管理。直播稻产量不稳定主要是由于播期的推迟，其生长后期遭遇低温天气很容易造成水稻不能安全齐穗，给产量带来影响（张祖建，2011）；此外，直播稻的草害相对其他稻作方式发生量、发生率要高（张夕林等，2000），影响水稻产量的同时，也增加了农民的劳动负担。影响机插稻发展的关键因素中（表6-9），农户选择的优势因素主要是“省工省时”“产量稳定”以及“便于田间管理”等，比例分别为76.02%、65.45%、52.30%；农户选择的劣势因素分别为“投入高、成本高”“技术要求高”以及“综合效益低”等，比例分别为83.47%、74.80%、58.40%。需要说明的是，农户将机插稻技术要求高作为劣势因素主要是因为机插稻育秧风险大，受秧龄的限制移栽期较短，实际生产中由于移栽技术不过关漏秧时有发生，且秸秆还田不到位以及超秧龄栽插会导致机插稻出现死秧的情况（姜启顺等，2010）。

表6-8 影响直播稻发展的关键因素

	排序	影响因素	人数	比例（%）
优势	1	省工省时	644	86.44
	2	投入少、成本低	501	67.25
	3	综合效益高	370	49.80
劣势	1	草害重	539	72.34
	2	田间管理不方便	475	62.91
	3	产量不稳定	232	43.36

表6-9 影响机插稻发展的关键因素

	排序	影响因素	人数	比例（%）
优势	1	省工省时	561	76.02
	2	产量稳定	483	65.45
	3	便于田间管理	386	52.30
劣势	1	投入多、成本高	616	83.47
	2	技术要求高	552	74.80
	3	综合效益低	431	58.40

由表6-10可见，手栽稻的关键影响因素中，农户认为的优势因素有“单产高”“产量稳定”以及“便于田间管理”，选择比例分别为83.31%、67.15%、64.90%；劣势因素主要有“费工费时”“综合效益低”“投入多、成

本高”等，比例分别为90.73%、63.84%、60.53%。影响抛秧稻的关键因素中，优势因素主要有“省工省时”“投入少、成本低”“单产高”等，选择的农户比例分别为70.41%、58.28%、49.41%；劣势因素中选择“田间管理不方便”的农户比例为53.85%，主要是因为抛秧稻抛栽后田间呈无序的状态，给后期的施肥、除草等田间管理工作带来了影响；由表6-11可知，认为抛秧稻“技术要求高”的农户比例为51.48%，因为抛秧稻的抛栽要尽可能地做到田间秧苗布局均匀有序，且秧苗直立，否则不但不利于产量的提高，扶秧工作量也将大增（郭保卫等，2010）；选择“技术风险大”的农户比例为45.71%，主要是因为抛秧后如遇大风天气将对抛秧稻立苗产生较大的影响。此外，由于抛秧稻根系入土浅，水稻后期遇大风天气容易倒伏。

表6-10　影响手栽稻发展的关键因素

	排序	影响因素	人数	比例（%）
优势	1	单产高	629	83.31
	2	产量稳定	507	67.15
	3	便于田间管理	490	64.90
劣势	1	费工费时	685	90.73
	2	综合效益低	482	63.84
	3	投入多、成本高	457	60.53

表6-11　影响抛秧稻发展的关键因素

	排序	影响因素	人数	比例（%）
优势	1	省工省时	476	70.41
	2	投入少、成本低	394	58.28
	3	单产高	334	49.41
劣势	1	田间管理不方便	364	53.85
	2	技术要求高	348	51.48
	3	技术风险大	309	45.71

由上述分析可知，农户对直播稻、机插稻、手栽稻以及抛秧稻的发展及影响因素有着不同的认知，一般认为，直播稻具有省工省时的优势，但同时具有草害重的缺点；机插稻也具有省工省时的优点，但投入高、成本高是农户对其缺点认知的重要方面；手栽稻虽然具有高产稳产的优势，但其费工费时的缺点是农户对其认知的主要部分；抛秧稻同样具有省工省时的优点，知晓率低影响了农户对其的认知，田间立苗等问题则是农户对其缺点认知的主要方面。农户

基于自身视角，认为稻作方式自身缺点是影响其发展的重要方面，具有轻简和高效特征的稻作方式更有发展的前景，其中机插稻的发展空间较大。但相较于农户的实际选择，农户对直播稻的选择要超过机插稻，这是由于农户由认知过渡到现实行为的过程中会受到多样且复杂的因素影响（旷宗仁等，2008），对未来的预期认知不一定形成相应的行为。此外，农户认知中机插稻和直播稻两者都具有省工的优势，但现阶段机插稻的投入多、成本高，影响了农户对其的采用。

6.4 基于农技推广人员视角的稻作方式的发展及影响因素

6.4.1 农技推广人员对稻作方式发展的认知

农业技术推广人员（以下简称农技员）是农业科技成果转化的倡导者、传播者和实施者。对于专职于农业技术推广工作的农技员来说，其对技术的认知一定程度上反映出了稻作方式发展的真实情况。

6.4.1.1 稻作方式的采用意愿

由表 6－12 可见，在问及“你是农户你会选择哪种稻作方式?”时，农技员整体上对机插稻的认可率较高，选择比例达 75.74%。另外有 16.48%的农技员表示会选择直播稻，选择手栽稻和抛秧稻的比例较低，分别为 5.26%和 6.64%。选择直播稻或手栽稻的农技员中，有一部分是工作所在地受到自然条件的限制，不适合机插稻生产的缘故。

表 6－12 农技推广人员稻作方式的选择意愿

问题	直播稻		机插稻		手栽稻		抛秧稻	
	人数	比例（%）	人数	比例（%）	人数	比例（%）	人数	比例（%）
如果你是农户，你会选择哪种稻作方式?	72	16.48	331	75.74	23	5.26	29	6.64

6.4.1.2 对不同稻作方式生产特性的认知

由表 6－13 可见，农技员对不同稻作方式生产特性的认知与农户的认知有所差别，产量方面，认为手栽稻、机插稻产量较高的农技员比例分别为 60.41%和 50.57%，认为直播稻产量高的农技员比例较低，为 21.28%；60.18%和 51.95%的农技员中认为直播稻和抛秧稻的产量一般；此外，18.54%的农技员认为直播稻的产量较低，认为机插稻、手栽稻以及抛秧稻产量低的比例较少，分别为 5.72%、2.06%、3.89%。

农技员对直播稻的投入认知与农户一致，但认为直播稻投入高的农技员比例要高于农户，为 29.75%；认为手栽稻投入高的农技员比例要高于机插稻，比例分别为52.86%和48.74%；农技员认为抛秧稻的投入相当的比例较高，达69.34%。农技员中认为直播稻投入高的比例大于农户，主要是因为农户在进行成本核算时主要考虑的是会计成本，并且少量的物资如水、薄膜、桶、缸、秧土、粪肥等多不计入会计成本，而农技员对投入成本的核算以经济成本为标准，多会包括以上的物质投入，因此农技员对直播稻成本认知高的比例要超过农户。

稻作方式的用工方面，90.16%的农技员认为手栽稻的用工多，相比其他稻作方式，认为机插稻用工少的农技员比例最高，达52.17%；认为直播稻用工多的农技员比例较农户高，为37.53%，认为抛秧稻用工相当的农技员比例较高，为42.33%。同理，之所以农技员认为直播稻用工高的比例高于农户，多是农户在核算用工时，自家闲散劳动力的投入多不计入用工的缘故。

稻作方式的综合效益方面，48.08%的农技员认为抛秧稻的综合效益高，认为机插稻综合效益高的农技员比例要高于农户，为42.11%；农技员对直播稻的认知与农户认知间的差异较大，只有24.49%的农技员认为直播稻的综合效益高，而认为直播稻综合效益一般的农技员比例达59.95%；此外，75.51%的农技员认为手栽稻的综合效益一般。

表6-13　农技推广人员对稻作方式生产特性的认知

项目	选项	直播稻		机插稻		手栽稻		抛秧稻	
		人数	比例（%）	人数	比例（%）	人数	比例（%）	人数	比例（%）
产量	高	93	21.28	221	50.57	264	60.41	193	44.16
	一般	263	60.18	191	43.71	164	37.53	227	51.95
	低	81	18.54	25	5.72	9	2.06	17	3.89
投入	多	130	29.75	213	48.74	231	52.86	42	9.57
	相当	137	31.35	167	38.22	173	39.59	303	69.34
	少	170	38.90	57	13.04	33	7.55	92	21.05
用工	多	164	37.53	156	35.70	394	90.16	50	11.44
	相当	59	13.50	53	12.13	23	5.26	185	42.33
	少	214	48.97	228	52.17	20	4.58	202	46.22
综合效益	高	107	24.49	184	42.11	78	17.85	210	48.08
	一般	262	59.95	211	48.28	330	75.51	206	47.14
	低	68	15.56	42	9.61	29	6.64	21	4.81

6.4.1.3　对稻作方式发展方向的认知

由表6-14可见，认为机插稻“有很好的发展空间”的农技员比例为

70.71%，认为抛秧稻“有很好的发展空间”的比例为41.65%，有84.44%的农技员认为手栽稻的“发展空间较小”，51.95%的农技员认为直播稻的“发展空间较小”。

表6-14　农技推广人员对稻作方式发展的认知

稻作方式		有很好的发展空间	有一定的发展空间	发展空间较小
直播稻	人数	69	141	227
	比例（%）	15.79	32.27	51.95
机插稻	人数	309	90	38
	比例（%）	70.71	20.59	8.70
手栽稻	人数	18	50	369
	比例（%）	4.12	11.44	84.44
抛秧稻	人数	182	203	52
	比例（%）	41.65	46.45	11.90

6.4.2　农技推广人员视角下稻作方式发展的影响因素

6.4.2.1　稻作方式发展的关键影响因素

由表6-15可见，认为“省工省时”是稻作方式发展的首要关键因素的农技员比例为82.84%，排在第二位和第三位的关键因素分别是“单产高”和“综合效益高”，选择的农技员比例为46.45%和43.94%，“产量稳定”这一因素排在了第四位，比例为36.61%，“技术简单易操作”和“投入少、成本低”以31.81%和29.29%的比例分别排在了第五和第六位，“技术风险低”“病、虫、草害轻”以及“便于田间管理”排在了最后三位，比例分别为24.49%、21.97%和14.65%。总体而言，除了稻作方式的轻简特征外，农技员对稻作方式的高产、稳产特征的关注要高于农户。

表6-15　影响稻作方式发展的关键因素排序

排序	影响因素	人数	比例（%）
1	省工省时	362	82.84
2	单产高	203	46.45
3	综合效益高	192	43.94
4	产量稳定	160	36.61
5	技术简单易操作	139	31.81

（续）

排序	影响因素	人数	比例（%）
6	投入少、成本低	128	29.29
7	技术风险低	107	24.49
8	病、虫、草害轻	96	21.97
9	便于田间管理	64	14.65

6.4.2.2　稻作方式发展的制约因素

与农户视角不同的是，农技员视角下农民认知不足是制约稻作方式发展的主要因素，比例为 34.60%；其次是稻作方式自身缺点对稻作方式的影响，选择比例为 32.83%；选择自然条件影响的农技员比例为 24.25%，认为政府宣传推广力度不够的农技员比例为 16.62%，其他因素的占 5.31%（此调查为多选）。

6.4.2.3　不同稻作方式发展的影响因素

表 6－16　影响直播稻发展的关键因素

	排序	影响因素	人数	比例（%）
优势	1	省工省时	337	77.12
	2	技术简单易操作	196	44.85
	3	投入少、成本低	135	30.89
劣势	1	草害重	306	70.02
	2	产量不稳定	258	59.04
	3	技术风险高	207	47.37

表 6－17　影响机插稻发展的关键因素

	排序	影响因素	人数	比例（%）
优势	1	产量稳定	218	49.89
	2	单产高	204	46.68
	3	综合效益高	190	43.48
劣势	1	技术要求高	177	40.50
	2	投入多、成本高	142	32.49
	3	费工费时	58	13.27

由表 6－16 可见，农技员对直播稻的认知情况基本和农户一致，直播稻发展的优势因素主要有“省时省工”“技术简单易操作”“投入少、成本低”，比

例分别为77.12%、44.85%、30.89%；劣势因素方面主要是“草害重”“产量不稳定”“技术风险高”，选择的农技员比例分别为70.02%、59.04%、47.37%。

由表6-17可见，农技人员对机插稻的认知情况与农户有较大的差异，农技员认为机插稻发展的前三个优势因素分别是“产量稳定”“单产高”以及“综合效益高”，比例分别为49.89%、46.68%、43.48%；而劣势因素分别是“技术要求高”“投入多、成本高”以及“费时费工”，比例分别为40.50%、32.49%、13.27%。“费工费时”之所以成为机插稻的劣势，主要是因为实际生产中由于移栽技术不过关、秸秆还田不充分以及超秧龄栽插等，漏秧、死秧时有发生，使得机插稻省工省时的优势大打折扣，并对产量产生了重要影响，现已成为影响机插稻发展的重要因素（姜启顺等，2010）。

表6-18　影响手栽稻发展的关键因素

	排序	影响因素	人数	比例（%）
优势	1	产量稳定	249	56.98
	2	单产高	159	36.38
	3	草害轻	138	31.58
劣势	1	费工费时	353	80.78
	2	投入多、成本高	123	28.15
	3	综合效益低	67	15.33

表6-19　影响抛秧稻发展的关键因素

	排序	影响因素	人数	比例（%）
优势	1	省工省时	231	52.86
	2	单产高	165	37.76
	3	产量稳定	139	31.81
劣势	1	技术要求高	164	37.53
	2	技术风险大	132	30.21
	3	田间管理不方便	107	24.49

农技员视角下，手栽稻发展的优势因素有“产量稳定”“单产高”“草害轻”（表6-18），农技员选择的比例分别为56.98%、36.38%、31.58%；影响手栽稻发展的劣势因素有“费工费时”“投入多、成本高”以及“综合效益

低”，所占比例分别为80.78%、28.15%、15.33%。影响抛秧稻的关键因素中（表6-19），选择“省工省时”“单产高”“产量稳定”作为抛秧稻的优势因素的农技员比例分别为52.86%、37.76%、31.81%；选择“技术要求高”“技术风险大”以及“田间管理不方便”作为抛秧稻劣势因素的农技员比例分别为37.53%、30.21%、24.49%。

农技员视角的分析结果表明，农技员对机插稻和抛秧稻的认可度较高，并认为农户对稻作方式认知不足是影响稻作方式发展的主要方面，其次为稻作方式自身缺点。在具体的影响因素中，除了稻作方式的轻简特征外，农技员认为高产特征也是影响稻作方式发展的重要方面。农技员对不同稻作方式生产特性的认知与农户有所差别，更多的农技员认为机插稻、抛秧稻的产量要高；认为直播稻投入多的农技员比例高于农户；认为直播稻和机插稻用工量多的农技员比例高于农户比例；农技员对直播稻效益高的认知比例要少于农户，对机插稻综合效益高的认知比例高于农户。而农户和农技员关于稻作方式投入及用工的认知差异主要是由农技员和农户进行劳动和成本核算的方式不同造成的。

6.5 基于专家视角的稻作方式的发展及影响因素

6.5.1 专家视角下稻作方式的发展

6.5.1.1 粮食安全视角下稻作方式的发展

基于粮食安全视角的水稻生产的发展是专家学者较为关注的研究领域（杨万江，2009；章秀福等，2005），稻作方式发展是水稻生产发展研究的重要方面（朱德峰等，2009；王熹等，2006），因此，从粮食安全角度探讨稻作方式的发展问题是研究水稻生产发展的重要视角。该视角下水稻生产发展着眼于国家稳定发展之基石的粮食安全问题，稻作方式的发展也始终围绕水稻高产和稳产进行，因此，水稻生产迫切需要发展机插稻等稳产、高效的稻作方式，以适应粮食安全对稻作方式发展的要求。但这一观点面临的是农户主观选择行为与国家宏观要求之间的一致性的问题，由于农户视角下立足于家庭收益最大化的稻作方式的发展可能是对产量的追求，也可能是对效益的追求，而稻作方式的发展最终要归结于农户的选择行为，如何协调国家层面对产量的需要和农民层面对效益的追求是该视角下稻作方式发展所要解决的首要问题。

6.5.1.2 自然生态学视角下稻作方式的发展

自然生态学视角①下稻作方式的发展是基于粮食稳定生产和稻作方式可持续发展双重目标下，对稻作方式发展的一种生态理性思考。该观点从生态多样

① 资料来源于2010年5月26日水稻栽培专家对江苏省靖江市稻作方式考察时的座谈总结。

性出发，认为受自然禀赋差异的影响，不同的稻作方式在不同地区的适应性不同。稻作方式在适应不同地区发展的过程中也造就了其多样性，稻作方式的多样性则意味着稻作生态系统结构的复杂化和多样化，在遭遇风险破坏下，稻作方式之间的相互补偿和替代可形成新的稳态，并将总体风险降低到最小，从而保持粮食生产的稳定状态。然而风险与效益是相对的，在多样化的稻作结构下，水稻生产固然安全稳定，但其总体生产力必定不能达到某单一稻作方式所能表现出的最大生产力，这便产生了低风险下的相对低产与现实情况中对高产要求之间的矛盾，如何协调高产和稳产之间的矛盾，平衡稻作方式发展中的经济理性与生态理性是该视角面临的问题。

6.5.1.3 社会生态学视角下稻作方式的发展

研究技术社会生态适应的相关专家认为，技术的发展和创新必须从社会生态中获得各个方面的支持（衡孝庆，2006），因此要科学地指导技术系统适应外界环境的变化，以使得其自身与环境能协调发展（江昀等，2001）。农业技术的发展以满足农业生产和适应农民需求为前提，其中农民又是农业技术扩散的主体，因此，农户对农业技术的需求才是农业技术创新的方向（李艳华，2009）。在稻作方式发展过程中，农民是稻作方式采用的直接感受个体，在对不同稻作技术的采用过程中会形成自己的评价，对于农民来说采用的就是最好的。而专家学者以及政府所要做的事情是完善技术本身和提供有利于稻作方式发展的外界条件，因此，该视角下稻作方式发展强调以农民的选择为方向。但不难发现，农户的选择始终是在家庭利益最大化前提下做出的，是对眼前经济利益的考量，而农民稻作方式选择带来的社会成本代价问题，如直播稻的大面积扩散带来的粮食安全问题等是不可忽视的。

围绕稻作方式发展，不同的专家学者基于不同的理论及视角给出了不同的发展路径，每一种发展路径都有可取之处，但或多或少地存在一些现实意义上的问题，如何围绕这些问题，协调各方面的矛盾和利益，最终实现稻作方式的经济效益、生态效益和社会效益，是稻作方式发展的最终目标。

6.5.2 专家视角下稻作方式的生产特性

6.5.2.1 不同稻作方式的产量特征

由表 6－20 可见，张洪程等（2009）、李杰等（2011）、金军等（2006）的试验研究结果表明，不同稻作方式在其相配套的高产栽培技术下，直播稻产量最低、机插稻次之、手栽稻最高；直播稻较手栽稻减产 9.8％～23.9％，较机插稻减产 7.5％～18.2％。但程建平等（2010）、池忠志等（2008）试验研究发现，机械直播较人工撒播、机插和手栽产量高，机械直播较人工撒播和手栽分别增产 14.92％和 4.59％。大田生产上的调研结果也不尽一致，王新其

(2008)、陈宗明等(2009)、朱从海等(2009)的生产调查结果表明，手栽稻、机插稻、直播稻的产量依次减少；周林杰等(2008)的调查结果认为直播稻的产量比机插稻、抛秧稻及手栽稻低；夏国权等(2007)的调研结果表明直播稻的产量低于机插稻、但高于手栽稻；而郭九林等(2000)调研发现机械直播稻产量最高，机插稻次之，手栽稻最低，机械直播产量比手栽稻增产4.04%。李杰(2011)认为不同的学者研究结果不一致的主要原因是实验研究或生产中播栽期设置以及密度、肥料、水分等栽培管理措施不同。张洪程(2009)认为不同纬度下的温度及光照条件差异对稻作方式的产量有一定的影响。

表6-20 不同稻作方式的产量比较研究

研究者	研究方法	栽培措施	播期设置	研究结果
张洪程等	试验研究	手栽、机插、直播	异步播种	手栽稻>机插稻>直播稻
李杰等	试验研究	手栽、机插、直播	异步播种	手栽稻>机插稻>直播稻
于林惠	试验研究	手栽、机插、机直播、机抛	异步播种	机插稻>机抛稻>手栽稻>机直播
金军等	试验研究	手栽、机插、抛栽、直播	异步播种	手栽稻>机插稻>抛秧稻>直播稻
程建平等	试验研究	机直播、人工撒播、手栽	同时播种	机械直播稻>人工撒播稻>手栽稻
池忠志等	试验研究	机直播、机插、手栽	同时播种	机械直播稻>机插稻>手栽稻
王新其等	生产调查	手栽、机插、抛栽、机直播、人工撒播	异步播种	手栽稻>机插稻>抛秧稻>机械直播稻>人工撒播稻
陈宗明等	生产调查	手栽、机插、直播	异步播种	手栽稻>机插稻>直播稻
朱从海等	生产调查	手栽、机插、抛栽、直播	异步播种	手栽稻>抛秧稻>机插稻>直播稻
许美刚等	生产调查	机插、手栽、抛栽、套播、直播	异步播种	机插稻>手栽稻>抛秧稻>麦套稻>直播稻
周林杰等	生产调查	机插、抛栽、手插、直播、套播	异步播种	机插稻>抛秧稻>手栽稻>直播稻>麦套稻
夏国权等	生产调查	机插、直播、抛栽、手栽	异步播种	机插稻>直播稻>抛秧稻>手栽稻
郭九林等	生产调查	机直播、手栽	异步播种	机械直播稻>手栽稻
嵇爱华等	生产调查	直播、手栽	异步播种	直播稻>手栽稻
陈良林等	生产调查	机直播、手栽	异步播种	机械直播稻>手栽稻

目前，稻作方式的产量特征研究方面还缺乏一致的共识，但总体上实验研究中，在直播稻较手栽稻和机插稻迟播的情况下，手栽稻和机插稻等产量较直播稻高；而在直播稻与手栽稻、机插稻等同时播种的情况下，直播稻的产量要较手栽稻和机插稻高。在长江中下游地区，受作物茬口的影响，一般直播稻较机插稻、手栽稻等迟播，但直播稻的产量也表现出了不同的结果，这主要是因为不同稻作方式的实验比较研究是在各自适宜的高产栽培技术下进行的，生产潜力得到了充分发挥，而生产上由于相应的高产栽培技术的应用到位程度不同，如目前生产上手栽稻栽插密度往往达不到高产栽培的要求，导致了不同稻作方式产量差异的多样性，这也是专家与农户之间对稻作方式认知的差异所在。

6.5.2.2 不同稻作方式的效益特性

周林杰等（2008）对江苏省不同稻作方式的研究发现，在手栽稻、机插稻、直播稻以及抛秧稻等稻作方式中，直播稻劳动用工和物化成本最低，其经济效益最高。池忠志等（2008）对四川省德阳地区的研究表明，机械直播用工成本比机插稻和手栽稻分别低 1 950 元/hm^2 和 750 元/hm^2，利润分别增加 1 058.73元/hm^2 和 2 675.70 元/hm^2。郭九林等（2000）对江苏苏南沿江稻麦两熟制地区的调研结果表明，机械直播水稻劳动用工和物化成本费用比常规移栽水稻减少 31.8%，机械直播水稻产投比达到 2.679，比常规移栽水稻高 0.611。王新其等（2008）对上海市郊区的调研结果表明，机械直播稻利润较手栽稻、机插稻、抛秧稻和人工撒播稻高。但谢成林等（2009）对扬州市直播稻、机插稻、手栽稻和抛秧稻等不同稻作方式的效益调查发现，机插稻的产值、物化成本和净产值等均最高；抛秧稻的利润最高；直播稻的用工成本最高，利润最低。夏国权等（2007）对泰州市主城区近郊不同稻作方式经济效益的调查结果显示直播稻、机插稻、抛秧稻、手栽稻效益依次降低。许美刚等（2007）对江苏宝应地区的调查发现，直播稻的产值为每亩 1 085 元，比机插秧每亩低 74 元，直播稻的成本为每亩 782 元，比机插秧每亩高 28 元。朱从海等（2009）对江苏如皋市手栽稻、机插稻、抛秧稻以及直播稻四种稻作方式近 3 年的数据调查表明，由于直播稻投入成本较少，其效益高于手栽稻，低于抛秧稻和机插稻（表 6 - 21）。

不同的研究者之所以得出不同的研究结论，一方面，由于相同稻作方式在不同地区的生态适应性及所处的发展阶段不同，因而产出上出现了一定的差异；另一方面，由于地区间的经济发展水平差异所形成的劳动用工和物化成本差异对稻作方式的效益也产生了影响。

6.5.2.3 不同稻作方式的用工特性

根据生产流程的不同，可以将直播稻、机插稻、手栽稻、抛秧稻等稻作方式

表6-21　不同稻作方式的效益比较研究

研究者	研究方法	栽培措施	播期设置	研究结果
池忠志等	试验研究	机直播、机插、手栽	同时播种	机械直播稻>机插稻>手栽稻
王新其等	生产调查	手栽、机插、抛栽、机直播、人工撒播	异步播种	机插稻>机械直播稻>抛秧稻>手栽稻>人工撒播稻
朱从海等	生产调查	手栽、机插、抛栽、直播	异步播种	机插稻>抛秧稻>直播稻>手栽稻
许美刚等	生产调查	机插、手栽、抛栽、套播、直播	异步播种	机插稻>直播稻>麦套稻>抛秧稻>手栽稻
周林杰等	生产调查	机插、抛栽、手插、直播、套播	异步播种	直播稻>抛秧稻>机插稻>手栽稻>麦套稻
夏国权等	生产调查	机插、直播、抛栽、手栽	异步播种	直播稻>机插稻>抛秧稻>手栽稻
郭九林等	生产调查	机直播、手栽	异步播种	机械直播稻>手栽稻
谢成林等	生产调查	手栽、机插、抛栽、直播、套播	异步播种	抛秧稻>机插稻>手栽稻>麦套稻>直播稻

简单分为移栽稻和直播稻两类。手栽稻是比较传统的稻作方式，其作业程序有育秧、拔秧、插秧、田间管理和收割等环节。机插稻是用机械代替了手栽稻中的插秧工序，且没有拔秧环节，降低和减小了劳动强度和用工量，其余田间管理和收割工序与手插秧相同（孙春梅等，2008；钟飞等，2008）。直播稻是直接将稻种撒播田间的一种稻作方式，减少了育秧、拔秧和插秧工序，是一种比较轻简的稻作方式（潘军昌等，2010）。直播稻与移栽稻的生产流程如图6-3所示。

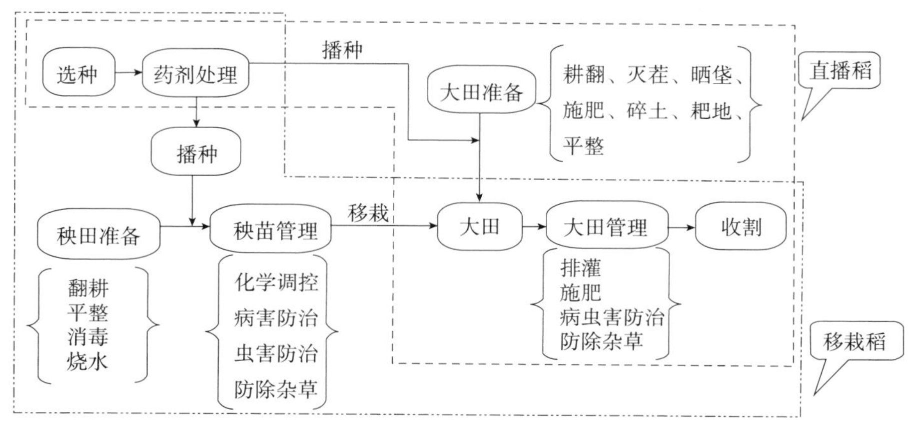

图6-3　直播稻与移栽稻生产流程
［引自《劳动力机会成本与农户稻作方式选择》，作者潘军昌、孔有利（2010）］

由专家视角下稻作方式的生产特性可知，试验条件下手栽稻、机插稻、直播稻的产量依次降低，但实际生产中受生产条件和高产栽培技术应用到位程度的限制，稻作方式产量出现了差异。专家学者对于稻作方式效益特性的实际生产调查也出现了一定的差异，但总体而言，直播稻特别是机械直播稻的效益要高于其他稻作方式。而用工方面，直播稻减少了育秧、拔秧和插秧等工序，相对轻简。

6.5.3 专家视角下稻作方式发展的影响因素

6.5.3.1 专家视角下农户稻作方式选择影响因素评判系统模型的构建

利用 AHP 法，根据专家打分的结果，构建了专家视角下的农户稻作方式选择影响因素评判系统模型（图 6-4）。评判系统的递增层次结构模型中，影响农户稻作方式选择的影响因素主要有：①农户自身特征方面，包括农户家庭结构特征、劳动力素质、农户水稻种植态度以及水稻种植规模；②农户所处的外部环境特征方面，包括稻米市场状况、稻作方式补贴政策、不同稻作方式服务组织发展水平；③稻作方式的自身特征方面，包括稻作方式可获得性、劳动力投入量、劳动强度大小、单产水平以及生产性投入等。

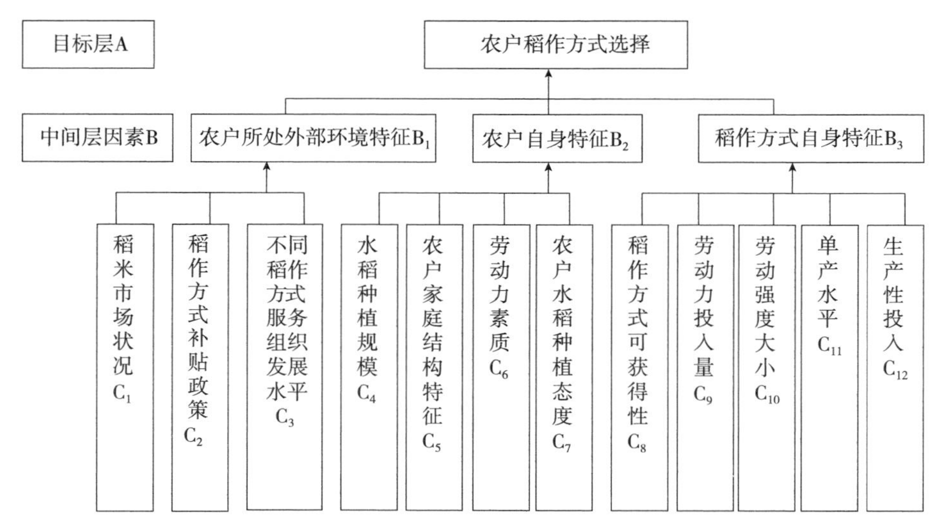

图 6-4 农户稻作方式选择评判系统的递增层次结构模型

6.5.3.2 评判系统判断矩阵的构造、影响因素的排序及一致性检验

（1）评判系统判断矩阵的构造 按照图 6-4 中构建的层次结构模型，从第 2 层（B 层）开始，对于从属于上一层每个指标的同一层的各个指标，用 $\hat{e}$（0/5）～$\hat{e}$（8/5）标度法（表 6-22）构造成对比较矩阵，直到最后一层（D 层）。在确定影响因素权重上，利用德尔菲法征询相关专家的意见进行两两比

较，通过运用 Yaahp Setup-0.5.2 软件判断、计算出层次中诸因素的重要性，得出指标权重，并作一致性检验。

$$A=\begin{pmatrix} a_{11} & a_{12} & \cdots & a_{1n} \\ a_{21} & a_{22} & \cdots & a_{2n} \\ \cdots & \cdots & & \cdots \\ a_{n1} & a_{n2} & \cdots & a_{nn} \end{pmatrix} \quad (i、j=1，2，\cdots，n)$$

比较各影响因素 C_1，C_2，…，C_n对目标层（O）的重要性，矩阵中 $a_{ij}=C_i:C_j$，a_{ij}满足条件：$A=(a_{ij})_{n\times n}$，$a_{ij}>0$，$a_{ji}=\frac{1}{a_{ij}}$，A 具有正值、互反性和基本一致性的特点。

（2）影响因素的层次单排序及其一致性检验　判断矩阵一致性检验的步骤如下：

首先，计算一致性指标 C.I（consistency index）

$$C.I=\frac{|\lambda_{\max}-n|}{n-1}$$

其次，根据表 6-22 查找相应的平均随机一致性指标 R.I（random index）

表 6-22　平均一致性指标 R.I

矩阵阶数	1	2	3	4	5	6	7	8	9	10
R.I	0.00	0.00	0.58	0.90	1.12	1.24	1.32	1.41	1.45	1.49

最后，计算一致性比例 $C.R$（consistency ratio）

$$C.R=\frac{C.I}{R.I}$$

当 $C.R<0.10$ 时，认为判断矩阵具有完全一致性，否则需重新调整判断矩阵，直至使其满足 $C.R<0.10$ 的一致性结果为止。本文使用 Yaahp Setup-0.5.2 软件进行上述计算过程，得到各个判别矩阵的一致性。

（3）影响因素的层次总排序及其一致性检验　计算某同一层次所有因素对于最高层（总目标）相对重要性的权值，称为层次总排序，这一过程从最高层次到最低层次依次逐层进行。若目标层 A 中包含指标 A_i（$i=1，2，\cdots，m$），其层次单排序权重为 a_i（$i=1，2，\cdots，m$），下一层次要素层 B 中包括的指标为 B_j（$j=1，2，\cdots，n$），它们对目标层 A 中的指标 a_i 单排序权重分布为 b_{1i}，b_{2i}，…，b_{ni}（A_i 与 B_j 无关时，$b_{ji}=0$），要素层 B 中的所有指标对于目标层 A 的总排序权重分别为 $\omega_j=\sum_{i=1}^{m}a_ib_{ji}$（$j=1，2，\cdots，n$）。指标层 C 中的所有指标对于目标层 A 的总排序权重计算如上所述。

层次总排序后，再利用公式 $C.R=\frac{C.I}{R.I}$ 进行整个层次的一致性检验，若 C.R<0.10，层次总排序通过一致性检验，具有满意的一致性；否则需重新调整判别矩阵直至满意。

6.5.3.3 稻作方式发展影响因素的权重及排序

由表 6-23 可见，专家视角中稻作方式自身特征是影响稻作方式发展的主要因素，权重达到 0.540 5；农户自身特征对稻作方式发展也有明显的影响，权重达 0.296 7；农户所处外部环境特征对稻作方式发展的影响较小，权重仅为 0.162 8。

表 6-23 稻作方式发展影响因素权重（B层）

影响因素	农户所处外部环境特征	农户自身特征	稻作方式自身特征	*Wi*	*C.R*
农户所处外部环境特征	1.000 0	0.449 3	0.367 9	0.162 8	
农户自身特征	2.225 5	1.000 0	1.000 0	0.296 7	0.038 6
稻作方式自身特征	2.718 3	2.225 5	1.000 0	0.540 5	

由表 6-24 可见，专家视角下影响稻作方式发展的因素中，“稻作方式劳动力投入量”排在第一位，权重为 0.240 5；“农户水稻种植态度”排在第二位，权重为 0.164 1。专家视角下“稻作方式劳动强度大小”也是影响稻作方式发展的重要方面，权重为 0.148 8，排在第三位。农户所处外部环境特征的相关影响因素中，“服务组织发展水平”所占权重最高，达到 0.090 7，总排序第四。稻作方式自身特征中的“单产水平”“生产性投入”以及“稻作方式可获得性”分别排在了第六、第七和第十位，权重依次为 0.059 3、0.050 5、0.041 4；农户自身特征中“水稻种植规模”“农户家庭结构特征”以及“劳动力素质”分别排在了第五、第九和第十一位，权重依次为 0.066 7、0.042 5、0.023 3；农户所处外部环境特征中“稻作方式补贴政策”以及“稻米市场状况”分别排在了第八位和最后一位，权重分别为 0.049 8 和 0.022 4。

表 6-24 稻作方式发展影响因素的权重值及排序情况

影响因素	权重	排序
稻作方式劳动力投入量	0.240 5	1
农户水稻种植态度	0.164 1	2
稻作方式劳动强度大小	0.148 8	3
稻作方式生产服务组织发展水平	0.090 7	4

（续）

影响因素	权重	排序
水稻种植规模	0.066 7	5
稻作方式单产水平	0.059 3	6
稻作方式生产性投入	0.050 5	7
稻作方式补贴政策	0.049 8	8
农户家庭结构特征	0.042 5	9
稻作方式可获得性	0.041 4	10
劳动力素质	0.023 3	11
稻米市场状况	0.022 4	12

专家视角下的稻作方式有着粮食安全、自然生态和社会生态等发展路径。试验条件下手栽稻、机插稻、直播稻的产量依次降低，但实际生产中受生产条件和高产栽培技术应用到位程度的限制，稻作方式的产量表现出了多样性。专家学者对于稻作方式效益特性的实际生产调查也出现了一定的差异性，但总体而言，直播稻特别是机械直播稻的效益要高于其他稻作方式。而用工方面，直播稻减少了育秧、拔秧和插秧等工序，相对轻简。稻作方式发展的具体影响因素中，稻作方式自身特征是主要影响方面，其中稻作方式劳动力投入量和稻作方式劳动强度是主要影响因素。农户自身特征对稻作方式发展也有一定的影响，其中农户水稻种植态度是主要影响因素。农户所处外部环境特征对稻作方式发展影响较小，其中不同稻作方式生产服务组织发展水平、水稻种植规模是影响的主要方面。

6.6 基于政府视角的稻作方式的发展

6.6.1 发展、稳定、安全是永恒的主题

粮食安全是关系国民经济发展、社会稳定和国家自立的全局性重大战略问题[①]，更是各国政府关心的永恒主题，因而政府视角下稻作方式的发展也是基于粮食安全视角对水稻生产的宏观把握。作物栽培科学在粮食作物生产发展中发挥了重要作用（凌启鸿，2003），而在世界粮食危机的背景下，由稻作方式结构改变引发的对粮食安全生产的忧虑，使得江苏省政府尤为关注稻作方式的

① 引自国家粮食安全中长期规划纲要（2008—2020年）。

发展，在直播稻大面积扩散之际，2009年和2010年江苏省农林厅连续两年印发关于直播稻生产的意见和通知。稻作方式发展过程中，政府虽然不是选择的主体，但对稻作方式的发展及方向起重要作用。在农户关注稻作方式经济效益的同时，政府不仅要关注稻作方式的经济效益，还要考虑其发展所带来的社会效益，因此，政府始终是从整个国家发展的高度对稻作方式的发展方向进行规划和调控，以确保稻作方式科学和有效地发展。而在政府对稻作方式的及时跟进中，政府对稻作方式发展的要求与农民自我利益实现之间是有着矛盾和冲突的，对于政府来说稻作方式的发展既要满足国家粮食安全发展的要求，又要满足"三农"发展的需要，因此，稻作方式的高产及稳产特性是首要的，具有低产和高风险特征的稻作方式则要受到控制，这也是江苏省各级政府力推机插稻，压制直播稻发展的原因所在。

6.6.2 政府认知的"挂钟"与农民认知的"棘轮"

郑佳佳等（2009）认为政府即国家的认知行为、地方政府的认知行为、农民的认知行为之间存在着先后的时间差，即，农民始终走在变革的前列，其次是地方政府，最后是中央政府，这一认知行为的先后类似于挂钟上的三个指针，并与变革共同构成了一个类似于"挂钟"的模型。同样，对于稻作方式的发展而言，这三方参与主体的认知及行为变化也存在着上述的"挂钟模型"。即在稻作方式的发展演变过程中，农民始终走在选择的前列，其次是地方政府，最后是更高层政府的政策确认。上述模型中，农民稻作方式的认知和行为相当于挂钟中的秒针，对稻作方式的利益需求量最大，走得最快；地方政府的变革相当于分针，紧跟农民，并且由农民的认知行为所推进；更高一层的政府相当于时针，是稻作方式变革参与主体中最稳重的组成部分，由秒针和分针共同推动，但却起着决定性作用。而农民对效益诉求的刚性则决定了"挂钟模型"的"棘轮效应"，即如挂钟上走过的时间一样，是不可逆转的，因此农民对于稻作方式某一特征的关注与需求，在特定的时代背景下，是不会发生倒退和逆转的。这便形成了政府认知与农户认知之间的"认知沟"，而在"认知沟"的两边，不论是基于粮食安全视角下政府对稻作方式高产、稳产的要求，还是基于农户家庭效益视角下对稻作方式省工、高效的需要，都有其合理的一面。在保障粮食安全的呼声中，农民无形中承担着国家粮食安全责任，如何在保障政府粮食安全生产要求的同时实现农民自身利益的良好结合，是稻作方式发展最为现实的问题。

6.6.3 稻作方式发展的政府认知与行为

近年来，农业部水稻专家指导组高度重视南方水稻种植方式的演变和发展，并于2008年和2011年组织有关专家对单季稻和双季稻直播栽培方式进行了专题调研[①]。农业部水稻专家指导组认为，作为一项省工、节本技术，直播稻的较快发展，是当前农村劳动力大量转移、农业生产用工价格快速提高、农机农技相结合成熟度不足等特定条件下的阶段性产物。通过专家组实地调研和规范研究发现，在高产栽培条件下，中稻直播产量比手栽稻、机插稻和抛秧稻低100kg左右，早稻和晚稻低50kg左右；在一般栽培条件下，中稻直播产量比手栽稻、机插稻和抛秧稻低50kg，早稻和晚稻低25kg左右；在粗放栽培条件下，则出现不同直播稻与手栽稻、机插稻和抛秧稻产量基本接近的状况，特别是在中低产量水平和种植成本较低的前提下，直播稻产量甚至高于其他种植方式。专家组认为直播稻技术绝不是一项有利于大面积增产的技术，特别是在当前我国耕地面积减少，自然灾害多发重发等不利条件下，稳定提高单产水平，是提高水稻综合生产能力，确保国家粮食安全的关键举措。而各地发展直播稻存在安全生产风险大、高产品种单产潜力发挥难、一般农户掌握直播技术难度大等问题。为此，农业部水稻专家指导组认为，各地应着眼实现大面积高产稳产，确保国家粮食安全的必然要求，遏制直播稻发展，进一步明确主体技术路径，大张旗鼓地推广机插稻、抛秧稻、集中育秧等现代先进适用技术，实现主体推广技术对直播种植的技术替代。此外，一些从事农业技术推广工作的政府部门工作人员根据工作实际对直播稻生产中存在的问题进行了总结，并提出了相应的发展对策与建议（刘桂超等，2012；杜永林，2008；盛焕银等，2012；管亚之等，2009）。

20世纪90年代后，随着农村劳动力的转移，直播稻等轻简稻作方式在江苏省范围内迅速扩散。为控制直播稻的发展，2009年3月江苏省农林厅印发关于《直播稻生产技术指导意见》的通知，指出“要切实控制直播稻盲目发展，积极引导农民选择机插稻、旱育稀植、抛秧稻等高产、稳产稻作方式”。2010年1月江苏省农林厅再次印发《关于进一步加强直播稻压减工作的通知》，指出“要把直播稻压减作为稳定发展粮食生产的重要工作来抓，要求完善机插秧高产配套技术，因地制宜推广抛秧等稻作方式”，并且对各地区直播稻面积压减实行了量化指标。面对仍将存在的直播稻，为减少生产风险，2012年6月江苏省作物栽培技术指导站发布了《关于切实做好直播稻生产技术指导工作的通知》，从加强分区指导，严格控制直播稻盲目发展；选择适宜品种，降低直播稻生产风险；坚持抢早播种，确保直播稻安全齐穗；提高播种质量，力争直播稻全苗匀苗；科学肥水运筹，提高直播稻群体质量等5个方面对直播稻的生产进行指导。2013年3月，江苏省作物栽培技术指导站发布《2013年

① 引自农业部水稻专家指导组关于《确保国家粮食安全必须遏制直播稻发展》的相关内容。

全省水稻生产技术意见》，指出“要围绕保障粮食安全和率先基本实现农业现代化的目标，大力加强机插秧、抛秧等轻型高产栽培技术组装集成与推广普及，实现农机农艺融合，良种良法配套。要完善机插秧高产栽培技术体系，切实解决机插秧壮秧培育难、秧龄弹性小和大田缺穴伤苗、群体不足、穗型偏小等问题。加大主推品种与主推技术宣传推介力度，引导农民科学选用良种良法，杜绝盲目用种与粗放的直播稻”。与此同时，对于直播稻的发展则指出“要加强机械精量直播规范化栽培技术集成研究。因地制宜开展机械精量直播适宜品种选用、合理播期播量、全苗匀苗技术、精确肥水管理、杂草杂稻综合防除等关键技术研究，集成机械精量直播规范化栽培技术体系”。

在“苏南地区率先发展、苏中地区加快发展、苏北地区跨越发展”的总体要求下，江苏省各地方政府积极开展机插稻的推广工作，制定机插稻发展的相关目标，试图通过机插稻的发展来控制直播稻的扩散。在苏南地区，苏锡常以进一步提高机插率和发展质量为重点，继续推进机插秧技术的普及；南京、镇江以加快整体推进为重点，在 2013 年以市为单位基本实现水稻种植机械化。为促进机插稻的发展，扬州市通过贯彻落实“推进月活动”要求，建立了局长联系点制度，每位局长挂钩相应的县区，每月督查 3 次，每周通报 1 次情况，印发《关于抓好水稻机插秧质量工作的通知》，强力推进水稻机插秧工作。靖江、泰兴市提出 2013 年之前基本实现水稻种植机械化。淮安市则发布了《市政府办公室关于印发淮安市水稻机插秧发展规划及 2010—2012 年度发展计划的通知》[淮政办发（2009）160 号]，为实现规划目标，全市上下以政府行政推动和部门联动、优惠政策扶持和优良服务支撑、广泛宣传和示范带动相结合的方式，实施“333”工程，即建设 30 个 3 000 亩以上水稻生产机械化示范区、建成 30 个水稻种植机械化重点乡镇、组建 300 个以上机插秧服务组织。宿迁市提出了 2013 年基本实现水稻种植机械化的目标，并出台了《关于实施水稻生产“四改”工程三年攻坚计划的意见》，明确提出要加大财政补贴力度，加快发展水稻机插秧，市农机局将水稻机插秧工作作为头等大事来抓，要求各县区完成整乡（镇）推进达到 25 个①。

6.7 本章小结

农户、农技员、专家学者以及政府等利益相关主体在稻作方式发展的过程中，基于自身视角对稻作方式本身、发展方向及发展的影响因素表现出了不同的认知。农户更为关心的是稻作方式的轻简和高效，认为稻作方式自身特征是

① 引自 http://www.jsnj.gov.cn/info/2011/6/2/info_64_38405.html

影响他们选择的最主要的方面，其中“省时省工”“综合效益高”“投入少、成本低”等是关键因素，并认为相较其他稻作方式直播稻投入少、用工少且效益高。

农技员的认知既反映了农户的认知也体现了政府对稻作方式发展的宏观把握，因此对稻作方式轻简和高产的特征较为关注，农技员群体认为相较其他稻作方式机插稻的发展更有前景，且“省工省时”“单产高”“综合效益高”等是影响稻作方式发展的关键因素，而“农民认知不足”是制约稻作方式发展的主要因素之一。

专家学者则提出了粮食安全、自然生态学、社会生态学等多种视角的发展路径。试验条件下手栽稻、机插稻、直播稻的产量依次降低，但实际生产中受生产条件和高产栽培技术应用到位程度的限制，稻作方式产量出现了差异。专家视角下“稻作方式劳动力投入量”“农户水稻种植态度”以及“稻作方式劳动强度大小”是影响稻作方式发展的重要方面。

政府基于粮食安全生产视角对稻作方式的发展有着高产、稳产的要求，因此对机插稻的发展持支持的态度。然而国家认知行为、地方政府认知行为和农民认知行为之间存在着先后时间的差距，政府与农户之间存在“认知沟”。在保障粮食安全生产的要求中，农民无形中承担着国家粮食安全的责任，如何在保障粮食安全生产的同时实现农民的利益，是稻作方式发展最为现实的问题。

结合农户、农技员、专家学者及政府部门对稻作方式生产特性的认知可见，不同利益方对同一种稻作方式的认知差距很大程度上是由技术现实与技术理想之间的差距导致的（孟德拉斯，2010），利益和认知的一致性是技术顺利推广的前提，而上述视角下的认知都存在合理和可取的一面，因此如何协调政府高产与农户高效问题以及生态发展与实际生产间的差异问题是稻作方式发展的重要议题。

本章就包括农户在内的相关利益方视角下的稻作方式发展的认知进行了探讨，认知能对个体行为产生重要影响，但同时也会受到行为结果的作用，农户是稻作方式的最终采用者，其对稻作方式究竟有着什么样的采用行为，影响农户稻作方式的采用行为的因素又有哪些？下一章将围绕上述问题从微观农户层面对稻作方式发展进行研究。

◆ 参考文献

陈莹，张安录，2007. 农地转用过程中农民的认知与福利变化分析——基于武汉市城乡结合部农户与村级问卷调查［J］. 中国农村观察（5）：11-21.

陈宗明，杨彩云，赵海霞，2009. 直播稻对淮阴区水稻生产的影响［J］. 现代农业科学

(4)：6.
程建平，罗锡文，樊启洲，等，2010. 不同种植方式对水稻生育特性和产量的影响 [J]. 华中农业大学学报，29 (1)：1-5.
池忠志，姜心禄，郑家国，2008. 不同种植方式对水稻产量的影响及其经济效益比较[J]. 作物杂志 (2)：73-75.
杜永林，2008. 直播稻风险大于优势 (上) [J]. 农家致富 (6)：32.
管亚之，陈瑞林，张军，2009. 淮安市楚州区水稻生产现状及对策 [J]. 现代农业科技 (23)：91-92.
郭保卫，张春华，魏海燕，等，2010. 抛秧物理立苗对水稻生长的影响及其调控因素的研究 [J]. 中国农业科学，43 (19)：3945-3953.
郭九林，戴振福，顾春健，等，2000. 大面积机械直播水稻技术经济效益分析 [J]. 农业技术经济 (1)：38-39.
衡孝庆，2006. 技术创新的社会生态分析 [J]. 技术与创新管理 (3)：12-18.
侯博，侯晶，王志威，2010. 农户的农药残留认知及其对施药行为的影响 [J]. 黑龙江农业科学 (2)：99-103.
汲生才，石力月，2007. 从农民对 2006 年“一号文件”的认知看传播效果——山东省临沂地区农村抽样调查报告 [J]. 新闻记者 (3)：20-22.
江昀，江林茜，2001. 技术发展与社会生态环境适应 [J]. 软科学 (3)：24-27.
姜启顺，许美刚，潘久发，等，2010. 机插稻生产现状及发展对策 [J]. 北方水稻，40 (3)：73-74.
金军，薛艳凤，于林惠，等，2006. 水稻不同种植方式群体质量差异比较 [J]. 中国稻米 (6)：31-33.
旷宗仁，左停，2008. 利用结构方程模型对农民认知与行为关系分析——以海南省天堂村和新村的调查为例 [C] //第二届中国农村信息化发展论坛论文集.
李杰，张洪程，董洋阳，等，2011. 不同生态区栽培方式对水稻产量、生育期及温光利用的影响 [J]. 中国农业科学，44 (13)：2661-2672.
李杰，2011. 不同种植方式水稻群体生产力与生态生理特征的研究 [D]. 扬州：扬州大学.
李山寨，2011. 论规模收益变化与规模经济变化 [J]. 集美大学学报 (哲学社会科学版) (1)：27-35.
李艳华，2009. 浅论农民在农业技术创新中的作用 [J]. 农业科技管理 (2)：25-27.
李争，杨俊，2010. 农户兼业是否阻碍了现代农业技术应用——以油菜轻简技术为例[J]. 中国科技论坛 (10)：144-150.
凌启鸿，2003. 论中国特色作物栽培科学的成就与振兴 [J]. 作物杂志 (1)：1-7.
刘桂超，孙统庆，2012. 江苏省直播稻生产现状分析及其对策探讨 [J]. 中国种业 (10)：44-45.
刘鹏凌，李靖，栾敬东，2005. 农民对农地制度改革的认知——基于安徽省农户调查资料分析 [J]. 中国农村经济 (7)：44-50.

孟德拉斯，2010. 农民的终结［M］. 李培林，译. 北京：社会科学文献出版社.
潘军昌，孔有利，2010. 劳动力机会成本与农户稻作方式选择［J］. 江苏农业科学（6）：632-634.
盛焕银，吴怀芹，周桂桔，等，2012. 新沂市直播稻存在风险及推广机插秧措施［J］. 安徽农学通报，18（14）：46，158.
孙春梅，张山泉，2008. 直播稻与机插秧优缺点分析［J］. 现代农业科技（24）：213-217.
孙亚范，2010. 农民专业合作经济组织的利益机制及其激励效应评析［J］. 学会（1）：31-35.
万俊毅，彭斯曼，肖雪峰，2009. 农户对产业化联盟的认知分析：以赣南脐橙业为例[J]. 农业经济问题（8）：32-37.
王图展，周应恒，胡浩，2005. 农户兼业化过程中的“兼业效应”、“收入效应”［J］. 江海学刊（3）：70-75.
王熹，陶龙兴，谈惠娟，等，2006. 革新稻作技术 维护粮食安全与生态安全［J］. 中国农业科学，39（10）：1984-1991.
王新其，蒋其根，钱益芳，等，2008. 上海市郊区水稻不同栽培方式的综合评价分析[J]. 上海农业学报，24（4）：9-13.
温仲明，王飞，李锐，2003. 黄土丘陵区退耕还林（草）农户认知调查——以安塞县为例［J］. 水土保持通报（3）：32-35.
夏国权，肖桂元，2007. 麦后旱直播稻作的应用价值及技术要点［J］. 江苏农业科学（5）：58-59.
谢成林，王曙光，张祖建，等，2009. 苏中地区水稻直播对产量、品质及效益的影响[J]. 耕作与栽培（5）：25-26，36.
许美刚，郭恒龙，潘久发，2007. 不同轻简稻作方式的种植表现及应用前景［J］. 农技服务（9）：1-2.
杨万江，2009. 水稻发展对粮食安全贡献的经济学分析［J］. 中国稻米（3）：1-4.
张洪程，李杰，姚义，等，2009. 直播稻种植科学问题研究［M］. 北京：中国农业科学技术出版社.
张夕林，张谷丰，孙雪梅，等，2000. 直播稻田杂草发生特点及其综合治理［J］. 南京农业大学学报，23（1）：117-118.
张祖建，张洪熙，杨建昌，等，2011. 江苏近50年粳稻安全齐穗期的变化［J］. 作物学报，37（1）：146-151.
章秀福，王丹英，方福平，等，2005. 中国粮食安全和水稻生产［J］. 农业现代化研究，26（2）：85-88.
郑佳佳，何炼成，2009. 政府认知视角下我国农地制度的历史变迁［J］. 贵州财经学院学报（4）：81-85.
钟飞，王正春，2008. 直播稻主要生育特点及高产栽培技术［J］. 大麦与谷类科学（4）：31-34.
周林杰，罗兵前，2008. 江苏省直播稻技术应用现状与对策［J］. 江苏农业科学（3）：

16-19.

周晓虹，1997. 现代社会认知心理学：多维视野中的社会行为研究［M］. 上海：上海人民出版社.

朱从海，严军，刘文广，2009. 如皋市直播稻生产的现状、存在问题及对策［J］. 农业科技通讯（5）：85-86.

朱德峰，陈惠哲，2009. 水稻机插秧发展与粮食安全［J］. 中国稻米（6）：4-7.

Bandura A，1986. Social foundations of thought and action：a Social cognitive theory［M］. Englewood Cliffs，N. J.，23-28（1986）：2.

Leeuwis C，2004. Communication for rural innovation：rethinking agricultural extension（third edition）［M］. Blackwell Science Ltd，UK. P66.

第7章

农户采用不同类型稻作方式的影响因素分析*

近年来，精耕细作农业背景下发展起来的劳动密集型高产稻作方式——手栽稻，逐步退出主体稻作方式地位，取而代之的是直播稻、机插稻以及抛秧稻等轻简稻作方式，其中省工但产量潜力低的直播稻更是“不推自广”，并已经成为影响水稻生产持续发展的重大技术问题（张洪程等，2009；卢百关等，2009；张晓丽等，2023）。任何一种稻作方式的发展归根结底都是农户对其采用的结果，农户对稻作方式采用行为的变化同时反映在稻作方式发展格局的变化上，那么哪些因素影响了农户稻作方式的采用行为？如何从微观农户层面对稻作方式的发展进行调控？本章围绕上述问题试图从微观农户层面对稻作方式发展进行研究，并提出江苏省稻作方式发展的相关政策建议。

7.1 农户稻作方式采用行为的分析框架与数据来源

7.1.1 分析框架

学术界对于农户技术采用行为的研究已给予了较多的关注，积累了一定的理论基础和实证研究文献。Rogers（1995）认为农户对技术的采用行为是技术自身特性、采用群体特征以及外部环境约束共同作用的结果。Feder等（1985）、Lee等（1983）、陈秀芝等（2005）、韩洪云等（2011）认为，在农户技术采用的外部环境因素中，资源分配、公共政策、农地制度等对农户技术采用行为有着重要的影响。在技术采纳群体特征方面，朱明芬等（2001）指出农民的个人特征和农户家庭特征等影响着农户技术采用行为，其中农民受教育程度（刘华周等，1998；Saha et al.，1994；宋军等，1998）、年龄（Adesina et al.，1993）、农户兼业性（韩军辉等，2005；蔡荣等，2011）、家庭经济状况（Batz et al.，1999）等因素对农户技术采用行为有着重要影响。

王志刚等（2007a；2007b）研究表明，农户文化程度、水稻种植规模和种

* 本章内容发表在《中国农业科学》2013年第5期。

植制度是影响农户采用水稻轻简栽培技术的主要因素；农户所在地区以及家庭人均收入是影响农户采用水稻高产栽培技术的主要因素，农户文化程度和种植规模对农户采用水稻高产栽培技术基本没有影响。廖西元等（2006）调查分析表明，农户人均收入、种稻规模、所在区域、劳动力文化水平、秧龄系数和工价等因素影响着稻农采用机械化生产技术。喻永红等（2009）研究认为，决策者的年龄、受教育程度、工作性质、是否参加过农业技术培训以及家庭规模、未成年人数量、耕地规模及其分散程度、水稻生产主要目的等因素对农户采用水稻 IPM 技术的意愿具有显著影响。

技术属性的差异也影响着农户对其采用（郑旭媛，2018；满明俊等，2010），具有不同家庭特征和外部环境特征的农户基于技术自身特征差异会表现出不同的采用行为（唐博文等，2010）。宋军等（1998）认为，农民受教育水平与其对不同类型技术的采纳程度呈现不同的相关关系，农民受教育水平越高，选择节约劳动技术的比例越高，相反选择高产技术的比例越低。唐博文等（2010）研究表明，同一变量对农户采用不同属性技术的影响不同，农户对技术作用认知、参加技术培训、信息可获得性对新品种技术、农药使用技术和农产品加工技术有显著影响。

不同的稻作方式具有相近的技术功能，但具有不同的劳动投入、生产性投入要求和产量表现。目前有关稻作方式的研究主要集中在生育特性、产量、生理生态特性、成本与效益等方面（李杰等，2011a，2011b；陈风波等，2011；程建平等，2010；池忠志等，2008；姚义等，2012；霍中洋等，2012），本章通过运用农户行为分析的理论与方法，对农户不同类型稻作方式的采用行为进行了研究，探究农户采用不同稻作方式行为的影响因素，提出稻作方式推广的相关政策建议。

7.1.2 数据来源

7.1.2.1 调查方式与样本收集

调查中问卷资料主要通过访谈调查，结合自填式问卷调查和电话调查的方式进行搜集。访谈调查由调查员口头提问，并记录受访者回答内容完成问卷的填写。这一方法的优点在于问卷的回收比率高，问卷完成质量高，调查员在面对面的访问中能够进行一些重要观察活动，且调查员与被访者之间的互动有利于获得一些重要的调查信息。但采用访谈调查时，容易受到人力、物力和财力的约束，且受访者态度容易受调查员态度的影响，为此，在调查之前研究者首先对相关调研人员集中进行有关调研方法和技巧的培训，并对调研人员进行调研背景、目的、内容以及样本地基本情况的解说，以便较为准确地获取问卷信息。自填式问卷具有经济、快捷，样本获取量大的特点，尤其是对于一些敏感性问题比较有效，但是自填式问卷可能会出现受访者跳答题、漏答题以及对题目理解不到位的现象，且问卷回收率低。电话调查的优点是经济、快捷并较易把握，缺点为一方面容易被受访者轻易挂掉，另一方面调查时间受被调查者时间的约束。

本文数据来源于课题组2010—2012年对江苏省苏南、苏中和苏北地区的调查，调查分为两个部分、三个阶段。“两个部分”是指预调研工作部分和正式调研工作部分。预调研有利于样本地调研工作的顺利开展，且通过预调研可结合样本地的实际情况及时对调研的内容和方向进行修正。“三个阶段”分别为第一阶段（2010年5—8月）对苏北地区农户稻作方式采用情况的实地调研、第二阶段（2011年5—8月）对苏中地区农户稻作方式采用情况的实地调研、第三阶段（2012年5—8月）对苏南地区农户稻作方式采用情况的实地调研。调查范围涉及苏州常熟、无锡江阴、扬州邗江、南通海安以及淮安楚州等5个县市（表7-1），调查采用随机抽样、入户访谈的形式，共发放和调查农户820户，去掉部分数据缺失的无效问卷65份，最后共取得有效样本量755个，样本有效率达到92.07%。所得有效问卷中，有183户农户同时采用了两种或两种以上的稻作方式，主要原因和处理方式如下：一是留作秧田的田块，后期不便于与大田统一，本文以大田采用稻作方式为准；二是少部分田块用于生产试验，本文以非实验稻作方式为准；三是为了规避生产风险，采用了多种稻作方式，本文以种植比例较高的稻作方式为准。

表7-1 样本分布情况

地区		县市	乡镇	样本数（户）
苏南	苏州	常熟	尚湖镇	89
	无锡	江阴	徐霞客镇	67
苏中	扬州	邗江	杨寿镇	86
			沙头镇	78
	南通	海安	城东镇	91
苏北	淮安	楚州	上河镇	113
			仇桥镇	117
			溪河镇	114
合计				755

资料来源：根据调查数据整理，下同。

7.1.2.2 问卷设计与调查内容

本调查研究旨在说明在人多地少以及农村剩余劳动力大量转移的背景下，影响江苏省稻作方式发展的农户微观层面的因素有哪些。结合不同稻作方式的生产特性，通过对农户稻作方式选择行为影响因素的分析，了解农户不同稻作方式的采用特点，达到优化农户稻作方式采用行为，促进江苏省稻作方式科学发展的目的。

基于上述分析内容和本研究的方案设计，调查对象包括江苏省苏南、苏中和苏北三个地区的手栽稻农户、直播稻农户、机插稻农户及抛秧稻农户。调查内容及问卷设计包括 3 部分，分别是：农户基本情况调查、农户水稻生产基本情况调查以及农户稻作方式采用情况调查。农户基本情况调查内容包括样本农户个人基本信息资料、样本农户收入来源情况、样本农户的兼业情况以及样本农户层面的社会资本情况等。农户水稻生产基本情况调查内容包括样本农户田块基本情况、水稻生产投入情况、水稻生产目的、水稻生产存在问题及样本地水稻生产服务组织发展情况等。农户稻作方式采用情况调查内容包括样本农户稻作方式采用面积、产量情况、稻作方式信息获取情况、稻作方式评价情况、稻作方式特性的关注方面等。

7.2 变量选择及赋值

7.2.1 因变量的选择

本文选择直播稻、机插稻、手栽稻和抛秧稻四种稻作技术为因变量，研究农户对其采用行为及影响因素。选择这四种稻作方式主要是因为它们之间有着不同的生产特性：手栽稻是较为传统的稻作方式，具有轻草害、高复种、缓解茬口矛盾以及高产稳产的优势，但费工费时的特点使得农民从事水稻生产的负担较重；直播稻是近年来发展较为迅速的稻作方式，虽然具有省工、节本、增效的优点，但存在产量潜力小、生产风险大、生态不友好等缺点，其发展会给水稻的安全生产带来隐患；机插稻是机械化稻作方式的代表，技术性较强，同时具有省工和稳产的特点，但受其发展水平的影响和实际生产条件的限制，生产中机插稻省工和产量方面的优势还未能达到直播稻和手栽稻的水平（张洪程等，2009；李杰等，2011）；抛秧稻也具有劳动节约的特点，同样其省工和产量方面的优势也还未能达到直播稻和手栽稻的水平（金军等，2006；王新其等，2008）。从技术类型上看，手栽稻属于土地节约型技术，直播稻则属于劳动节约型技术，抛秧稻和机插稻则属于介于两者之间的中性技术。

7.2.2 自变量的选择

本文基于已有的理论和实证研究，针对农户稻作方式需求决策的特点，选择农户自身特征、外部环境特征、技术自身特征为自变量，研究农户稻作方式的采用行为。

7.2.2.1　农户自身特征

农户是稻作方式的需求者和采用者，其自身特征对稻作方式的有效需求有着重要影响。本文将农户基本特征设定为户主的年龄、受教育程度、兼业性和家庭经济情况。就户主年龄而言，年龄越大的农民可能习惯于传统的稻作方式（Adesina et al.，1993），但受体力影响也有可能采用劳动节约型稻作方式。农民受教育程度越高，接受新事物的能力越强，对技术性较强稻作方式采用的可能性越大（刘华周等，1998），但也有一些学者认为受教育程度与技术的采用有可能呈现负相关的关系（宋军等，1998），本研究中农民受教育程度与稻作方式采用的关系尚需实证检验。兼业性分散了农民的精力，因此，兼业性越强的农民越愿意采用劳动节约型稻作方式。对于家庭经济状况较好的农户来说，他们的支付能力强，并且有能力承担高投入的稻作方式（Batz et al.，1999），而对于家庭经济状况差的农户来说则倾向于采用收益高的稻作方式。

7.2.2.2　外部环境特征

农户对稻作方式的选择行为除受自身特征影响外，还会受到外部环境的影响。本文将影响农户稻作方式采用行为的外部环境特征设定为水稻种植面积和稻作方式信息可获得性两方面。水稻种植面积对不同技术的影响方向和强度可能存在一定差异，水稻种植面积较大的农户容易受到规模经济的影响（林毅夫，1994），倾向于采用具有高产特性的稻作方式；而对于水稻种植面积较小的农户来说，在一定的产量范围内，产出上的差异不足以抵消采用复杂技术上的交易成本和采用新技术的心理成本，因此也更倾向于采用原先的或省工、易操作的稻作方式。稻作方式信息是农户采用稻作方式的前提，特别是具有一定技术性的稻作方式，其信息越通畅、越容易获得，也越有利于农户采用（唐博文等，2010）。由于江苏地区稻作方式的相关政策环境较为一致，且有关稻作方式的补贴政策只针对少部分机插稻用户，该变量进入模型会造成模型的奇异性，故没有将补贴政策等变量纳入其中。

7.2.2.3　稻作方式自身特征

针对农户稻作方式需求的特点，本文将稻作方式自身特征设定为是否省工、单产水平、生产性投入以及技术风险性。受农村劳动力向外转移的影响，农村农忙季节劳动力紧缺，因此稻作方式越省工，农户对其采用的可能性越大。单产水平是衡量稻作方式的重要经济指标，一般情况下，单产水平越高的稻作方式，农户越倾向于采用。生产性投入是影响稻作方式经济效益的重要方面，总体上，在其他方面相当的情况下，相对于投入高的稻作方式，农户可能更倾向于采用投入低的稻作方式。风险性是农户采用技术的重要影响因素，技术的风险性越大，农户对其采用的可能性越小。

根据前文分析，本研究以户主"年龄""受教育程度""兼业性"、农户"家庭经济状况""水稻种植面积""稻作方式信息可获得性"、稻作方式"是否省工""单产水平""生产性投入""技术风险性"为自变量，以农户采用的稻作方式："直播稻""机插稻""手栽稻"以及"抛秧稻"为因变量，变量定义及赋值见表 7-2。

表 7-2 变量定义及赋值

变量名称	代码	定义及单位
因变量		
稻作方式	*way*	农户采用的稻作方式：1=直播稻；2=机插稻；3=手栽稻；4=抛秧稻
自变量		
农户自身特征		
年龄	*age*	户主的年龄（岁）
受教育程度	*edu*	户主所受正式教育的年限：1=小学及以下；2=初中；3=高中及以上
兼业性	*dive*	非农收入占家庭收入的比重（%）
家庭经济状况	*econ*	家庭年收入（万元）
外部环境特征		
水稻种植面积	*land*	面积（亩）
稻作方式信息可获得性	*infor*	获取相关稻作方式信息是否方便：1=是；0=否
技术自身特征		
是否省工	*labor*	农户对稻作方式的评价：1=省工；0=不省工
单产水平	*yield*	水稻单产（公斤/亩）
生产性投入	*inve*	主要包括购买种子、农药、化肥、灌溉及在整个水稻种植过程中所产生的劳动力及机械的雇佣费用（元/亩）
技术风险性	*risk*	采用该稻作方式是否有风险：1=没有；0=有

7.3 模型设定

Logistic 模型是将逻辑分布作为随机误差项的，具有概率分布特征的一种二元离散选择模型，适用于效用最大化原则下选择行为的分析。由于本研究试图分析的因变量有两种以上，因此需要采用多分类 Logistic 回归分析（multinomial logistic regression）。本研究运用 Multinomial Logistic 模型实证分析农户稻作方式采用行为及其影响因素，模型表达式为：

$$\ln\frac{P_{ij}}{P_{ik}}=f(X_i)+\varepsilon_i \tag{7-1}$$

公式7-1中，i 表示样本农户，j 为因变量类别，k 为因变量中的对照组，本文对照组为手栽稻，其中 j，$k=1, 2, \cdots, J$（$j \neq k$）；P_{ij}（P_{ik}）为 i 个农户对 j 种（k 种，即对照组）稻作方式采用的概率；X_i 为农户稻作方式采用的影响因素。本文选择传统稻作方式手栽稻为对照组建立模型，之所以将手栽稻设为对照，主要是因为手栽稻作为传统的稻作方式，在较长时期内被广大农户接受并采用，在稻作方式中具有一定的地位和影响力（曾雄生，2005）。而在20世纪80年代之后，在直播稻和机插稻的发展之下，手栽稻的地位出现动摇，部分稻区手栽稻已失去其主导地位（陈健，2003）。以手栽稻为对照，研究目前有较好发展势头的直播稻和机插稻，可对稻作方式的发展及农户稻作方式采用行为的影响因素有新的认识。建立模型，即：

$$\ln\frac{P_j}{P_k}=\alpha+\beta_1 age+\beta_2 edu+\beta_3 dive+\beta_4 econ+\beta_5 land+\beta_6 infor+\beta_7 labor+\beta_8 yield+\beta_9 inve+\beta_{10} risk+\varepsilon_i \tag{7-2}$$

公式7-2中，$k=3$，$j=1, 2, 3, 4$ 分别表示直播稻、机插稻、手栽稻、抛秧稻。

7.4　样本描述性统计分析

7.4.1　样本基本情况

表7-3　稻作方式的分布情况

镇	样本数	直播稻		机插稻		手栽稻		抛秧稻	
		样本数	比例（%）	样本数	比例（%）	样本数	比例（%）	样本数	比例（%）
尚湖镇	89	15	16.85	72	80.90	2	2.25	—	—
徐霞客镇	67	55	82.09	12	17.91	—	—	—	—
杨寿镇	86	14	16.28	37	43.02	35	40.70	—	—
沙头镇	78	27	34.62	12	15.38	—	—	39	50.00
城东镇	91	18	19.78	26	28.57	—	—	47	51.65
上河镇	113	29	25.66	73	64.60	11	9.73	—	—
仇桥镇	117	72	61.54	27	23.08	18	15.38	—	—

（续）

镇	样本数	直播稻		机插稻		手栽稻		抛秧稻	
		样本数	比例（%）	样本数	比例（%）	样本数	比例（%）	样本数	比例（%）
溪河镇	114	67	58.77	18	15.79	29	25.44	—	—
合计	755	297	39.03	277	36.40	95	12.48	86	11.30

由表7－3可见，在所调查样本镇中，39.03%的农户采用了直播稻，36.40%的农户采用了机插稻，12.48%的农户采用了手栽稻，11.30%的农户采用了抛秧稻。其中苏南地区的徐霞客镇农户直播稻采用比例最高，达82.09%；农户直播稻采用比例较低的有苏南地区的尚湖镇、苏中地区的杨寿镇和城东镇，直播比例分别为16.85%、16.28%和19.78%，这三个样本镇直播比例低的原因各不相同，尚湖镇是因为机插稻比例较高，杨寿镇是因为手栽稻以及机插稻的比例相对较高，城东镇则是因为抛秧稻的比例高。苏南地区的尚湖镇农户机插稻采用比例高达80.90%，而沙头镇和溪河镇的比例只有15.38%和15.79%。存在手栽稻的地区中，苏中地区的杨寿镇农户采用比例最高，为40.70%，苏北地区的上河镇只有9.73%，苏南地区的尚湖镇仅有2.25%。抛秧稻农户主要存在于苏中地区的沙头镇和城东镇，比例分别为50.00%和51.65%。

7.4.2 基本描述统计分析

由表7－4可见，样本农户的自身特征方面，从事水稻生产农户的户主年龄最小为25岁，最大为86岁，平均年龄为58岁。样本农户中受教育程度为小学及以下水平的农户占57.88%，受教育程度达到中学水平的比例为32.72%，达高中及以上水平的农户仅为9.40%。农户兼业性均值（非农收入占家庭收入的百分比）达73.20%。样本农户家庭年收入均值为7.62万元，其中家庭年收入最少的为0.9万元，收入最高的农户达70万元。农户所处外部环境方面，农户水稻种植面积最少的仅有0.4亩，种植面积最大的达668亩，总体均值为23.16亩。稻作信息可获得性方面，80.26%的农户有稳定且便捷的稻作信息来源，19.74%的农户信息来源不稳定或获取不方便。技术自身特征方面，77.22%的农户认为自己所采用的稻作方式是省工的，22.78%的农户认为所采用的稻作方式不省工。样本农户中稻作方式的亩产水平的范围在370～800kg，平均亩产水平为537.48kg。水稻生产的投入（除用工投入以外）范围在300～900元/亩，平均生产投入水平为518.61元/亩。技术的风险性方面，65.56%的农户认为所采用的稻作方式没有风险，34.44%的农户认为所采用的稻作方式存在一定的风险。

表7-4　变量的描述性统计

变量	样本数	极小值	极大值	均值	标准误
稻作方式	755	1	4	1.96	0.036
年龄	755	25	86	57.66	0.391
受教育程度	755	1	3	1.52	0.024
兼业性	755	0	100	73.20	1.026
家庭经济状况	755	0.9	70.0	7.62	0.218
水稻种植面积	755	0.4	668	23.16	2.650
稻作方式信息可获得性	755	0	1	0.80	0.014
是否省工	755	0	1	0.77	0.015
单产水平	755	370	800	537.48	2.286
生产性投入	755	300	900	518.61	3.779
技术风险	755	0	1	0.66	0.017

由表7-5可见，不同稻作方式中，采用机插稻和手栽稻的农户户主平均年龄较直播稻、手栽稻以及抛秧稻小，这可能是因为机插稻的技术性要较其他稻作方式强，年轻的农户相对年龄较大的农户更容易接受和操作；而手栽稻的劳动力投入量高，且劳动强度大，年龄较大的农户受体力和精力的影响，承担不了高负荷的劳动。同样由于机插稻的技术性，采用农户的受教育程度表现要较其他稻作方式高。农户的兼业程度在抛秧稻和直播稻采用农户中较高，在机插稻中较低，这是因为较低劳动力投入量的稻作方式更有利于农户的兼业行为，而一些机插稻采用农户同时也是机插稻经营农户，因此其兼业程度要较其他稻作方式低。

表7-5　不同稻作方式相关变量的描述性统计

变量	直播稻	机插稻	手栽稻	抛秧稻
年龄	58.77 (0.615)	55.95 (0.665)	56.55 (1.010)	60.52 (1.096)
受教育程度	1.52 (0.039)	1.55 (0.040)	1.52 (0.070)	1.37 (0.064)
兼业性	78.35 (1.484)	65.36 (2.001)	71.65 (2.460)	82.33 (1.357)
家庭经济状况	6.05 (0.242)	9.76 (0.482)	6.559 (0.394)	7.31 (0.270)
水稻种植面积	7.43 (0.721)	50.94 (6.872)	7.975 (0.609)	4.77 (0.368)

(续)

变量	直播稻	机插稻	手栽稻	抛秧稻
稻作方式信息可获得性	0.76 (0.025)	0.87 (0.020)	0.77 (0.044)	0.79 (0.044)
是否省工	0.84 (0.021)	0.82 (0.023)	0.42 (0.051)	0.78 (0.045)
单产水平	521.90 (3.298)	549.37 (3.941)	550.68 (7.293)	538.37 (5.589)
生产性投入	478.75 (5.070)	557.80 (7.131)	514.00 (7.728)	535.09 (8.478)
技术风险	0.60 (0.028)	0.68 (0.028)	0.71 (0.047)	0.70 (0.050)

* 括号外数值为变量的均值，括号内数值为变量的标准误。

农户的家庭经济状况方面，因为机插稻的投入较其他稻作方式大，且经营机插稻需要更多的投入，所以采用机插稻的农户家庭经济条件要较其他稻作方式采用的农户好。从水稻种植规模上看，机插稻的种植规模远大于直播稻、手栽稻及抛秧稻等稻作方式，是因为一方面机插稻的效益需要通过规模经营来体现，一些机插稻采用农户同时也是经营大户；另一方面机插稻的效率在面积较大的田地中更容易体现。稻作方式可获得性方面，机插稻的信息可获得性要高于其他稻作方式，这可能是因为一些进行机插的农户其机插稻技术一般由机手直接提供，农民无需自己掌握便可进行机插稻栽插。

稻作方式自身特征方面，农户对稻作方式的省工水平评价由高到低分别为直播稻>机插稻>抛秧稻>手栽稻；单产水平由高到低分别为手栽稻>机插稻>抛秧稻>直播稻；生产性投入方面由高到低分别为机插稻>抛秧稻>手栽稻>直播稻；技术的风险性特征方面，直播稻的风险性要高于机插稻、手栽稻和抛秧稻。

7.5 农户稻作方式采用影响因素的回归结果分析

本文运用 SPSS 16.0 统计软件，以手栽稻为对照，对样本数据进行 Multinomial Logistic 回归分析。估计结果详见表 7-6 和表 7-7。

表 7-6 模型分析结果

变量	−2 倍对数似然值	χ^2	显著水平
截距	1 569.81	0.000	—

（续）

变量	−2倍对数似然值	χ^2	显著水平
年龄	1 577.49	7.676	0.053
受教育程度	1 579.05	9.235	0.161
兼业性	1 583.72	13.909	0.003
家庭经济状况	1 574.59	4.777	0.189
水稻种植面积	1 609.95	40.135	0.000
稻作方式信息可获得性	1 575.62	5.807	0.121
稻作方式是否省工	1 638.43	68.617	0.000
单产水平	1 590.20	20.390	0.000
生产性投入	1 614.82	45.008	0.000
技术风险性	1 570.55	0.734	0.865

由模型总体分析结果可见（表7-6），农户自身特征方面的影响因素中，农户的年龄及兼业性对农户稻作方式采用行为产生了显著影响，其中兼业性对农户稻作方式采用的影响达到了极显著水平。农户所处外部环境方面的影响因素中，水稻种植面积对农户采用稻作方式产生了极显著的影响。技术自身特征方面的影响因素中，稻作方式是否省工、单产水平以及生产性投入对农户稻作方式的采用均产生了极显著的影响。

表7-7　参数估计结果

变量	直播稻（对照=手栽稻）	机插稻（对照=手栽稻）	抛秧稻（对照=手栽稻）
截距	4.201** (6.031)	−2.347 (1.813)	−3.241 (2.205)
年龄	0.026** (3.843)	0.010 (0.508)	0.036** (4.651)
受教育程度	−0.297 (0.392)	0.191 (0.155)	0.911 (1.958)
	0.197 (0.169)	0.284 (0.339)	0.844 (1.614)
兼业性	0.023*** (12.813)	0.021*** (10.798)	0.016* (3.719)
家庭经济状况	−0.005 (0.014)	0.033 (0.713)	0.071 (2.422)
水稻种植面积	0.021 (1.907)	0.041*** (7.915)	−0.051 (2.445)
稻作方式信息可获得性（对照组=方便）	−0.211 (0.455)	−0.660** (3.880)	0.580 (2.199)

（续）

变量	直播稻（对照＝手栽稻）	机插稻（对照＝手栽稻）	抛秧稻（对照＝手栽稻）
稻作方式是否省工（对照组＝省工）	−1.930*** (48.665)	−2.157*** (55.461)	−1.718*** (24.109)
单产水平	−0.006*** (9.018)	0.000 (0.005)	0.003 (0.983)
生产性投入	−0.005*** (7.742)	0.002 (2.314)	0.002 (0.863)
技术风险性	0.240 (0.724)	0.184 (0.402)	0.176 (0.252)
−2 倍对数似然值		1 569.81	
χ^2		307.359	
df		33	
显著水平		0.000	

注：*、**、***分别表示10%、5%、1%的显著性水平。

具体到特定的稻作方式中（表7-7），从模型拟合结果来看，拟合结果较为理想，达到1%的显著性水平。从具体影响因素来看：

（1）稻作方式自身特征方面　这是影响农户对其采用行为的重要方面，其中稻作方式是否省工、单产水平、生产性投入是关键影响因素。由分析结果可见，与传统手栽稻相比，是否省工对农户直播稻、机插稻及抛秧稻的采用均产生了显著影响，且符号为负，即稻作方式越费工、劳动强度越大，农户对其采用倾向性越小。调查中发现，由于农村青壮年劳动力的向外转移，从事农田劳作的留守妇女和老人，已不能满足水稻生产的需要，特别是在水稻栽插季节，每天每人的用工价格高达百元以上，然而即便在这样的价格下，劳动力也较为稀缺，因此，农户在选择稻作方式时，具有省工省事、劳动强度低特点的劳动节约型稻作方式有较大的优势。问卷调查结果同时表明，73.3%的农户在选择稻作方式时将方便省工作为首要考虑因素。

单产水平是农户种稻收益的直接影响因素，其对农户采用直播稻有显著的影响，这是由于与手栽稻相比，直播稻与其之间的产量存在一定的差距，直播稻产量低的特性影响了农户对其采用行为。单产水平对农户采用机插稻和抛秧稻的影响不显著，这可能是因为与手栽稻相比机插稻和抛秧稻与其之间的产量差异还未能达到影响农户采用行为的显著水平。此外，调查中在问及“你是否会选择省工，但产量略有减少的水稻种植技术”时，72.7%的农户选择了“会”，只有27.3%的农户选择“不会”，这也解释了为何机插稻和抛秧稻与手栽稻之间的产量差异没有对农户稻作方式采用产生显著影响。

与传统手栽稻相比，生产性投入在农户对直播稻的采用中通过了显著性检验，且符号为负，即生产性投入少对农户采用直播稻产生了积极的显著影响。生产性投入对农户采用机插稻和抛秧稻没有显著性影响，但影响作用为正，这可能是因为相对直播稻和手栽稻而言，虽然采用机插稻需要购置插秧机以及进行育苗设备的投入，但在实际调研中发现，育秧和插秧多由育秧大户和机手提供服务，农户只需付出相应的费用，无需进行大量的资金投入便可进行机插，而相对购机和相关设备的投入来说，农户也愿意付出相应的服务费用。

技术的风险性对农户采用直播稻、机插稻及抛秧稻无显著影响，这可能是因为近几年来，江苏省水稻生长季节无异常气候或灾害性气候发生，稻作方式的风险性没有得到显现。

(2) 农户自身特征方面　农户的年龄和兼业性对稻作方式的采用产生了一定的影响。兼业性对农户采用直播稻、机插稻及抛秧稻均产生了显著影响，且符号为正，其中对直播稻和机插稻的影响作用达到了极显著水平，说明农户的兼业程度越高对轻简稻作方式采用的可能性越大。正如前文预期所述，农户的兼业行为分散了农户的精力，也使得农户不得不采用省工省事的稻作方式。

与对照组相比，农户的年龄对直播稻和抛秧稻的采用均产生了显著影响，且影响为正，即农户的年龄越大对直播稻和抛秧稻采用的可能性越大。如前文所述，年龄较大的农户受体力和精力的影响，承担不了高负荷的劳动，因此采用劳动力投入量小且劳动强度低的稻作方式的可能性要大。兼业性对机插稻的影响作用不显著但符号同样为正。

户主受教育程度对农户采用直播稻、机插稻及抛秧稻均无显著的影响，但影响作用为正。家庭经济状况对农户采用直播稻、机插稻及抛秧稻也无显著的影响，但对直播稻的影响为负，对机插稻和抛秧稻的影响为正。可能的原因是，家庭经济状况差的农户采用直播稻是因为其投入少，而大多富裕农户采用机插稻是因为其较为省工，且富裕的农户更有能力承担高投入的稻作方式。

(3) 外部环境特征方面　信息可获得性和水稻种植规模是农户采用机插稻的关键影响因素。与直播稻、手栽稻等相比，机插稻的技术性更强，进行机插稻种植除了要掌握育秧技术外还要掌握插秧机栽插技术，因此，技术信息的可获得性对于农户采用机插稻有着显著的影响；而直播稻、抛秧稻等的种植技术相对简单且易操作，一些农户根据自己的生产经验就可进行直播稻种植。

水稻种植面积是农户采用机插稻的重要影响因素，且影响作用为正，即水稻种植面积越大，农户对其采用行为越显著。受机插稻生产特征和高产特性的影响，其规模效益相对其他稻作方式更为明显，当水稻种植面积越大时，越有利于机插稻生产效率的提高和规模效益的体现。水稻种植规模对直播稻和抛秧稻的影响不显著。

7.6 讨论

本章通过对农户稻作方式采用行为的研究发现，稻作方式自身特征是影响农户对其采用的重要因素，不同类型的农户在不同的外部环境中基于稻作方式的差异表现出了不同的采用行为，这与前人研究结果相一致（Rogers，1995；满明俊等，2010；唐博文等，2010），其中劳动力投入量对农户采用稻作方式有显著影响与蔡书凯等（2011）的研究结果相一致。农户自身特征方面的影响因素中，农户的受教育程度以及家庭经济状况对稻作方式的采用没有显著影响，这与前人的研究结果既有相同之处也有不相一致的地方（王志刚等，2007a，2007b；廖西元等，2006；喻永红等，2009；满明俊等，2010；唐博文等，2010），这可能是由于技术类型造成的差异；农户的年龄、兼业特征是影响其采用稻作方式的重要因素，这与韩军辉等（2005）、蔡荣等（2011）等的研究结果相一致。在影响农户行为的外部环境中，信息的可获得性和水稻种植规模对农户采用稻作方式产生了显著影响，这与王志刚等（2007b）、廖西元等（2006）、喻永红等（2009）的研究结果相一致。

由本研究结果可见，不管是从稻作方式的发展现状，还是从农户稻作方式采用行为影响因素方面看，稻作方式的发展正由土地节约型向劳动节约型方向转变，而在机插稻的省工及产量方面优势未得到充分发挥的情况下，直播稻的发展已对江苏省水稻的安全稳定生产产生了重要影响。针对江苏省稻作方式的发展现状，结合本文的研究结果，提出以下政策建议：第一，鼓励发展插秧互助组织、组建插秧服务队等生产性服务组织，支持手栽稻面积的适度稳定。第二，通过推进土地使用权的流转，促进耕地向低兼业程度的专业水稻生产大户流转，形成合理的水稻种植规模，有效避免高度兼业化的农户对低产、低效稻作方式的采用，通过规模效应转变农户直播稻采用行为，以压缩直播稻的发展。第三，采取更切实有效的措施推广机插稻。加强对机插稻的宣传，建立多层次、多元化的稻作技术信息服务供给体系，拓宽农户机插稻技术信息的来源渠道；加大对农户插秧机购买的政策扶持力度，增加机插稻服务的供给；对于机插稻发展处于起步阶段的地区，给予机插稻采用农户适当的补贴，刺激农户采用机插稻。

7.7 本章小结

本文基于江苏省苏南、苏中及苏北地区的农户调查，运用 Multinomial Logistic 模型，对农户采用不同类型稻作方式的影响因素进行了研究。结果表明，具有不同家庭特征和外部环境特征的农户对不同类型稻作方式的采用具有明显的差异性特征。从技术类型上看，农户更倾向于采用劳动节约型稻作方式。在农户采用稻作方式的影响因素中，稻作方式是否省工对农户采用稻作方式有显著影响，稻作方式越省工农户对其采用的可能性越大。农户的年龄和兼业性、稻作方式的生产性投入和单产水平对农户采用直播稻有显著影响，与手栽稻相比，年龄越大、兼业程度越高的农户对直播稻采用的可能性越大；生产性投入少是农户采用直播稻的重要原因；单产水平低影响了农户对直播稻的采用行为。农户的兼业性、水稻种植面积及稻作方式信息可获得性对农户采用机插稻产生了显著影响，兼业性越强、水稻种植面积越大的农户对机插稻采用的可能性越大，而稻作方式信息的方便有效获取是影响农户采用机插稻的重要原因。农户的年龄及兼业性对其采用抛秧稻有显著影响，农户的年龄越大、兼业程度越高，对抛秧稻的采用行为越明显。

◆ 参考文献

蔡荣，韩洪云，2011. 合同生产模式与农户有机肥施用行为——基于山东省348户苹果种植户的调查数据［J］. 中国农业科学，44（6）：1277-1282.

蔡书凯，李靖，2011. 水稻农药施用强度及其影响因素研究——基于粮食主产区农户调研数据［J］. 中国农业科学，44（11）：2403-2410.

陈风波，陈培勇，2011. 中国南方部分地区水稻直播采用现状及经济效益评价——来自农户的调查分析［J］. 中国稻米，17（4）：1-5.

陈健，2003. 水稻栽培方式的演变与发展研究［J］. 沈阳农业大学学报，34（5）：389-393.

陈秀芝，秦宏，张绍江，2005. 论中国农业技术应用的制度障碍及对策［J］. 中国农学通报，21（8）：430-432，435.

程建平，罗锡文，樊启洲，等，2010. 不同种植方式对水稻生育特性和产量的影响［J］. 华中农业大学学报，29（1）：1-5.

池忠志，姜心禄，郑家国，2008. 不同种植方式对水稻产量的影响及其经济效益比较[J]. 作物杂志（2）：73-75.

韩洪云，杨增旭，2011. 农户测土配方施肥技术采纳行为研究——基于山东省枣庄市薛城区农户调研数据［J］. 中国农业科学，44（23）：4962-4970.

韩军辉，李艳军，2005. 农户获知种子信息主渠道以及采用行为分析——以湖北省谷城县为例［J］. 农业技术经济（1）：31-35.

霍中洋，姚义，张洪程，等，2012. 播期对直播稻光合物质生产特征的影响［J］. 中国农业科学，45（13）：2592-2606.

金军，薛艳凤，于林惠，等，2006. 水稻不同种植方式群体质量差异比较［J］. 中国稻米（6）：31-33.

李杰，张洪程，常勇，等，2011a. 不同种植方式水稻高产栽培条件下的光合物质生产特征研究［J］．作物学报，37（7）：1235-1248.
李杰，张洪程，董洋阳，等，2011b. 不同生态区栽培方式对水稻产量、生育期及温光利用的影响［J］．中国农业科学，44（13）：2661-2672.
廖西元，王磊，王志刚，等，2006. 稻农采用机械化生产技术的影响因素实证研究［J］．农业技术经济（6）：43-48.
林毅夫，1994. 制度、技术与中国农业发展［M］．上海：上海人民出版社．
刘华周，马康贫，1998. 农民文化素质对农业技术选择的影响——江苏省苏北地区四县农户问卷调查分析［J］．调研世界（10）：29-30，22.
卢百关，秦德荣，樊继伟，等，2009. 江苏省直播稻生产现状、趋势及存在问题探讨［J］．中国稻米（2）：45-47.
满明俊，周民良，李同昇，2010. 农户采用不同属性技术行为的差异分析——基于陕西、甘肃、宁夏的调查［J］．中国农村经济（2）：68-78.
宋军，胡瑞法，黄季焜，1998. 农民的农业技术选择行为分析［J］．农业技术经济（6）：36-39，44.
唐博文，罗小锋，秦军，2010. 农户采用不同属性技术的影响因素分析——基于9省（区）2 110户农户的调查［J］．中国农村经济（6）：49-57.
王新其，蒋其根，钱益芳，等，2008. 上海市郊区水稻不同栽培方式的综合评价分析［J］．上海农业学报，24（4）：9-13.
王志刚，王磊，阮刘青，等，2007a. 农户采用水稻高产栽培技术的行为分析［J］．中国稻米（1）：7-10.
王志刚，王磊，阮刘青，等，2007b. 农户采用水稻轻简栽培技术的行为分析［J］．农业技术经济（3）：102-107.
姚义，霍中洋，张洪程，等，2012. 不同生态区播期对直播稻生育期及温光利用的影响［J］．中国农业科学，45（4）：633-647.
喻永红，张巨勇，2009. 农户采用水稻IPM技术的意愿及其影响因素——基于湖北省的调查数据［J］．中国农村经济（11）：77-86.
曾雄生，2005. 直播稻的历史研究［J］．中国农史（2）：3-16.
张洪程，李杰，姚义，等，2009. 直播稻种植科学问题研究［M］．北京：中国农业科学技术出版社．
张晓丽，陶伟，高国庆，等，2023. 直播栽培对双季早稻生育期、抗倒伏能力及产量效益的影响［J］．中国农业科学，56（2）：249-263.
郑旭媛，王芳，应瑞瑶，2018. 农户禀赋约束、技术属性与农业技术选择偏向——基于不完全要素市场条件下的农户技术采用分析框架［J］．中国农村经济（3）：105-122.
朱明芬，李南田，2001. 农户采纳农业新技术的行为差异及对策研究［J］．农业技术经济（2）：26-29.
Adesina A A，Zinnah M M，1993. Technology characteristics，farmers' perceptions and adoption decisions：a tobit model application in Sierra Leone［J］．Agricultural Economics，9（4）：297-311.

Batz F J, Peters K J, Janssen W, 1999. The influence of technology characteristics on the rate and speed of adoption [J]. Agricultural Economics, 21 (2): 121-130.

Feder G, Slade R, 1985. The role of public policy in the diffusion of improved agricultural technology [J]. American Journal of Agricultural Economics, 67 (2): 423-428.

Lee L K, Stewart W H, 1983. Landownership and the adoption of minimum tillage [J]. American Journal of Agricultural Economics, 65 (2): 256-264.

Rogers, E. M, 1995. Diffusion of Innovations, (4st ed.) [M]. New York: The Free Press.

SahaA, Love H A, Schwart R, 1994. Adoption of emerging technologies under output uncertainty [J]. American Journal of Agricultural Economics, 76 (4): 836-846.

第 8 章

全文总结与政策建议

8.1 主要研究结论

8.1.1 不同稻作方式的发生机制

手栽稻的发展与育秧方式的变革、栽培技术的进步以及轻简稻作方式的发展密切相关。人口压力下对高产稳产稻作方式的需要、劳动密集型稻作方式与农村剩余劳动力的相互捆绑是手栽稻宏观层面发生的重要原因，中观层面手栽稻具有占据传统优势地位、发展基础好且与农作制度相耦合的特点，微观层面手栽稻符合生存压力型农户的稻作观。

直播稻的发展经历了徘徊发展阶段、抗旱需要下恢复发展阶段、直播技术推进下的探索发展阶段以及农民自主选择下的快速发展阶段。我国农村劳动力结构的改变、农民水稻生产目标的改变，以及逆境生长环境中的优势是直播稻宏观层面得以发生的主要原因，化学除草剂的成功运用、水稻条纹叶枯病的暴发以及灾害性气候未有显现对其发生起到了推动作用，效益追求型农户的经济理性行为是直播稻微观层面发生的根本原因。

机插稻的发展以插秧机的研发与创新为标志，与机插稻技术的发展紧密相连，分为自主研发仿人工大苗机插阶段、引进探索工厂化育秧阶段和农机农艺协调推进阶段。农业发展方式的转变、粮食安全危机对高稳产稻作方式的需要是机插稻在宏观层面得以发展的原因，农业机械化发展的需要、政策的强有力支持对机插稻的发展起到了重要的推动作用，经济发展型农户的稻作观是机插稻得以发展的微观动力。

抛秧稻的发展经历了试验探索、引进发展和快速发展等 3 个阶段。就全国层面看，目前抛秧稻的面积有所减少，但不同地区的发展存在差异。对高稳产稻作方式的需要、农村劳动力结构改变下的引进和探索促成了抛秧稻的发展，地区性的成功推广对抛秧稻的发展起到了很好的示范作用，此外，抛秧稻符合效益追求型农户的需求。

要素的稀缺是技术发展的阻力同时也是技术变迁的推力，在稻作方式发展的过程中，劳动力要素开始成为稀缺资源。与此同时，在相关栽培技术不断取得突破的情况下，农户的经济理性行为促使稻作方式由高产、劳动密集型向高效、轻简方向转变，而这一过程中轻简但低产稻作方式的发展成为这一变化负外部性的主要方面。此外，宏观政策导向则对稻作方式的发展方向和发展速度有着重要的影响。

8.1.2　江苏省稻作方式的时间维扩散特征

2000—2015年，江苏省稻作方式的扩散大致分为两个阶段，第一阶段为2000—2008年直播稻替代手栽稻扩散阶段，这一阶段主要是在农村劳动力转移的背景下，劳动力要素成为稀缺资源，农民逐渐放弃对劳动密集型高产稻作方式——手栽稻的采用，而直播稻凭借其省工省时的优势在农户中“不推自广”；第二阶段为2008—2015年机插稻替代直播稻扩散阶段，受直播稻发展的负外部性影响，江苏省政府部门加强了机插稻的推广力度，并且将直播稻减压工作指标化，试图通过机插稻的发展来控制直播稻的扩散。

2000—2012年，机插稻的扩散符合S形扩散曲线特征，其扩散速率峰值（7.98%）出现在2010年；抛秧稻和手栽稻的扩散符合倒S形扩散曲线特征，手栽稻的递减峰值（7.67%）出现在2006年，抛秧稻的递减峰值（4.81%）出现在2000年；直播稻的扩散不符合S形扩散曲线特征，经分解分析，直播稻面积递增阶段的扩散速率峰值（6.12%）出现在2007年，递减阶段的峰值（7.94%）出现在2009年。

从近期不同稻作方式的发展情况看，机插稻的播种面积总体保持稳定，手栽稻和抛秧稻种植面积则不断萎缩，而直播稻的面积则有上升趋势。

8.1.3　江苏省稻作方式的空间维扩散特征

2008—2012年，江苏省机插稻空间集聚现象随时间的推移不断加强，直播稻的空间集聚现象则不断减弱；抛秧稻和手栽稻的发展存在显著的空间集聚现象，其中手栽稻的空间集聚现象总体上在减弱。

2008年江苏省各市机插稻的扩散虽存在空间集聚现象，但发展差别较大；2012年各市机插稻的空间集聚现象加大，发展差距缩小。2008—2012年江苏省抛秧稻的扩散集聚程度较低，地区差距较大。2008年江苏省大部分市域直播稻的发展存在明显的空间集聚现象，2012年空间集聚现象减弱，不同地区间的发展逐渐趋于一致。2008—2012年江苏省手栽稻空间集聚现象明显且无明显变化。

2008—2012年江苏省稻作方式扩散的地理格局有较大变化，机插稻“扩散中心区”由苏南地区向苏中、苏北地区转移，苏南地区演变成“低速扩散区”；抛秧稻“扩散中心区”中的苏北市域增加，苏南地区（除无锡市外）成为抛秧稻的“低速扩散区”；直播稻的“扩散中心区”主要位于苏北和苏中地区，“低速扩散区”主要位于苏南地区，直播稻的发展未有“极化中心区”的出现；2008—2012年手栽稻扩散的市域地理格局基本没有变化，苏北地区仍然为“扩散中心区”，“低速扩散区”主要位于苏南地区。

8.1.4 相关利益方关于稻作方式的认知差异

稻作方式发展的过程中，农户、农技员、专家学者以及政府等利益相关主体基于自身视角对稻作方式本身、发展方向及发展的影响因素表现出了不同的认知。农户更为关心的是稻作方式的轻简和高效，认为稻作方式自身特征是影响其选择的最主要方面，其中“省时省工”“综合效益高”“投入少、成本低”等是关键因素，并认为相较其他稻作方式，直播稻投入少、用工少且效益高。

农技员的认知既反映了农户的认知也体现了政府对稻作方式发展的宏观掌控，因此对稻作方式轻简和高产的特征较为关注，农技员群体认为相较其他稻作方式，机插稻的发展更有前景，且“省工省时”“单产高”“综合效益高”等特征是影响稻作方式发展的关键因素，而“农民认知不足”是制约稻作方式发展的主要因素之一。

专家学者则提出了粮食安全、自然生态学、社会生态学等多种视角的稻作方式发展路径。试验条件下手栽稻、机插稻、直播稻的产量依次降低，但实际生产中受生产条件和高产栽培技术应用到位程度的限制，稻作方式的产量出现了差异。专家视角下“稻作方式劳动力投入量”“农户水稻种植态度”以及“稻作方式劳动强度大小”是影响稻作方式发展的重要方面。

政府基于粮食安全生产视角对稻作方式的发展有着高产、稳产的要求，因此对机插稻的发展持支持态度。然而国家认知行为、地方政府认知行为和农民认知行为之间存在着先后时间的差距，政府与农户之间存在“认知沟”。在保障粮食安全生产的要求中，农民无形中承担着国家粮食安全的责任，如何在保障粮食安全生产的同时实现农民的利益，是稻作方式发展最为现实的问题。

利益和认知的一致性是技术顺利推广的前提，而上述视角下的认知都存在合理和可取的一面，因此如何协调政府高产与农户高效问题以及专家试验研究结果与实际生产间的差异问题是稻作方式发展的重要议题。

8.1.5 影响农户稻作方式采用行为的因素

通过对农户稻作方式采用行为进行 Multinomial Logistic 模型分析发现，具有不同家庭特征和外部环境特征的农户对不同类型稻作方式的采用行为具有明显的差异性特征。从技术类型上看，农户更倾向于采用劳动节约型稻作方式。在农户采用稻作方式的影响因素中，稻作方式是否省工对农户采用稻作方式有显著影响，稻作方式越省工农户对其采用的可能性越大。农户的年龄和兼业性、稻作方式的生产性投入和单产水平对农户采用直播稻有显著影响，与手栽稻相比，年龄越大、兼业程度越高的农户对直播稻采用的可能性越大；生产性投入少是农户采用直播稻的重要原因；单产水平低影响了农户对直播稻的采用行为。农户的兼业性、水稻种植面积及稻作方式信息可获得性对农户采用机插稻产生了显著影响，兼业性越强、水稻种植面积越大的农户对机插稻采用的可能性越大，而稻作方式信息方便有效地获取是影响农户采用机插稻的重要原因。农户的年龄及兼业性对其采用抛秧稻有显著影响，农户的年龄越大、兼业程度越高，对抛秧稻的采用行为越明显。

8.2　政策建议

8.2.1　江苏省不同地区稻作方式发展的政策重点

通过前文分析可见，受资源禀赋、经济发展水平及政策环境等的影响，稻作方式在江苏省不同地区的扩散特征不同。从保障粮食安全生产、优化资源配置的角度出发，稻作方式发展过程中各地区应因地制宜采取不同的发展方针和政策。本研究对稻作方式的时空扩散特征进行了分析，结合研究结果对不同地区稻作方式的发展提出以下政策建议。

（1）苏北地区　相对苏南和苏中地区，苏北地区温光资源条件欠缺，发展直播稻存在一定的安全生产隐患，因此要谨防直播稻的大面积发生。对于目前已是直播稻扩散区的地区，要加强直播稻稳定高产规律与配套实用技术的示范，促进农户对机直播的采用，最大程度地降低生产风险。另外要加强对直播稻生产特性的宣传，改变农户对直播稻的认知。在机插稻发展的同时须注意地区自然资源、发展条件与机插稻之间的耦合。对于适宜发展机插稻的地区，特别是既是机插稻的扩散中心区又是直播稻的扩散中心区的地区须有效、稳步推进。在地区自然条件和发展条件的限制下，未来一段时间内手栽稻仍将存在，且主要存在于苏北地区，其中徐州是手栽稻扩散中心区的同时也是直播稻的低速扩散区，因此该地区要谨防直播稻对手栽稻发展的影响。对于抛秧稻，虽然相较其他稻作方式面积较少，但仍需稳步且因地制宜地发展。

（2）苏中地区　苏中地区是直播稻的扩散中心区，该类地区直播稻的发展一方面要加大水稻直播危害的宣传力度，增强农户对直播稻风险性的认知，另一方面同样要加强直播稻稳定高产规律与配套实用技术的示范，引导农户对机直播的选择，降低已采用农户的生产风险。对于直播稻的扩散中心区同时又是机插稻的扩散中心区，可以通过大力发展机插稻来控制直播稻的发展，同时要谨防机插稻优势得不到充分发挥的情况下直播稻对机插稻发展的冲击。苏中地区曾经是抛秧稻的主要扩散地区，但在机插稻和直播稻的影响下，抛秧稻的发展态势有所减缓，未来需因地制宜发展抛秧稻。

(3) 苏南地区 苏南地区自然资源良好，具有发展水稻生产的先天优势，但相较苏中和苏北地区，其第二、三产业发达，农户进厂多、兼业程度高，因此该地区适合发展具有省工且高产特征的稻作方式，在社会经济高速发展的基础上，尤其适合机插稻的发展。近年来，在政府部门的推动下，苏南地区机插稻的发展稳步推进，种植比例较高，充分发挥了机插稻在苏南地区的种植优势。苏南地区稻作方式的发展具有多样性的特点，其既是机插稻的低速扩散区，又是直播稻的低速扩散区，同时也是手栽稻的低速扩散区。因此，未来应继续发挥机插稻生产的优势和潜力，促进机插稻在苏南地区的进一步发展，但同时也应该密切关注直播稻的发展，谨防其大面积扩散。

8.2.2 弥合各方认知差异，协调利益一致，促进稻作方式科学发展

农户、农技员、专家学者及政府部门对稻作方式的生产特性及发展的认知存在一定的差异。不同利益方对相同稻作方式生产特性的认知差距很大程度上是由技术现实与技术理想之间的差距导致的，因此缩短现实技术与理想技术之间的差距是促进相关利益方稻作方式认知协调一致的根本。具体而言，首先应加强稻作方式生产特性的宣传，特别要加强对直播稻用工特点和风险性的宣传，让农户对其有清晰的认识；其次，应着力提高机插稻、抛秧稻等稻作方式生产优势的发挥，加强对机手和农户的培训力度，严格技术操作规范，提高栽插质量，提高稻作方式的经济价值；最后，应加大对优势稻作方式的研发，促进其与其他农业生产技术的耦合，降低技术的缄默性。

相关利益方关于稻作方式发展认知的差异很大程度上是由各方主体的利益诉求不一致导致的。农户是稻作方式的采用主体，在劳动力转移的背景下其对稻作方式轻简、高效的要求已成为不可逆转的现实。政府对稻作方式高产、稳产的生产要求则是社会发展的需要，也是国家粮食安全、稳定生产大局的需要。农户微观理性行为与政府理性行为的冲突是稻作方式发展利益机制不协调的表现，其中水稻经营收益低是根本原因。因此，政府一方面在把握劳动节约型稻作方式发展方向的同时，要促进水稻生产技术的创新，对于具有产量优势的稻作方式要促进其省工与高产的协同实现。另一方面控制水稻生产成本、建立有效的激励机制，加大农户稻作方式采用的补贴政策力度，促进农户对高产、高效稻作方式的采用，促进稻作方式的科学发展。

8.2.3　不同类型稻作方式发展的对策建议

（1）机插稻　由上述研究结果可见，不管是从稻作方式的发展现状，还是从农户稻作方式采用行为影响因素方面看，稻作方式的发展正由土地节约型向劳动节约型方向转变，其中机插稻则是未来稻作方式发展的重要方向，结合影响机插稻扩散的相关因素提出以下政策建议：

① 推动土地流转，发展规模经营。虽然家庭联产承包责任制赋予了农民独立自主的生产经营权，但在现有的土地规模下农民生产决策受外部因素影响较大，稻作方式发展过程中，只有使土地向少数人手中集中，实现土地的规模化经营，才能使农民成为真正的独立决策者。对于机插稻的发展尤其如此，一方面土地的小规模经营和零碎化影响了机插稻优势的发挥和生产效率的提高，另一方面，通过推进土地使用权的流转，促进耕地向低兼业程度的专业水稻生产大户流转，形成合理的水稻种植规模，有效避免高度兼业化的农户对低产、低效稻作方式的采用，通过规模效应转变农户直播稻采用行为。

② 培育高素质机手队伍，提高栽插质量。机插稻优势的发挥与技术规范密切相关，实际生产中，育秧水平参差不齐、机手作业水平高低不一、专业化服务的规范性等问题已成为机插稻发展的瓶颈。因此，为进一步促进江苏省机插稻的发展，首先应启动优秀机手培养工程，培育一支技术过硬、有责任心且善于经营的机手队伍，从提高栽插质量入手，充分挖掘机插稻的生产潜力，减少农户额外的劳动力投入。各地方通过制订培训计划，采取不同的教育形式，如学历教育、短期进修、参观考察等，培养农机专门人才。通过优化培训内容，塑造既懂财务，又懂经营管理；既懂机械构造，又会排除故障；既懂农业生产技术，又会机械化作业的多面手。要将引进和培养年轻农机机手作为重点，培养女性农机人员，使之成为机插稻发展的新生力量。此外，要加大政策扶持力度，提高机手待遇，对优秀的机手实施奖励政策。

③ 发展机插专业化服务组织，建立机插稻市场信息服务供给体系。应加大对机插稻专业化服务组织的扶持力度，提高相关服务组织的社会化服务能力，有效减轻农户劳动负担。在常规服务项目前提下，机插稻专业化服务组织的服务内容不仅仅停留在插秧环节上，应通过增加服务机具种类，购置新型、科技含量高的机械，使机插稻服务项目延伸至水稻生产的各个方面。即服务项目要从机耕到收获，从植保到机械化育插秧，从土地平整到拖拉机运输等，将服务项目向水稻生产的纵深方向拓展。通过配套业务范围的扩大，提升机插稻专业化服务组织的服务能力和水平，从服务层面提高农户对机插稻的认可。实证研究结果表明，稻作方式的信息可获得性对机插稻的发展有重要影响，从各地的实际情况看，稻作技术市场信息服务供给体系尚不完善，因此，有必要建

立多层次、多元化的稻作技术信息服务供给体系，拓宽农户机插稻技术信息和市场信息的来源渠道，降低机手和农户之间寻找供求关系的交易成本和心理成本，提升双方对机插稻及机插服务市场的感知价值。

④ 加大政策补贴力度，加强机插稻技术的研发。鉴于生产性投入对农户采用直播稻的影响，有必要加大对农户购置插秧机的政策扶持力度，降低农户技术采用门槛，特别是在经济欠发达地区，这一点显得尤为重要。对于机插稻发展处于起步阶段的地区，应给予机插稻采用农户适当的补贴，以强化和刺激农户对机插稻的采用，促进农户稻作方式采用行为的转变。进行补贴的同时，为提高补贴对机插稻发展的效用，需要注意补贴的方式和对象，须以“谁种田谁拿补贴”为原则，并且要同等对待当地机插大户和外地机插大户。在推进机插稻发展的同时，要进一步加强对机插稻技术的研发，进一步提升其产量和轻简方面的优势，促进机插稻与其他技术如秸秆还田技术等的耦合。

（2）直播稻 直播稻的扩散已成为江苏省稻作方式发展不可回避的现实。认知是影响个体农户采用行为的重要因素，因此，首先要加强直播稻生产特性的宣传，通过对直播稻风险性、倒伏性、草害、产量及隐性用工等方面的宣传，改变农户对直播稻的感知价值，通过农户直播稻认知水平的提高促成其采用行为的改变。

其次，实证研究结果表明，农户的年龄和兼业性对其采用直播稻有显著影响，与手栽稻相比，年龄越大、兼业程度越高的农户对直播稻采用的可能性越大，从这一层面上来说，更应该推动土地的流转，促进耕地向年轻的专业种稻大户手中集中，促进高产、高效稻作方式的采用。

最后，对于适宜发展直播稻的地区来说，单产水平低影响了农户对直播稻的采用，因此一方面在把握直播稻生产特性的基础上，对已进行直播稻种植的地区要加强直播稻稳定高产规律与配套实用技术的研究和示范，积极引导直播农户采用机械直播，最大程度地降低生产风险，促进直播稻的健康发展；另一方面，对有种植直播稻的趋势但还未形成大面积种植的地区，要根据当地的自然条件对直播稻综合生产力和发展适宜性作出客观的评价，以指导直播稻的科学发展。

（3）抛秧稻 由实证研究结果可知，农户对抛秧稻的采用主要是因为其省工方面的优势。而在实际生产中，抛秧稻的面积一直没有较大的发展，除了受地区生态适应性的影响外，主要是因为相较手栽稻的产量和直播稻的用工等，抛秧稻的优势还不够明显，主要表现在抛秧稻的抛栽要尽可能地做到田间秧苗布局均匀有序，且秧苗直立，否则不但不利于产量的提高，扶秧工作量也将大增，这对抛栽技术提出了较高的要求；抛秧稻抛栽后田间呈无序的状态，给后期的施肥、除草等田间管理工作带来了影响；抛秧后遇到大风天气将会对抛秧稻的立苗产生较大影响；此外，由于抛秧稻根系入土浅，水稻生长后期遇大风天气容易倒伏。基于上述原因，一方面要加强抛秧稻稳定高产规律与配套实用技术的研究，发展机械抛秧技术，提高抛秧稻的相对优势，与此同时，对技术产出单位加大政策和资金支持力度，使之产出更多的实用抛栽技术；另一方面，要加强农户抛秧稻抛栽技术的培训，严格按操作规程实施；此外还要提高抛栽季节大风天气预警，降低抛秧稻的生产风险。

（4）手栽稻 手栽稻具有生育期长、生育进程稳步提前、产量高、抗倒伏性强等特点，部分地区在有条件发展的情况下，应支持手栽稻面积适度稳定发展。然而在农村劳动力向外转移的背景下，移栽季节的用工瓶颈是手栽稻亟须解决的问题，而此时社会化服务组织及互助组织的发展就显得尤为必要。因此对于手栽稻优势发展地区，应鼓励发展插秧互助组织，组建插秧服务队等生产性服务组织，确保水稻栽插季节能够按时栽插。

8.2.4 尚湖镇机插稻扩散的政策启示

尚湖镇稻作方式发展的案例分析结果表明，机插稻的发展与其政策环境、技术环境、市场环境和资源环境密切相关，主要表现在政策导向与行政干预相结合，通过土地流转推动机插稻规模经营；营造创新型技术环境，为机插稻的快速发展提供条件；通过大力度的补贴政策，降低土地、技术等生产要素价格，从而降低农户机插稻技术采用门槛；充分利用自然资源和社会资源，为机插稻的扩散提供动力。技术供给主体、中介平台以及技术需求者之间的良性互动是尚湖镇机插稻扩散系统运行的前提。稻作方式微观扩散体系中，农技员的宣传推广和政府部门的培训工作对机插稻的扩散起到了重要的作用。政府投入、示范区建设、农业培训、现场会、能人示范相结合的综合推广模式，大户经营、规模化经营、农场式经营、股份合作经营等多样化的经营管理模式以及农机推广部门、农业服务中心、高校科研机构相结合的综合服务型模式构成了尚湖镇机插稻的扩散模式。

市场的拉力、政府的推动力以及交互作用力是机插稻扩散的主要动力机制。其中农户以及其他相关利益主体对机插稻的经济效益的追求是市场拉力的来源，政府对社会效益及社会目标的追求是其大力推动机插稻发展的动力来源，机插稻与农户需求之间的耦合、与尚湖镇自然资源之间的耦合以及与政府发展意愿之间的耦合是决定技术扩散的重要条件。尚湖镇机插稻扩散的运行机制实际上是以围绕机插稻生产的经济效益，集成了政府和市场两方面力量，发挥了各方积极性的一种政府驱动机制与市场驱动机制相结合的联合驱动机制，从而保证了机插稻的有效扩散。

总之，发展机插稻首先必须有与之相耦合的自然资源条件；其次要具备与机插稻发展相匹配的社会经济发展水平；再次，机插稻的发展还需要强有力的政策支持，这既包括土地流转等辅助性支持政策，还包括大力度的补贴政策等；最后相关部门的有效运作和相互配合是保证机插稻顺利推广的重要条件。在具备了以上条件的基础上，机插稻的扩散才有可能顺利进行。

8.3 进一步研究展望

本书着重对稻作方式的演变及发生机制进行了梳理，结合稻作方式扩散的案例对江苏省稻作方式的时空扩散特征进行了分析，并对相关利益方关于稻作方式发展的认知及农户微观层面影响稻作方式扩散的因素进行了研究。然而受数据可获得性的影响，稻作方式时间维和空间维扩散特征研究受到了限制。农户稻作方式采用行为研究中苏北地区的样本地偏少。此外，农户稻作方式采用行为影响因素的相关变量选取中，没有就关键解释变量进行针对性的研究。以上这些不足是今后研究的改进方向。

虽然本书对稻作方式的扩散特征等方面进行了研究，但稻作方式发展的调控机制研究是对稻作方式扩散研究的延伸，更是稻作方式发展必须面对的问题。此外，随着土地规模化经营的推进、社会化服务的发展、新型经营主体的进入以及农户所面临的外部环境的改变，稻作方式的发展已进入到一个新的发展时代，在讨论稻作方式发展时也有必要基于新时代背景进行讨论，这些都有待进一步研究。